Knaur.

Knaur.

Über die Autorin:

Claudia Ruby, Jahrgang 1967, ist Biologin und Wissenschaftsjournalistin. Nach dem Diplom im Bereich Zoologie volontierte sie beim Westdeutschen Rundfunk in Köln. Seit 1999 arbeitet sie als freie Journalistin. Ihre Themenschwerpunkte sind Biologie/Zoologie, Medizin & Psychologie sowie Umwelt & Entwicklung.

Claudia Ruby

Einstein im Aquarium

Die faszinierende Intelligenz der Tiere

Knaur Taschenbuch Verlag

Besuchen Sie uns im Internet:
www.knaur.de

Originalausgabe September 2007

Ein Unternehmen der Droemerschen Verlagsanstalt
Th. Knaur Nachf. GmbH & Co. KG, München.

Konzeption und Realisation: Ariadne Buch, Christine Proske, München
Redaktion: Franziska Beyer
Umschlaggestaltung: ZERO Werbeagentur, München
Umschlagabbildung: Corbis © Peter Garfield
Satz: Adobe InDesign im Verlag
Druck und Bindung: Clausen & Bosse, Leck
Printed in Germany
ISBN 978-3-426-77964-4

2 4 5 3 1

Inhaltsverzeichnis

Vorwort

»Was die alles können«, sagen wir staunend, wenn wir im Fernsehen einen Schimpansen in Anzug und Krawatte beobachten, der geschickt mit Messer und Gabel hantiert. Doch dann kommt unweigerlich der Moment, in dem der Affe seine Tischmanieren vergisst, die Kaffeetasse fallen lässt und mit der behaarten Hand auf den Nachbarteller greift. Insgeheim freuen wir uns darüber: »Ganz so gut wie wir kann er es eben doch nicht.« Die Kluft zwischen Mensch und Tier ist wiederhergestellt. Und ein Verdacht drängt sich auf: Geht es bei solchen Shows und Spielen vor allem darum, die menschliche Einzigartigkeit zu bespiegeln? Halten wir nur das für intelligent, was uns Menschen besonders ähnlich ist?

Hunde sind kluge Tiere – für die meisten Hundebesitzer gibt es daran keinen Zweifel. Der Hund kann Pfötchen geben, apportieren und vielleicht noch ein paar Kunststücke mehr. Aber ist das wirklich ein Zeichen von Intelligenz? Zeigt es nicht viel eher, dass der Hund ein gehorsames und gelehriges Tier ist? Klar, auch das geht nicht ganz ohne Grips. Aber wie schneidet der Vierbeiner bei einem spontanen Test ab? Wir stülpen einen Deckel auf seinen frisch gefüllten Futternapf. Und was macht der Hund? Er steht hilflos davor und blickt ratsuchend zu Herrchen oder Frauchen. Ganz anders benimmt sich ein Rabe. Der Vogel beginnt sofort zu experimentieren. Er betrachtet das Problem von allen Seiten und versucht, den lästigen Deckel wieder wegzubekommen. Meist gelingt ihm das nach einiger Zeit. Sind Raben deshalb intelligenter als Hunde? So mancher Tiertrainer würde das bestreiten. Wer je versucht hat, einem Raben Kunststücke beizubringen, der weiß, wie mühsam das ist. Der Vogel lernt zwar schnell, aber nur das, wozu er Lust hat. Und er führt seine Kunststücke auch nur dann vor, wenn ihm danach ist. Der Rabe ist ein eigensinniger Geselle. Heften wir ihm deshalb das Etikett »blöder Vogel« an, beurteilen wir damit seinen Starrsinn – oder seine Lernmotivation –, nicht aber seine Intelligenz.

Immer wieder tappen wir in dieselbe Falle: Wir vergleichen Dinge, die man nicht vergleichen kann. Äpfel und Birnen, Flügel und Flossen, Fell und Federn. Das eine ist nicht besser als das andere. Es kommt immer darauf an, was der Besitzer damit anfängt. Tiere können keinen Computer bedienen und kein Kreuzworträtsel lösen. Trotzdem ist jede Spezies für sich ein Gewinner im Millionen Jahre alten Spiel der Evolution. Ob Ameise, Krokodil oder Schimpanse – jede Art hat ganz spezielle Fähigkeiten entwickelt, mit denen sie in ihrer Umwelt überleben kann. Erstaunliche Orientierungsleistungen, phänomenale Sinnesorgane oder ein perfekt organisierter Sozialstaat gehören dazu. Auch Intelligenz ist dabei gefragt, nur handelt es sich nicht immer um die mathematisch-analytische Logik, auf die wir Menschen so stolz sind. Intelligenz hat viele Facetten: emotionale, soziale und zum Beispiel auch ökologische.

Nicht immer lassen sich die Intelligenz der Evolution und die Klugheit des Individuums klar voneinander trennen. Manchmal versteckt sich hinter einem erstaunlich komplexen Verhalten vielleicht »nur« der Instinkt. So weit wie möglich versuchen Verhaltensforscher und Evolutionsbiologen den Ursachen auf den Grund zu gehen. Manchmal muss die Antwort offenbleiben. Fest steht jedoch: Wenn wir ohne Arroganz tierische Fähigkeiten beobachten, können wir faszinierende Entdeckungen machen. Im ersten Kapitel reisen wir quer durch die Etappen der tierischen Intelligenzforschung. In Kapitel zwei bis elf suchen – und finden – wir erstaunliche

Fähigkeiten auch da, wo man sie normalerweise nicht erwarten würde, zum Beispiel bei Goldfischen und Guppys. Ob man dafür nun das Etikett »Intelligenz« verwenden sollte oder nicht, bleibt dem Urteil des Lesers überlassen.

Um diese Sammlung zusammenzutragen, habe ich Universitäten und Forschungseinrichtungen besucht, im Freiland und im Zoo recherchiert, unzählige Wissenschaftler gesprochen und interviewt sowie die umfangreiche Literatur durchforstet. Die Fußnoten im Text verweisen auf die entsprechenden Stellen. Im letzten Kapitel gehe ich schließlich darauf ein, was denn nun das Besondere am nackten Affen ist. So viel sei schon verraten: Der Mensch ist längst nicht so einzigartig, wie viele glauben – wir müssen nur genauer hinsehen.

I. Was ist Intelligenz?

1 Von schlauen Füchsen und dummen Hühnern: Kann man Intelligenz überhaupt vergleichen?

Ein Intelligenztest für Tiere

Wenn Webervögel einen Intelligenztest entwickeln müssten, dann würden sie höchstwahrscheinlich einen großen Haufen Zweige, Äste und Blätter bereitlegen und ihre Probanden auffordern, in einer Stunde ein kunstvolles Vogelnest zu bauen. Bei Seehunden könnte die Aufgabe lauten, im trüben Wasser der Nordsee ohne Netz und Angel auf Fischfang zu gehen. In beiden Disziplinen würde der Mensch kläglich scheitern. Webervogel beziehungsweise Seehund bekämen dagegen Bestnoten in ihrer Disziplin. Zwei Beispiele, die zeigen, wie schwer es ist, Intelligenz fair zu vergleichen. Die Klugheit liegt oft im Auge des Betrachters – erst recht wenn es darum geht, unterschiedliche Arten miteinander zu vergleichen.

Selbst bei unserer eigenen Spezies, dem Menschen, fällt es äußerst schwer, Intelligenz zu definieren. In den USA standen IQ-Tests lange Zeit hoch im Kurs. Einwanderer schnitten dabei immer schlechter ab als Menschen, die schon länger in den USA lebten. Ein bis zwei Generationen später waren diese Unterschiede verschwunden. Schließlich wurde klar, dass die Testergebnisse sehr genau widerspiegelten, wie lange der Proband bereits in den Vereinigen Saaten gelebt hat. Die Tests maßen nicht die Intelligenz, sie maßen die Zugehörigkeit zu einer bestimmten Kultur.

Bis heute ist die Objektivität ein generelles Problem von Intelligenztests geblieben. Viele Psychologen sprechen nicht mehr von »der Intelligenz«, sondern von verschiedenen, ganz unterschiedlichen Fähigkeiten. Der amerikanische Psychologe Howard Gardner definiert neun verschiedene Typen, darunter zum Beispiel eine sprachliche, eine mathematische, eine musikalische und eine räumliche Intelligenz. Er hat den Begriff der »multiplen Intelligenzen« geprägt.

Was für den Menschen gilt, ist auch bei Tieren nicht anders. Einige Spezies sind absolute Spezialisten. Fledermäuse jagen nachts im stockfinsteren Wald Insekten. Mit ihrem Echolotsystem malen sie sich in tiefster Dunkelheit ihr eigenes dreidimensionales Bild. Die Fledermäuse haben sich auf diese Weise eine eigene ökologische Nische erschlossen, in die kein anderes Tier vordringen kann. Ihr Echolotsystem benötigt jede Menge Rechenkapazität im Gehirn, aber es ist ganz klar auf eine einzige Aufgabe zugeschnitten. Generalisten wie Schimpansen und andere Affen haben ebenfalls ein leistungsstarkes Hirn – mit dem sie ein breites Spektrum von unterschiedlichsten Aufgaben wahrnehmen. Sie machen Beute, tricksen ihre Artgenossen aus und orientieren sich in unwegsamem Gelände. Hier eine Rangfolge aufzustellen, macht wenig Sinn.

Aber was ist dann Intelligenz? Klar ist, Intelligenz hat etwas mit geistigen Fähigkeiten zu tun. Intelligenz braucht ein Gehirn – wenn auch manchmal nur ein erstaunlich kleines. Bereits Charles Darwin schrieb allen Tieren Selbstbewusstsein und Emotionen zu. Der wohl bedeutendste Biologe aller Zeiten ging davon aus, dass selbst einfache Organismen wie Regenwürmer und Ameisen über eine gewisse Intelligenz verfügen: »Der Unterschied im Verstand zwischen Menschen und höheren Tieren ist – wie groß er auch immer sei – mit Sicherheit ein gradueller und nicht ein grundsätzlicher.«[1] Auf faszinierende Weise lösen Tiere die Probleme, die sich ihnen stellen – Bienen genauso wie Orang-Utans. Aktuelle Forschungen bestätigen diese Überzeugung.

Können Maden denken?

Am Biozentrum der Universität Würzburg dressiert Bertram Gerber Tiere – allerdings keine Hunde, Pferde oder Delfine. Er will den Larven der Fruchtfliege das Denken beibringen. In kleinen Gläsern hält Gerber seine Probanden. Wie kleine Fressmaschinen arbeiten sich die winzigen Maden durch ihren Brei. Unterbrochen wird dieses Vergnügen nur durch regelmäßige Schulstunden. Da sich das ganze Leben der Maden ums Fressen dreht, spielt es auch beim Unterricht die entscheidende Rolle. In Klassenzimmer Nummer eins serviert Gerber seinen Maden ein Rundum-Wohlfühlpaket: Er setzt die Tiere in eine flache Glasschale, auf deren Boden sich ein schmackhaftes Zuckergel befindet. Zusätzlich strömt aus einem winzigen Gefäß ein betörender Duft herbei: Amylacetat.

Nach fünf Minuten ist das Vergnügen vorbei, im Zimmer nebenan wartet das Kontrastprogramm. Dieses Mal enthält das Gel auf dem Boden keinen Zucker, sondern Salz und Bitterstoffe. Dazu servieren die Forscher den Duft Octanol. Drei Mal transportiert Gerber seine Maden hin und her, dann wird die Klassenarbeit geschrieben. Haben die winzigen Tiere etwas gelernt? Der Experimentator setzt die Maden in eine neutrale Schale – der Bodenbelag enthält weder Salz noch Zucker. Aus der einen Richtung lockt Amylacetat, aus der anderen Octanol. Die Maden verstehen die Duftsprache

– fast immer laufen sie in die Richtung, die ihnen den süßen Zucker verspricht.

Das winzige Gehirn der Maden hat offenbar zwei Dinge miteinander verknüpft: Duft und Futter. Aber wie fest sitzt diese Verbindung? Wurden die Maden programmiert wie ein kleiner Roboter? Gerber will herausfinden, ob seine Maden »Entscheidungen treffen« können, ob sie über »Freiheitsgrade« verfügen. Ohne zu zögern benutzt Gerber Begriffe, die man normalerweise nicht mit winzigen Insekten verbindet – erst recht nicht in einer Zeit, in der Hirnforscher sogar darüber streiten, ob der Mensch einen freien Willen besitzt oder nicht. Werden die Maden also in Zukunft immer dann loslaufen, wenn sie Amylacetat riechen – ganz egal ob das gerade Sinn macht oder nicht? Der Biologe setzt seine Maden in eine Zuckerlösung und lockt sie dann mit dem verheißungsvollen Duft in eine andere Richtung. Wie werden sie sich verhalten? Die Maden tun das einzig Sinnvolle, nämlich nichts. Sie bleiben, wo sie sind, und fressen sich durch die Zuckerlösung. »Die Larven setzen die Informationen aus ihrem Gedächtnis nur dann in Verhalten um, wenn ihnen das etwas bringt. Sie streben sozusagen nach Gewinn«[2], sagt Bertram Gerber.

Und die Maden denken noch weiter. Dieses Mal bietet Gerber den Tieren zwei Düfte an: einen neutralen Duft, den die Tiere noch nicht kennen, und Octanol, mit dem sie negative Erinnerungen verknüpfen. Auf neutralem Boden bleiben die Tiere in dieser Situation, wo sie sind. Befinden sie sich dagegen auf salzigem Boden, kriechen sie zu der neutralen Duftquelle: »Es kann ja schließlich nur besser werden«, scheinen die Tiere zu denken. Die Maden treffen eine auch nach unseren Maßstäben vernünftige Entscheidung. Sie sind keine tierischen Roboter. Im Gegenteil: Sie können lernen, und sie entscheiden, wie sie das Gelernte anwenden. »Bevor sie loslaufen, legen sie einen Nachdenkschritt ein«, sagt Bertram Gerber.

Als Nächstes wollen die Forscher in Würzburg untersuchen, ob sich die Tiere auch nach ihrer Verpuppung zur Fliege noch an die Lektionen aus der Madenzeit erinnern können. Gerber rechnet nicht damit, denn bei der Umwandlung werden die Ein- und Ausgänge der Sinnesorgane komplett neu verstöpselt. Doch sicher sein kann man sich nicht. Als Biologe weiß er, dass Maden und andere Tiere viele Überraschungen bereithalten – vorausgesetzt man schaut genau hin. Diese Lektion hat der Kluge Hans Biologen und Psychologen bereits vor über 100 Jahren erteilt.

Ein Mathegenie auf vier Hufen

Der Kluge Hans konnte addieren und subtrahieren, sogar das Bruchrechnen soll er beherrscht haben. Das Erstaunliche daran: Hans war kein kleiner Junge, sondern ein Pferd. Gemeinsam mit seinem Besitzer Hans von Osten, einem pensionierten Mathematiklehrer, zog der Kluge Hans Anfang des vergangenen Jahrhunderts durch die Berliner Hinterhöfe. Gespannt hielt das Publikum den Atem an, wenn von Osten seinen Hengst fragte: »Wie viele Frauen im Publikum tragen einen Hut?« Das Pferd stampfte daraufhin zwölfmal mit seinem rechten Vorderhuf auf – und tatsächlich befanden sich genauso viele Damen mit Hut unter den Zuschauern. In den Jahren vor dem Ersten Weltkrieg kannte jeder Berliner den Pferdebesitzer von Osten und seinen schlauen Hengst.

Mehrere Kommissionen – besetzt mit klugen Köpfen – nahmen die beiden unter die Lupe, doch niemand konnte einen Betrug entdecken. Sogar das Militär interessierte sich für das rechnende Pferd. So etwas hatte der Feind sicher nicht zu bieten. Doch kurz bevor Hans den Einberufungsbefehl bekam, machte der Student Oskar Pfungst eine folgenschwere Entdeckung. Er beobachtete, dass Hans immer nur dann auf das richtige Ergebnis kam, wenn mindestens eine Person im Saal – am besten sein Besitzer – die Lösung wusste. Flüsterten ihm dagegen nacheinander zwei Menschen die zu addierenden Zahlen ins Ohr, dann versagten die Rechenkünste des Pferdes urplötzlich.

Pfungst beobachtete von Osten daraufhin ganz genau und kam so auf des Rätsels Lösung. Immer dann, wenn Hans bei dem richtigen Ergebnis angekommen war, nickte sein Besitzer kaum wahrnehmbar mit dem Kopf. Das Pferd reagierte auf dieses Zeichen äußerst zuverlässig. Es hörte auf zu klopfen und bekam zur Belohnung die wohlverdiente Möhre. Höchstwahrscheinlich war dem plötzlich als Betrüger enttarnten Pferdebesitzer dieser Mechanismus selbst nicht bewusst. War von Osten gar nicht anwesend, konnte das Pferd auch auf die kaum merklichen Signale des Publikums reagieren – vorausgesetzt die Lösung war allgemein bekannt. Ohne den vertrauten Hinweisgeber »verzählte« es sich jedoch häufiger als sonst. Nachdem Oskar Pfungst den Schwindel mit dem rechnenden Pferd aufgedeckt hatte, interessierte sich niemand mehr für den Klugen Hans.

Dabei ist seine tatsächliche Leistung nicht weniger bemerkenswert als die angeblichen Rechenkünste. Hans hatte gelernt, äußerst sensibel auf die menschlichen Signale zu reagieren – eine wichtige Fähigkeit für Tiere, die in sozialen Verbänden leben. Auch wenn Pferd & Co. nicht sprechen wie wir, können sie ausgesprochene Kommunikationskünstler sein. Der Kluge Hans hatte Biologen und Psychologen eine Lektion erteilt. Von nun an hüteten sich die Wissenschaftler bei ihren Experimenten in dieselbe Falle zu tappen. Die Erforschung der tierischen Intelligenz war für lange Zeit tabu.

Drill in der Black Box

Nach der Erfahrung mit dem Pferd, das angeblich zählen konnte, wagte kein Wissenschaftler mehr, einem Tier menschliche Fähigkeiten oder Gefühle zuzuschreiben. »Mentalismus« hieß das Schreckgespenst, und einer fürchtete sich besonders davor: der amerikanische Neuropsychologe Burrhus Frederic Skinner, der Vater des sogenannten Behaviorismus. »Fakten, Fakten, Fakten«, diese Forderung hätte auch von ihm stammen können. Skinner liebte klare und eindeutige Experimente. Tiere betrachtete er wie Roboter. Man steckt einen Reiz hinein, und heraus kommt die programmierte Reaktion. Dazwischen befindet sich eine Black Box. Was sich darin tut, hat keinen Wissenschaftler zu interessieren. Gefühle, Wünsche, Ängste – all das ist eher störend, vor allem aber unwichtig. Was man nicht messen könne, solle man getrost ignorieren. Belohnung und Strafe waren für Skinner die einzig relevanten Antriebe. In Handarbeit zimmerte der Forscher seine berühmten Skinner-Boxen zusammen. Darin lernten die Versuchstiere, Tasten zu drücken, Pedale zu treten und Hebel zu bewegen. »Operante Konditionierung« nannte Skinner seine spezielle Form der Dressur.

Fast jedes beliebige Verhalten konnte er so produzieren. Tatsächlich entstanden bei seinen Experimenten Tiere, die man als Roboterratten und Taubenmaschinen bezeichnen könnte. Ein bemerkenswertes Ergebnis seiner Versuche ist noch heute im Internet zu bestaunen. Nach nur zehn Wochen Training im Skinner-Kasten zeigt die Ratte Ruby eine zirkusreife Vorstellung. Sie drückt einen Hebel, stellt sich auf die Hinterbeine, klettert durch einen Ring und zieht mit der Schnauze an einer Kette. Daraufhin fällt auf der anderen Seite des Käfigs eine Murmel zu Boden. Die Ratte nimmt die Murmel, transportiert sie zu einer Röhre und stößt sie in den offenen Eingang. Die Belohnung kommt am Ende der Aufführung automatisch aus dem Futterspender.[3]

»Freiheit« ist ein Wort, das bei den Behavioristen nicht existiert. Konditionierung und Löschung – darum geht es. Ein Programm im Rattenhirn kann nämlich nicht nur erzeugt, sondern auch wieder gelöscht werden – beides lässt sich genau auszählen und messen. Fällt die Belohnung vollständig aus, hört das Tier relativ bald auf, Hebel zu drücken und Ketten zu ziehen. Gibt es das belohnende Futterkörnchen jedoch sehr unregelmäßig, etwa bei jedem vierten oder jedem 20. Versuch, gräbt sich das konditionierte Verhalten noch stärker in das Rattenhirn ein. Unregelmäßig belohntes Verhalten lässt sich am schwersten löschen – eine Erkenntnis, die für die Psychologie bis heute von Bedeutung ist. Skinner versuchte, Tauben das Pingpongspiel beizubringen, und trainierte die Vögel als Raketenlenker. Zum tatsächlichen Kriegseinsatz kam es jedoch nicht.

Auch der Mensch könne durch Belohnung zu moralischem Verhalten geführt werden – oder eben zum genauen Gegenteil. Davon war Skinner fest überzeugt. Für die Behavioristen sind Mensch und Tier nichts anderes als das Produkt einer unendlichen Kette von Konditionierungen – Lernmaschinen sozusagen. Einsicht, Denken und Bewusstsein seien nicht nur überflüssig, sondern höchstwahrscheinlich eine reine Illusion, so die Überzeugung der strenggläubigen Anhänger von B.F. Skinner.

Die Behavioristen sperrten Ratten in ihre Boxen und ließen die Welt draußen. Statt Farben, Formen und Gerüchen präsentieren sie ihren Tieren Knöpfe und Tasten. Anstelle von echten Gefahren und erlegter Beute gab es Futterkrümel. Dass sich Tiere selbst unter diesen Bedingungen konditionieren lassen, ist interessant. Mit Intelligenz allerdings hat es nichts zu tun. Die Bedeutung liegt im Wort. Intelligenz kommt von »inter« und »legere«, was so viel heißt wie aus verschiedenen Möglichkeiten wählen und zwischen den Zeilen lesen zu können. Darum geht es bei intelligentem Verhalten. Und genau das tun Tiere in ihrem natürlichen Lebensraum alltäglich. Nur wer eine Wahl hat, kann Entscheidungen treffen. Gedanken und Gefühle sind dabei ein entscheidender Motor. Wer sie in die Black Box packt, versperrt die Sicht auf eine Vielfalt von interessanten – und intelligenten – Verhaltensweisen.

In Europa waren die Behavioristen nie so einflussreich wie in den USA. Fast gleichzeitig mit Burrhus Frederic Skinner entwickelte Konrad Lorenz seine »Tierpsychologie«, später wurde daraus die vergleichende Verhaltensforschung. Wie schon der ursprüngliche Name sagt, war der Ansatz ein völlig anderer. Konrad Lorenz, Nikolaas Tinbergen und Karl von Frisch versuchen Tiere so zu verstehen, wie sie »wirklich« sind. Nie wäre Lorenz auf die Idee gekommen, seine Gänse in einen kleinen Käfig zu sperren. »Die Beobachtung im natürlichen Lebensraum hat in der Verhaltensforschung nicht nur das erste, sondern auch das letzte Wort«[4], betont der Vater der Disziplin.

Die europäischen Mentalisten wurden von den amerikanischen Behavioristen heftig kritisiert. Hinter der Debatte stand eine Grundsatzfrage: Was prägt tierisches – und letztlich auch menschliches – Verhalten? Sind wir von den Genen gesteuert oder von der Umwelt geprägt? Bis heute konnte keine Seite den Sieg für sich davontragen. Gene und Umwelt – beides gehört untrennbar zusammen. Frans de Waal hat dafür ein eindrückliches Bild gefunden: »Zu behaupten, Tiere seien nichts als von Genen gesteuerte Maschinen, wäre etwa so, als wollte man sagen, ein Rembrandt sei nichts anderes als Leinwand und Farbe oder das Gehirn sei lediglich eine Anhäufung von Neuronen.«[5] Eine Aussage, die zwar nicht völlig falsch ist, die jedoch der komplexen Realität in keiner Weise gerecht wird.

Die Revolution

Jahrzehntelang dominierten die Behavioristen die amerikanischen Lehrstühle. Sie erklärten Tiere zu Automaten und verschlossen sich damit den Blick auf einen ganzen Kosmos an spannenden Verhaltensweisen. Erst als sich in den eigenen Reihen Widerstand regte, verloren Skinner & Co. allmählich die Meinungshoheit.

Von der Rockefeller-Universität in New York aus führte Donald Griffin die Revolte an. Ihn konnte man nicht einfach als sentimentalen Tierfreund abtun. In den 40er Jahren hatte der Professor für Biologie die Echoortung der Fledermäuse entdeckt. Schon damals hielten ihn zuerst viele für einen Phantasten: Wie konnten Fledermäuse etwas beherrschen, womit sogar das amerikanische Militär noch Schwierigkeiten hatte? Griffin hatte selbst in der Höhle des Löwen studiert: in Harvard, damals eine Hochburg des Behaviorismus. »Man hat uns durch die heftige Ablehnung aller Zeugnisse, die für tierisches Denken sprechen, einer derartigen Gehirnwäsche unterzogen, dass es als tollkühn galt, wenn Studenten oder aufstrebende Wissenschaftler ihre Gedanken in derartige, verbotene Gefilde abschweifen lassen. Sie wurden als unkritisch abgetan oder gar aus der wissenschaftlichen Gemeinde ausgestoßen.«[6]

Trotzdem hat Griffin schon immer geahnt, dass Gedanken und Gefühle nicht ganz so bedeutungslos sein können, wie ihn die Behavioristen Glauben machen wollen. Sein eigenes Innenleben und der Blick auf die Tiere in seiner Umgebung bestärkten ihn immer wieder in seiner Überzeugung. Als er 1984 schließlich ein Buch mit dem provozierenden Titel *Animal Thinking* veröffentlichte, schlug das ein wie eine Bombe. Das Buch ist eine Art argumentativer Feldzug gegen die Behavioristen. Griffin führt unzählige Beispiele für intelligentes Tierverhalten auf – hier nur eins davon: Wenn amerikanische Grünreiher Fische fangen wollen, ködern sie ihre Beute nicht weniger geschickt als Angler. Die Vögel brechen einen Zweig in kleine Stücke und werfen eins nach dem anderen auf die Wasseroberfläche. Sobald ein neugieriger Fisch »anbeißt«, ist es um ihn geschehen. Das Verhalten ist nicht angeboren, denn längst nicht alle Grünreiher nutzen die clevere Strategie. Offenbar haben mehrere Vögel das Angeln unabhängig voneinander erfunden.

Griffin lehnt die strikte Trennung zwischen den »tierischen Automaten« und dem »bewussten Menschen« ab. Auch wir haben nicht immer die volle Kontrolle über unser Verhalten. Und selbst festverankerte Programme können durchaus bewusst ablaufen. »Wir niesen, sind genetisch dazu programmiert und haben dennoch ein Bewusstsein, dass wir niesen.«[7] Gleichzeitig machen auch wir Menschen viele komplizierte Dinge unbewusst. Wir fahren Auto oder Fahrrad, wir bügeln und kochen, während sich in unserem Kopf gerade etwas völlig anderes abspielt. Warum sollte das bei Tieren anders sein? Als einer der ersten kritisierte Griffin, dass hier mit zweierlei Maß gemessen wird.

Benutzt ein Schimpanse Werkzeuge, um damit Termiten zu angeln, sind mittlerweile viele Wissenschaftler bereit, ihm intelligentes Verhalten zu attestieren. Tun Raubwanzen jedoch genau dasselbe, halten dieselben Forscher das Tier für einen programmierten Roboter. Die räuberischen Insekten kleben sich kleine Partikel von dem äußeren Rand eines Termitennestes auf den Körper. So getarnt, nähern sie sich dem Eingang des Baus. Die wachhabenden Soldaten fallen auf den vertrauten Geruch herein und lassen die Raubwanze passieren. Das Insekt schnappt sich ein Opfer, zieht es aus dem Nest und frisst es bis auf den Chitinpanzer auf. Eine ausgefeilte Strategie, doch das ist noch längst nicht alles: Die Raubwanze schiebt das Skelett ihres Opfers zurück in den Termitenbau und wedelt damit hin und her. Sie angelt, und sofort kommt eine andere Termite herbei, um den toten Artgenossen aus dem Nest zu tragen – im Bau muss alles seine Ordnung haben. Sobald sich die Termite in das Skelett ihrer Kollegin verbissen hat, zieht die Raubwanze am anderen Ende: Das zweite Opfer ist ihr sicher. »In einem beobachteten Fall verschlang eine Raubwanze auf diese Weise 31 Termiten, bevor sie sich mit vollem, abstehendem Unterleib davonmachte.«[8] Für Donald Griffin ist das ein klares Zeichen von Intelligenz.

Griffin hat damit die Tür zu einem verbotenen Raum ein Stück weit aufgestoßen. Vorsichtig wagen sich die Forscher in das neue Feld vor. Doch die Scheu vor dem Anthropomorphismus sitzt noch immer tief. Der Kluge Hans hat einen tiefen Eindruck hinterlassen. Nur wenige haben sich den Rat von Griffins Kollegen Seymour Kety wirklich zu Herzen genommen: »Die Natur ist eine schwer zu erjagende Beute, und es ist höchst unklug, sich mit einem geschlossenen Auge und einem gefesselten Fuß an die Verfolgung zu machen.«[9] Bis heute sind Begriffe wie »Denken« oder »Bewusstsein« bei Tieren tabu. Lieber sprechen die Forscher unverbindlich von »kognitiven Prozessen« – eine Bezeichnung, die vor allem deshalb Karriere machte, weil sie vieles offenlässt: Kognitive Prozesse können bewusst und unbewusst ablaufen, sie steuern komplexes Verhalten, das man – je nach Geschmack – als Intelligenz oder Instinkt bezeichnen kann.

Hat die von Griffin angestoßene Wende vor allem neue Vokabeln gebracht? »Was früher Black Box hieß, heißt jetzt Kognition«, sagt der Verhaltensforscher Guido Dehnhardt. Er persönlich ist fest davon überzeugt, dass seine Versuchstiere, die Seehunde, über Bewusstsein und Persönlichkeit verfügen. »Egal, wie man das Kind nennt, aber wenn ich intensiv mit unseren Tieren arbeite und denen ins Auge schaue – Seehunde schauen einem ja tief in die Augen –, dann denkt man schon, da muss mehr dahinterstecken.« Die meisten Kollegen scheuen sich, so etwas auszusprechen. Für Dehnhardt jedoch sind Gefühl und Intuition ein Teil der Arbeit. »Sie bereichern und öffnen die Augen für neue Ideen.« Das Entscheidende sei, dass man daraus wissenschaftliche Experimente entwickelt, um die eigenen Annahmen zu überprüfen.

Ein Blick ins Gehirn

Heute ist der Blick in die Black Box nicht mehr verboten. Wissenschaftler versuchen, dem Gehirn auf die Spur zu kommen. Wie lernen Tiere? Wo sitzt ihr Gedächtnis, und was ist Intelligenz?

Um das herauszufinden hat sich Eric Kandel vor rund 50

Jahren offenbar das passende Forschungstier ausgesucht. Seine Arbeiten an der Meeresschnecke Aplysia brachten dem mittlerweile 77 Jahre alten Neurobiologen im Jahr 2000 sogar den Nobelpreis ein. Als der in Wien geborene und 1939 mit seinen Eltern in die USA emigrierte Forscher anfing, mit Aplysia zu experimentieren, war das nicht vorstellbar. Manche Wissenschaftler zweifelten am Verstand ihres Kollegen, als der die Mechanismen von Lernen und Gedächtnis ausgerechnet bei einer Meeresschnecke untersuchen wollte. Über das menschliche Gehirn könne man dabei wohl kaum etwas lernen. Kandel jedoch war von den Vorzügen seines Versuchstiers überzeugt. Aplysia funktioniere auch nicht anders als ein Mensch, sie sei jedoch wesentlich einfacher zu studieren. Unter den Schnecken ist Aplysia ein wahrer Riese: Sie wird bis zu 75 Zentimeter groß und fast 16 Kilogramm schwer.

Wo der Mensch über 100 000 Millionen Nervenzellen besitzt, sind es bei der farbenprächtigen Aplysia gerade mal 20 000. Manche ihrer Neuronen sind so dick, dass der Forscher sie mit bloßem Auge erkennen kann. Und vor allem liegen sie bei jedem Tier übersichtlich gebündelt immer an derselben Stelle. Wie bei einem Computerprogramm kann Eric Kandel Schaltpläne erstellen und genau verfolgen, welche Zellen sich wann miteinander unterhalten. Zum Beispiel lernen die Schnecken, auf einen bestimmten Reiz hin ihre Fühler oder den Atemsipho einzuziehen. Während Kandel seine Versuchstiere trainiert, beobachtet er unter dem Mikroskop, wie die Neuronen reagieren. Wenn der Seehase, wie Aplysia auch genannt wird, lernt, bildet sich im Gehirn eine Gedächtnisspur. Im einfachsten Fall gehen zwei Neuronen eine Verbindung ein. Die eine Nervenzelle nimmt Signale von den Fühlern auf, die andere sorgt dafür, dass sich Muskeln zusammenziehen.

Das Gedächtnis funktioniert wie eine Art Kontaktbörse zwischen den Neuronen. Je mehr Aplysia speichern muss, umso mehr Verbindungen, sogenannte Synapsen, werden geknüpft. Eine anregende Umwelt treibt den IQ nach oben – das gilt selbst bei einem so einfachen Tier wie der Meeresschnecke. Kontakte, die häufig aktiviert werden, verstärken sich, andere gehen verloren, getreu nach dem Motto: »use-it-or-lose-it.« Selbst die Meeresschnecke, die sicher kein Geistesriese ist, besitzt bereits ein Kurz- und ein Langzeitgedächtnis. Erhält sie nur eine Trainingseinheit, verschwindet die Erinnerung bereits nach einer Viertelstunde. Lernt Aplysia jedoch über vier Tage auf einen bestimmten Reiz hin ihren Sipho einzuziehen, dann bleibt diese Erinnerung wochenlang gespeichert.

Die Schnecke – ein Gedächtniskünstler?

Was steuert die Pforte zum Langzeitgedächtnis? Eric Kandel konnte die entscheidenden Mechanismen aufklären – eine nobelpreiswürdige Leistung. Seine Arbeitsgruppe entschlüsselte die Funktion der sogenannten Creb-Moleküle. Creb2 wirkt wie ein Radiergummi für das Gedächtnis. Das Protein verhindert, dass sich Synapsen knüpfen. Neue Erfahrungen gehen sofort verloren, nichts wandert in das Langzeitgedächtnis. Schnecken mit einer Überdosis Creb2 führen ein Leben ohne Vergangenheit. Creb1 dagegen bringt das Gedächtnis auf Trab. Mit einem kräftigen Schuss Creb1 lernt Aplysia plötzlich wie eine Musterschülerin. Die Creb-Proteine sind offenbar ein universeller Mechanismus, der bei Meeresschnecken, Fliegen und Mäusen gleichermaßen funktioniert, denn der amerikanische Neurophysiologe Tim Tully manipulierte die Gene seiner Fliegen so, dass sie Creb im Überfluss produzierten. Die Fliegen entwickelten daraufhin ein fotografisches Gedächtnis, und sie lernten plötzlich mehr als doppelt so schnell. Eric Kandel ist davon überzeugt, dass auch das menschliche Gehirn nach ähnlichen Mechanismen funktioniert. Noch relativ spät ist er unter die Unternehmer gegangen. Seine Firma »Memory Pharmaceuticals« versucht ein Mittel gegen Gedächtnisschwund zu entwickeln. Bei Mäusen funktioniert die »rote Pille«, wie Kandel sie nennt, bereits.

Von Opportunisten und programmierten Insekten

Genetiker und Hirnforscher, Biologen und Psychologen tragen zurzeit ihre Puzzlesteine zusammen. Das Bild vom »Geisteswesen Tier« ist erst schemenhaft zu erkennen – zu bunt und facettenreich fällt es aus. Für beinahe jedes Problem haben Tiere im Laufe der Evolution eine Lösung gefunden. Spezies, denen das nicht gelungen ist, sind irgendwann wieder ausgestorben – ein Schicksal übrigens, das mehr als 90 Prozent aller Arten ereilt hat, die je auf der Erde gelebt haben. Auf Dauer haben nur diejenigen eine Chance, die mit den Herausforderungen ihrer Umwelt klarkommen. »Ökologische Intelligenz« nennt das der Lorenz-Schüler Wolfgang Wickler. Manchmal fallen die Lösungen sehr ähnlich aus, auch wenn die Tiere völlig verschieden sind. Raubwanzen angeln Termiten und benutzen dafür Werkzeuge – ganz ähnlich verhalten sich auch Menschenaffen. Grabwespen legen ihre Eier in selbst gegrabenen Erdhöhlen ab. Damit ihr Nachwuchs nach dem Schlüpfen etwas zu fressen hat, tragen sie ein Beuteinsekt in die Kammer. Anschließend schütten sie den Eingang wieder zu. Zum Schluss nehmen sie ein winziges Steinchen zwischen ihre Mandibeln und klopfen damit die Erde rund um den Eingang fest. Die Grabwespen benutzen ein Steinwerkzeug – etwas Ähnliches machen auch Schimpansen, wenn sie mit Hammer und Amboss Nüsse knacken.

Trotz aller Parallelen gibt es einen entscheidenden Unterschied: Alle Raubwanzen und alle weiblichen Grabwespen beherrschen das Verhalten instinktiv. Kein Insektenkundler konnte je beobachten, dass unerfahrene Tiere ihre Kenntnisse und Fähigkeiten erst erlernen mussten. Die Insekten besitzen ein angeborenes Programm. Schimpansenkinder dagegen mühen sich manchmal jahrelang ab, bis sie ihre erste Nuss geknackt haben. Welchen Sinn macht das kompliziertere System der Schimpansen? Tatsächlich ist Lernen zeit- und energieaufwendig. Es hat jedoch auch klare Vorteile: Eine genetische Prägung ist nur gut, solange sich die Umweltbedingungen nicht ändern. Genetisch festverdrahtetes Verhalten kann zwar äußerst effizient sein, es ist aber auch starr und unbeweglich. »Misserfolgsprogramme fallen der Selektion zum Opfer«[10], erklärt Wolfgang Wickler. Lernend können sich Mensch, Schimpanse und andere Tiere an die unterschiedlichsten Bedingungen anpassen. Wer lernt, kann selbst aus Fehlschlägen noch einen Nutzen ziehen. Als Opportunist lebt es sich leichter.

Selbst wenn das Benehmen auf den ersten Blick gleich erscheint, kann sich dahinter ein völlig anderes Programm verbergen. Darauf wollte bereits der englische Psychologe Lloyd Morgan hinweisen, als er Ende des 19. Jahrhunderts sein vielzitiertes Gesetz formulierte: »Auf keinen Fall dürfen wir eine Handlung als das Ergebnis der Ausübung einer höheren psychischen Fähigkeit deuten, wenn sie als das Ergebnis der Ausübung einer Fähigkeit verstanden werden kann, die auf der psychologischen Skala weiter unten steht.«[11] Verbirgt sich hinter einem scheinbar intelligenten Verhalten nicht vielleicht »bloß« ein einfaches genetisches Programm? Morgan forderte seine Kollegen auf, genauer hinzuschauen. Doch er wurde oft missverstanden. Vor allem die Behavioristen spitzten den Lehrsatz zu: Falls ein Tier intelligent und planvoll vorgehe, handele es sich dabei keinesfalls um Einsicht, sondern um ein festverankertes Programm. Morgan selbst hat sich gegen diese Interpretation seiner Regel gewehrt: Gebe es außer dem zur Diskussion stehenden Verhalten noch andere Hinweise auf hohe kognitive Leistungen, dann sei es durchaus zulässig, von Intelligenz zu sprechen, ergänzte er einige Jahre später.

Zeigen Tiere also nicht nur eine einzige Spezialistenleistung, sondern gehen an verschiedenen Stellen flexibel und einsichtig vor, dann gebührt ihnen auch das Etikett »intelligent«. Affen und Delfine gehören sicher genauso in diese Kategorie wie Bienen oder Kraken. Jeder leistet in seinem Lebensraum Erstaunliches. Hitparaden können den extrem unterschiedlichen Spezies nicht gerecht werden.

Masse gleich Klasse?

Bis heute gibt es keinen zuverlässigen Test, um Intelligenz nachzuweisen. Und doch sucht der Mensch ohne Unterlass nach Möglichkeiten, die Geisteskraft zu messen und zu bewerten. Zeichnen sich große Denker vielleicht durch ein besonders großes Gehirn aus? Ganz so einfach ist die Sache nicht, denn sonst müssten wir das Denken vielleicht doch den Pferden überlassen. Die haben ja bekanntlich das größere Gehirn. Wäre allein die Größe ausschlaggebend, würden Wale das tierische Intelligenzrennen anführen. Ihr Gehirn wiegt bis zu neun Kilogramm. Auf dem zweiten Platz landet der

Elefant mit vier Kilo Hirnmasse. Mensch und Delfin müssten sich mit dem dritten Platz zufriedengeben. Ihr Gehirn wiegt nur noch 1400 Gramm, das Schimpansengehirn ist noch mal rund ein Kilo leichter.

Wenn man die Gehirngröße als Maß für Geistesgröße heranziehen will, dann zählt nur das relative Gewicht, also die Hirnmasse im Verhältnis zur Körpermasse. Doch auch diese Regel trifft nur zu, wenn man die kleinsten Spezies außer Acht lässt, denn Winzlinge wie Spitzmäuse und Kolibris haben – relativ gesehen – ein gewaltiges Gehirn. Mit zehn Prozent der Körpermasse leisten sich Spitzmäuse mehr Hirn als alle anderen Säuger. Die kleinen Insektenfresser sind zwar faszinierende Tiere, sie konnten bisher aber noch nie durch einzigartige Intelligenzleistungen überzeugen. Die Erklärung für das Mysterium: Offenbar gibt es eine Art Mindestgröße für das Säugerhirn. Wenn der Körper schrumpft, kann das Gehirn irgendwann nicht mehr folgen. Das Volumen bleibt konstant, auch wenn das Tier insgesamt kleiner wird. Aus diesem Grund haben Spitzmäuse, Kolibris und ähnliche Winzlinge ein relativ großes Gehirn.

Abgesehen von diesen Ausnahmen schleppt der Mensch jedoch tatsächlich im Verhältnis zur Körpergröße am meisten Hirn mit sich herum. Eine teure Anschaffung, denn obwohl unser Denkorgan nur zwei Prozent des Körpergewichts ausmacht, verbraucht es 20 Prozent der Energievorräte. Denken ist ein aufwendiges Vergnügen. Das immense Hirnwachstum in der Evolution des Menschen muss also einen Sinn gehabt haben. Eine so energieintensive Anschaffung leistet sich die Evolution nur dann, wenn sich die Kosten auch auszahlen. Und in noch einer Hirndisziplin erzielt der Mensch Spitzenwerte: Bei keiner anderen Spezies sind so viele Nervenzellen in der Großhirnrinde miteinander verschaltet wie beim Menschen. In einer einzigen Sekunde prasseln Tausende Signale auf jedes Neuron ein. Erst im vergangenen Jahr haben Hirnforscher aus Göttingen und Bochum entdeckt, dass höhere Säugetiere eine Art Neuronen-Transrapid benutzen. Die Nervenimpulse in der Großhirnrinde werden besonders schnell weitergeleitet – schneller als zum Beispiel bei Schnecken, Kraken oder Fischen. Wann sich dieses Hochgeschwindigkeitssystem im Laufe der Evolution entwickelt hat, wissen die Forscher noch nicht. Fest steht jedoch: Wer in kurzer Zeit besonders viele Informationen verarbeiten kann, gilt als intelligent. Und in dieser Disziplin belegt der Generalist Mensch tatsächlich einen Spitzenplatz. Erstaunlich ist dann eigentlich nur noch, warum sich Homo sapiens trotz seiner enormen Denkkapazität häufig so wenig intelligent verhält.

2 Von Insekten und Robotern: Wie viel Gehirn braucht Intelligenz?

Im Cockpit der Wüstenameise

Zielstrebig rast die Wüstenameise Cataglyphis fortis durch die Sandwüste der Sahara. Zwischen ihren Mundwerkzeugen trägt sie einen winzigen Käfer, ihr Beutezug hat sich gelohnt. Jetzt kehrt Cataglyphis so schnell wie möglich in ihr Nest zurück, denn dort ist es wenigstens ein paar Grad kühler. Die Bodentemperatur in den Schotts und Salzpfannen Nordafrikas erreicht bis zu 70 Grad Celsius. Die für den kleinen Körper verhältnismäßig langen Beine bewegen sich in Rekordgeschwindigkeit. Plötzlich ist die Ameise verschwunden. Nur wer ganz genau hinguckt, erkennt das winzige Loch im Boden – der Eingang zum Ameisennest.

Genau hingeguckt hat Rüdiger Wehner, Professor für Zoologie an der Universität Zürich. Bereits bei der ersten Begegnung im Jahr 1969 erlag er der »Eleganz dieser rasanten Wüstenameisen«[12]. Seitdem hat er den größten Teil seines Forscherlebens dieser besonderen Ameise gewidmet. Cataglyphis geht genau dann auf Nahrungssuche, wenn kein anderes Tier seinen Bau verlässt: in den heißesten Stunden des Tages. Sie hat es auf Insekten abgesehen, die dem Hitzetod erliegen. Bei seinen Beobachtungen fiel Wehner irgendwann auf, dass sich die Ameisen bei der Nahrungssuche im Zickzackkurs vom Nest wegbewegen. Haben sie ihre Beute gefunden, kehren sie schnurstracks heim. Die Ameise jedoch läuft nicht den gewundenen Weg zurück, den sie gekommen ist, sie wählt die kürzeste Verbindung zwischen ihrem Ausgangspunkt und dem Nest. Auch die Wüstenameise will keine Sekunde länger als nötig in der Gluthitze verharren. Doch wie findet die Ameise im Niemandsland der Sahara ihren Weg?

»Für einen Menschen entspräche diese Leistung der Aufgabe, nach 50 Kilometer langem gewundenen Gang über strukturloses Wüstengelände in Sekundenschnelle Richtung und Entfernung zum Ausgangspunkt anzugeben«[13], so Rüdiger Wehner. Ohne GPS und Kompass wäre dazu wohl niemand fähig. Die Cataglyphis-Ameisen vollbringen diese Leistung mehrfach am Tag. Ihr Cockpit, das Ameisengehirn, wiegt gerade mal 0,1 Milligramm und enthält trotzdem gleich mehrere hochkomplizierte Navigationssysteme. Informatiker könnten hier lernen, was Miniaturisierung bedeutet.

Mit dem Kompass durch die Sahara

Mindestens drei Instrumente braucht die Wüstenameise für ihre Orientierung. Dazu gehören ein Kompass, um die Richtung festzustellen, ein Entfernungsmesser und eine Art Taschenrechner, um daraus die Route für den Rückweg zu berechnen. Während Cataglyphis durch die Wüste flitzt, misst sie ständig Winkel und Distanz zu ihrem Nest, erklärt Rüdiger Wehner. Die Tiere seien dann wie mit einem straffgespannten Ariadnefaden jederzeit mit dem Ausgangspunkt verbunden. Eine clevere Lösung, und dennoch ist die sogenannte Wegintegration eine gefährliche Strategie. »Der Navigator hat keine Karte im Kopf, sondern nur einen Vektor, der ihn mit dem Ausgangspunkt verbindet.« Alle Richtungen und Entfernungen sind nur auf ihn selbst bezogen. »Er navigiert egozentrisch, nicht geozentrisch«[14], so Rüdiger Wehner. Wird die Ameise vom Winde verweht oder vom Experimentator entführt, spult sie ihren gespeicherten Rückweg auch an dem neuen Startpunkt unverändert ab und landet so am falschen Ort. Trotz dieser Mängel erreicht Cataglyphis in der Regel dennoch ihr Ziel. Räuber verspeisen zwar gelegentlich Ameisen, sie setzen diese jedoch nicht an anderen Orten wieder aus. Und auf experimentierende Biologen hat sich die Evolution bisher noch nicht eingestellt. Aber wie funktionieren die verschiedenen Orientierungssysteme der Wüstenameise? Und lassen sich die Lösungen der Insekten eventuell auch für technische Systeme nutzen?

Während ein Kompass das Magnetfeld der Erde nutzt, um die Nordrichtung festzustellen, wertet Cataglyhis das Polarisationsmuster des Himmels aus. Wo wir nur ein mehr oder weniger einfarbiges Blau am Horizont sehen, erkennen die meisten Insekten ein markantes Muster. Bereits Karl von Frisch hat herausgefunden, dass Bienen das Polarisationsmuster des Himmels lesen können. Mit seiner Hilfe lässt sich – zumindest theoretisch – jederzeit die Himmelsrichtung bestimmen, erklärt Professor Wehner. »Ein Physiker könnte die Aufgabe dadurch lösen, dass er am Himmel eine Reihe optischer Messungen vornimmt, sphärische Geometrie betreibt und Gleichungssysteme löst. Doch Cataglyphis wurde bisher nur selten beim Studium solcher Arbeiten beobachtet.«[15] Die Ameise hat eine andere Lösung gefunden.

Kontaktlinsen für die Wüstenameise

Um das System der Wüstenameisen zu verstehen, führt Rüdiger Wehner seit 1970 jährlich Verhaltensexperimente im südlichen Tunesien durch. Gemeinsam mit Kollegen, Diplomanden und Doktoranden entschlüsselte er dort das Navigationssystem von Cataglyphis. Zum Beispiel setzten die Forscher den Ameisen Kontaktlinsen auf. So haben sie herausgefunden, welches Licht die Ameisen für ihre Orientierung nutzen: Mit schwarzen Linsen, die nur UV-Licht durchließen, konnten sich die winzigen Insekten erstaunlicherweise perfekt orientieren. Menschen dagegen wären mit solchen Kontaktlinsen völlig blind. Bekamen die Wüstenameisen dagegen Linsen verpasst, die das UV-Licht abschirmten, liefen sie ziellos hin und her. Im Labor konnten die Forscher spezielle Sinneszellen identifizieren, die am oberen Rand hinter den Facettenaugen sitzen. Sie reagieren auf polarisiertes Licht und UV-Strahlen. Für beides hat der Mensch keinen Empfangskanal. Der Kompass der Ameisen basiert jedoch auf diesen beiden Informationen.

In anderen Tests ließen die Verhaltensforscher die Ameisen in komplizierten Labyrinthen laufen und zeigten ihnen dabei nur bestimmte Ausschnitte des Himmels. Je künstlicher die Bedingungen wurden, umso häufiger machten die Cataglyphis-Ameisen Fehler. Ihr System funktioniert nicht wie ein Computer, der alle Informationen perfekt verrechnet. An verschiedenen Stellen verlassen sich die Wüstenameisen auf Näherungswerte, die unter natürlichen Bedingungen völlig ausreichend sind. Die Evolution erfindet konkrete Lösungen für ein Tier in seiner Umwelt und keine allgemeingültigen Programme. Die Ameise beherrscht die Fähigkeiten, auf die sie täglich angewiesen ist, mehr jedoch nicht. Ein äußerst modernes System, findet Rüdiger Wehner: »just in time and on demand«.

Ein Ameisenroboter auf Erkundungstour

Vor über zehn Jahren haben die Zoologen Unterstützung von Informatikern und Ingenieuren bekommen. Die Arbeitsgruppe von Rolf Pfeifer am Institut für Neue Künstliche Intelligenz (KI) der Universität Zürich versuchte, das Navigationssystem der Ameise nachzubauen. Sahabot heißt der Roboter, der ähnlich wie Cataglyphis durch die Wüste sausen sollte. »Intelligenz braucht einen Körper, der sich bewegt«[16], so der Leitsatz des Institutsleiters Pfeifer. Und genau da liegt bis heute das größte Problem. Jahrzehntelang haben Informatiker Intelligenz als reine Geistesleistung begriffen. In Sekundenschnelle führen Maschinen die kompliziertesten Rechnungen durch. Schachcomputer setzen selbst menschliche Großmeister matt. Sobald es jedoch darum geht, sich in der Umwelt zu bewegen, stellen sich selbst die modernsten Roboter reichlich ungeschickt an. Eine Ameise ist ihnen haushoch überlegen, von Affen, die geschickt durch die Bäume turnen, oder Vögeln, die sich in Luft, Wasser und am Boden bewegen, gar nicht erst zu reden.

Erst allmählich begann man zu akzeptieren, dass die vermeintlich einfachen Dinge besonders schwer sind. »Embodiment« heißt die neue Marschrichtung. KI-Designer versuchen, autonome Systeme zu bauen, die ihre Informationen aus der Umwelt beziehen und dann selbständig verarbeiten. Genauso funktioniert auch der Sahabot. Nach dreijähriger Entwicklungszeit fährt der kleine Roboter tatsächlich auf seinen walzenähnlichen Rädern durch die Sahara. Im Zickzackkurs kurvt er über den Sandboden. Hat er »Beute« gefunden, kehrt er auf direktem Weg zu seinem Startpunkt zurück. Sensoren messen die Polarisationsrichtung des Lichts, ein neuronales Netzwerk wertet alle Informationen aus. Vor dem Start schießt Sahabot ein Panoramafoto mit seiner Digitalkamera, denn auch Cataglyphis orientiert sich in unmittelbarer Nähe des Nestes an Landmarken der Umgebung, wie Ästen und Kakteen. Anfangs hatte der Roboter große Schwierigkeiten mit dem unebenen Sandboden, mittlerweile imitiert er die Bewegungen der Ameise fast perfekt. Rein äußerlich jedoch erinnert nichts an das kleine und flinke Insekt. Der Sahabot sieht eher aus wie ein Mini-Panzer. Er ist 30 Zentimeter lang und bringt zehn Kilo Gewicht auf die Waage – so viel wie 100 000 seiner natürlichen Vorbilder.

Eine Ameise, die zählen kann

Jahrzehntelang haben die Zoologen den Kompass von Cataglyphis entschlüsselt, also das System, mit dem die Ameisen ihre Marschrichtung messen. Wie die Tiere an die zweite entscheidende Information kommen, war lange unklar. Woher wissen die Wüstenameisen, wie weit sie gelaufen sind? Erst im vergangenen Jahr konnten die Wissenschaftler das letzte große Geheimnis von Cataglyphis lüften: Die Ameisen zählen ihre Schritte – beziehungsweise nutzen einen sogenannten Schrittintegrator.[17] Die Tiere zählen also nicht einfach nur, sie werten ihre Beinbewegungen aus und berücksichtigen dabei auch unterschiedliche Schrittlängen und Laufgeschwindigkeiten. Mit Beute zum Beispiel machen die Ameisen kleinere Schritte und bewegen sich langsamer. Nur wenn die Tiere solche Unterschiede einkalkulieren, kommen sie wieder sicher zu ihrem Nest. Herausgefunden haben die Zoologen das mit einem eleganten und einfachen Versuch zugleich. Sie ließen die Ameisen auf Stelzen laufen.

Mit Schweineborsten verlängerten sie die Beine der Insekten genau in dem Moment, in dem das Tier Beute gemacht hatte. Bevor es den Heimweg antreten konnte, klebten die Forscher die Stelzen an. Ungerührt lief die Ameise mit ihren langen Beinen los. Bei jedem Schritt legte sie auf dem Rückweg eine etwas größere Strecke zurück als auf dem Hinweg. Folglich schossen die langbeinigen Tiere über ihr Ziel hinaus. Erst ein ganzes Stück hinter dem Nest begannen sie nach dem Eingang zu suchen. Bei anderen Ameisen verkürzten die Wissenschaftler die Beine. Zwar überstanden die Tiere diesen Eingriff unbeschadet, das Nest erreichten allerdings auch die Kurzbeinigen nicht. Viel zu früh starteten sie erfolglose Suchläufe. Die Forscher retteten ihre Versuchstiere schließlich vor dem Hitzetod und brachten sie heim. Nach der üblichen Pause brachen die Stelzengänger erneut zur Futtersuche auf. Problemlos fanden sie auf dem Rückweg das Nest wieder. Die Tiere navigieren also immer dann korrekt, wenn sich ihre Beinlänge zwischen Hin- und Rückweg nicht ändert, die absolute Länge spielt keine Rolle.

Das ist eine komplexe Leistung, mit der Roboter noch immer große Probleme haben. Der Sahabot könnte auch für seine größeren Brüder ein Vorbild sein, denn seit Jahren bemühen sich Ingenieure, autonome Fahrzeuge zu entwickeln, die ohne Funk- und Satellitensignale ihren Weg finden. Sobald der Untergrund jedoch uneben und schotterig wird, gerät der Bordcomputer immer wieder durcheinander. Für die winzige Ameise ist das kein Problem.

Insekten mit Kamera und Mikrochip

Ameisen und Kakerlaken gehören zu den wohl erfolgreichsten Lebewesen überhaupt. Kein Wunder, dass sie nicht nur die Aufmerksamkeit der Biologen auf sich ziehen. Auch bei Informatikern und Robotikern stehen die Krabbeltiere derzeit hoch im Kurs. Statt immer mehr Rechenleistung auf immer kleinere Chips zu konzentrieren, versucht zumindest ein Teil der KI-Gemeinschaft heute, die kollektive Intelligenz von Insekten zu kopieren und zu verstehen. »Die kleinen Tiere haben kein Telefon, kein Fernsehen, kein Internet, und ein großes Gehirn haben sie auch nicht. Dennoch können sie intelligente kollektive Entscheidungen treffen. Wir möchten wissen, wie das funktioniert«[18], erklärt Jose Halloy, Projektleiter einer produktiven Kooperation zwischen Biologen der Freien Universität Brüssel und Robotikexperten der ETH Zürich.

Die Streichholzschachtel auf Rädern sieht zwar nicht unbedingt aus wie eine Kakerlake, sie riecht jedoch so. Wissenschaftler haben sie mit den typischen Pheromonen der Insekten getränkt. »Hallo, ich bin auch eine Kakerlake«, lautet die Duftbotschaft. Und da Schaben besser riechen als gucken können, nehmen sie den Roboter in ihre Reihen auf. Der Insbot ist der erste Insektenroboter, der von seinen echten Kollegen aus Chitin und Lymphe akzeptiert wird – darauf sind seine Erzeuger besonders stolz. Der Insbot riecht nicht nur, er benimmt sich auch wie eine Kakerlake. Meistens läuft er im Zickzackkurs umher. Trifft er auf ein Hindernis, bleibt er stehen und wandert dann in eine andere Richtung weiter. Sein nur 2,5 mal 3,5 Zentimeter großer Körper ist voller Hightechinstrumente. Insbots besitzen eine Miniaturkamera, zahlreiche Infrarotsensoren, Abstandsmesser und Fotodioden. Das Insektengehirn wird durch zwei Mikroprozessoren ersetzt, statt eines Herzens halten Uhrenmotoren und eine Batterie das Krabbeltier in Gang. So wird der Insbot zu einem vollwertigen Mitglied der Insektengemeinschaft.

Trifft er auf einen Artgenossen, bleibt er stehen und tauscht, wie es sich unter Kakerlaken gehört, Duftbotschaften aus: Dabei berühren sich Insektenantenne und Insbot-Sensor – das ist eine Kommunikation, die erstaunlicherweise funktioniert. Untereinander verständigen sich die Insbots allerdings duftfrei über Infrarotsignale, mit ihrem Zentralcomputer halten sie Funkkontakt. Während die elektronischen zwischen den echten Kakerlaken hin und her krabbeln, können sie auf diesen Kanälen konspirative Pläne schmieden.

Kakerlaken lieben dunkle und schattige Plätze, sie sind lichtscheue Gesellen. Wer in südlichen Gefilden nachts die Küchenlampe anknipst, sieht, wie die Schaben in finstere Ecken und Nischen huschen. Forscher des europäischen Kooperationsprojekts setzten ihre Insekten in eine runde Arena. An zwei Stellen konnten sich die Kakerlaken unter je einem Plexiglasschirm verstecken. Die eine Abdeckung ließ kaum Licht durch, die andere war durchsichtig. Schon nach kurzer Zeit versammelten sich die Schaben in der dunklen Ecke. Würde es den Insbots gelingen, die Schaben ins Licht zu führen?

Für diesen Test änderten die Biologen das Programm ihrer Roboter so, dass sie zu wahren Sonnenanbetern wurden. Statt sich in den dunklen Bereich zu flüchten, blieben die drei Roboter im gleißenden Licht. Sie mussten nicht lange warten, bis sie Gesellschaft von den Kakerlaken bekamen. Nach kurzer Zeit hatten sich auch die echten Insekten unter dem lichtdurchlässigen Plexiglasschirm versammelt. Der soziale Klebstoff wirkte offenbar stärker als die Abneigung gegen helle Plätze. Projektleiter Halloy faszinierte am meisten, dass schon kleine Änderungen im individuellen Verhalten das gesamte Kollektiv beeinflussen können.

Er stellt sich vor, dass in ferner Zukunft Insektenroboter

nützliche Dienste bei der Ungezieferbekämpfung leisten werden. Sind die Kakerlaken beispielsweise partout nicht aus der Küche zu entfernen, könnte sie ein Trupp technischer Agenten ins Freie führen. Die Fähigkeiten der künstlichen Insekten müssten bis dahin wohl noch etwas perfektioniert werden. Als Nächstes sollen sie lernen, aktive Duftbotschaften auszusenden und zu verstehen.

Die Träume der Robotiker reichen noch weiter. Sie planen künstliche Kühe und Pferde. Ein Roboterschaf könnte in Zukunft die ganze Herde hüten und sowohl Schäfer als auch Schäferhund arbeitslos machen. Für die Intelligenz der Tiere würde das eine ganz neue Herausforderung mit sich bringen: Irgendwann wird es die ersten Tiere geben, die echt und elektronisch unterscheiden können. Das wäre der Beginn eines sensorischen Rüstungswettlaufs zwischen Tier und Roboter.

Bienen – fliegende Roboter oder denkende Wesen?

»Fleißiges Bienchen« denken wir, wenn wir einen der gelben Brummer von Blüte zu Blüte flitzen sehen. Ohne Bienen gäbe es keinen Honig und kaum Obst und Gemüse. Unsere Ernte hängt zum großen Teil von den bestäubenden Bienen ab. Ihre Arbeit haben die Bienen perfekt organisiert. Sie leben in einem hochkomplexen Staat. »Alle für die Königin« – bei den staatenbildenden Insekten funktioniert das Prinzip. In der Schule haben wir gelernt, dass Bienen eine ganz eigene Sprache entwickelt haben. Durch ihren Schwänzeltanz teilen die Tiere einander mit, wo sie eine lohnende Futterquelle entdeckt haben. Der in Wien geborene Verhaltensforscher Karl von Frisch erhielt für die Entdeckung der Bienensprache 1973 den Nobelpreis.

Doch alle Hochachtung für die Leistungen der Bienen konnte nichts daran ändern, dass wir die Insekten in etwa so betrachten, als wären sie kleine Biocomputer. Die Evolution scheint ihnen ein nahezu perfektes Verhaltensprogramm mitgegeben zu haben. Und das spulen die Insekten äußerst erfolgreich ab. Diese Meinung vertreten die meisten Menschen, darunter auch viele Biologen. Denken und Lernen, Intelligenz und Entscheidungsfreiheit – das sind Begriffe, die wir allenfalls im Zusammenhang mit Hunden, Katzen oder Schimpansen akzeptieren, keinesfalls jedoch mit Insekten.

Ein Trugschluss, wie die neuesten Ergebnisse zeigen, die Bienenforscher aus verschiedenen Arbeitsgruppen emsig zusammengetragen haben. Im Wissenschaftsmagazin *nature* verblüffte der Verhaltensforscher Martin Giurfa seine Kollegen mit der Erkenntnis, dass Bienen in der Lage sind, abstrakte Konzepte zu begreifen. Sie verstehen, was »gleich« und »verschieden« bedeutet. Wie hat Giurfa das herausgefunden? Der Direktor des Zentrums für tierische Kognitionsforschung an der Universität Toulouse setzte seine Bienen vor ein Y-förmiges Röhrchen. Den Eingang in den Y-Fuß hat er mit blauer Farbe markiert. An der Verzweigungsstelle mussten sich die Bienen entscheiden. Der rechte Pfad war – genau wie der Eingang – ebenfalls mit blauer Farbe gekennzeichnet, der linke Pfad dagegen trug eine gelbe Markierung. Am Ende des blauen Weges wurden die Bienen jedes Mal mit einer Zuckerlösung belohnt. Die Tiere, die sich für den gelben Weg entschieden hatten, gingen leer aus.

Sehr schnell lernten Bienen bei diesem Versuch, dass sie immer derjenigen Farbe folgen mussten, die sie am Eingang des Labyrinths gesehen hatten. Mit anderen Worten: »Gleich« entsprach einem Gewinn, bei »anders« gab es nichts zu holen. Hatten die Bienen das begriffen, veränderten die Biologen den Versuchsaufbau. Nun wurde der Eingang zum Labyrinth nicht mehr mit einer Farbe markiert, sondern mit horizontal gestreiften Linien. An der Gabelung durften die Bienen zwischen horizontal und vertikal gestreiften Linien wählen. Offenbar hatten die Tiere das Prinzip verstanden. Sie entschieden sich immer für das Symbol, welches sie am Eingang gesehen hatten. Und sie waren sogar in der Lage, das Gelernte auf ein anderes Sinnesorgan zu übertragen. Markierten die Forscher den Eingang nämlich nicht mit Farben, sondern mit Gerüchen, wählten die Bienen ebenfalls mit hoher Trefferquote den richtigen Weg. Mäusen zum Beispiel fällt ein solcher Sinnestransfer äußerst schwer. Wenn Giurfa über diese Leistungen spricht, verwendet er durchaus das Wort »Intelligenz« und wird dabei interessanterweise vor allem von denjenigen Kollegen kritisiert, die mit Säugetieren arbeiten.

Auch Martin Giurfa weiß natürlich, dass die Flexibilität der Bienen ihre Grenzen hat. Besonders deutlich wurde das, als er den Irrgarten, in dem die Bienen ihre Tests durchliefen, mit einem Glasdach abdeckte. Zunächst absolvierten die Bienen perfekt ihre gelernte Übung. Nachdem sie jedoch am Ende des Ypsilons ihre Belohnung bekommen hatten, flogen sie unbeirrbar nach oben und knallten immer wieder gegen die Glasabdeckung. Im Bienengehirn scheint es ein festes Programm zu geben: »Wenn du zum Stock zurückwillst, dann steige zuerst auf und fliege ein Stück Richtung Sonne, um dich zu orientieren.« Da es in der Natur keine Glasdächer gibt, führt diese Strategie immer zum Erfolg. Im Experiment dagegen würden die in anderer Hinsicht so lernfähigen Bienen so oft gegen das durchsichtige Dach fliegen, bis sie tot herunterfallen würden. Im Bienengehirn, das nur knapp so groß ist wie ein Stecknadelkopf, gibt es beides: fest einprogrammierte Regeln und flexibles, intelligentes Verhalten.

Ein Trainingslager für Bienen

Genau wie der Meeresschnecke Aplysia kann man den Bienen beim Lernen zusehen – ihr Gehirn ist allerdings eine Stufe komplexer als das der Schnecke. In Dahlem, eine knappe halbe Stunde außerhalb des hektischen Berliner Zentrums, forscht die Bienen-Arbeitsgruppe von Randolf Menzel. Das Institut für Neurobiologie gehört zur Freien Universität Berlin. Auch Martin Giurfa hat bis vor einigen Jahren hier mitgewirkt. Gemeinsam mit seinem Kollegen aus Toulouse ist Professor Menzel dabei, die Geheimnisse des Bienengehirns zu entschlüsseln. In einem kleinen Labor trainieren Doktoranden und Diplomanden einzelne Bienen. Die Lage, in der sich die kleinen Insekten dabei befinden, sieht nicht gerade bequem aus, und dennoch lernen die Bienen unter diesen Umständen genauso, wie sie das in der Natur tun würden.

Heute steht ein Geruchstest auf dem Programm. Die Biene fliegt dabei auf der Stelle. An der Bauchseite wird sie so in der Versuchsapparatur festgeklebt, dass sie sich nicht fortbewegen kann. Dann präparieren die Biologen ein kleines Loch in die Kopfkapsel der Biene. Da der Chitinpanzer nicht von Nerven durchzogen ist, registriert die Biene kaum, was mit ihr passiert. »Helm abnehmen« nennen die Biologen diese Prozedur. Jetzt kann das Training beginnen. Ein Student füttert die Biene mit einer Zuckerlösung. Unmittelbar bevor sie die Delikatesse bekommt, berührt er ihre Antennen mit einem duftgetränkten Stab. Nach wenigen Durchgängen verbindet die Biene den Duft mit dem Zucker. Sobald sie den Geruch riecht, schnellt ihre Zunge hervor. Auf diese Weise haben die Forscher herausgefunden, dass Bienen in der Lage sind, kleinste Duftunterschiede zu unterscheiden. Selbst in einem Duftgemisch erkennen sie minimale Spuren der Komponenten, auf die sie trainiert wurden. Bienen können besser riechen als ein Hund.

Unter dem Mikroskop beobachteten die Forscher, was sich im Gehirn der lernenden Biene tut. Eine spezielle Struktur, der sogenannte Pilzkörper, fungiert als zentrale Schaltstelle. Rund 170 000 dichtbepackte Nervenzellen empfangen hier Signale von den Sinnesorganen und steuern daraufhin die Bewegungen des Insekts. Jeder Duft löst im Gehirn der Biene ein anderes Erregungsmuster aus. »Der Gedächtnisinhalt wird also nicht in irgendwelchen besonderen Molekülen gespeichert«, erklärt Professor Menzel, sondern im Verschaltungsmuster der Nervenzellen. »Dieses Prinzip gilt auch für den Menschen.« Und genau wie wir speichern auch die Bienen nicht jede Information gleich dauerhaft ab. Die Berliner Neurophysiologen unterscheiden Kurz-, Mittel- und Langzeitgedächtnis. Welche Informationen gelangen in das Langzeitgedächtnis? Wie funktioniert der Filter im Gehirn? Diese Fragen sind noch nicht vollständig geklärt. Höchstwahrscheinlich spielt der Schlaf beim Lernen eine wichtige Rolle, vermutet Menzel. »Bienen schlafen mehr, wenn sie mehr gelernt haben.« Auch wir verarbeiten nachts die Ereignisse des Tages, frisch Gelerntes wird neu gespeichert. Doch noch können die Forscher nicht mit Sicherheit sagen, ob auch die Bienen im Schlaf lernen. Die entsprechenden Versuche haben gerade erst begonnen.

Eine Biene lebt nur wenige Wochen, doch in dieser Zeit muss sie so viel wie möglich lernen. Sobald sie den Stock verlässt, besteht ihre Welt aus den unterschiedlichsten Formen, Farben und Gerüchen. Die Biene muss sich merken können, wo es was zu holen gibt: Welche Farbe signalisiert, dass die Pollen reif sind? Welcher Duft kündigt Nektar an? Wo sollte ich lieber nicht hinfliegen? Von Natur aus bevorzugen Bienen zum Beispiel Blüten, die intensiv blau oder gelb leuchten. Eine sinnvolle Präferenz, denn diese Farben versprechen tatsächlich besonders häufig reiche Nektarvorräte. Das Programm ist jedoch keinesfalls starr und unbeweglich. Im Experiment haben Wissenschaftler eine reiche Zuckerbelohnung an andere Farben geknüpft, zum Beispiel an Grün oder Rot. Sehr schnell hatten die Bienen das neue System begriffen. Sie ließen Blau und Gelb links liegen und flogen zu den neuen Futterfarben. »Die Bienen kommen mit einem instinktiven Wissen auf die Welt«, so Martin Giurfa. »Doch ihre Informationen sind nicht starr. Sie können sie ersetzen, indem sie eigene Erfahrungen machen und lernen.«[19] Professor Menzel ist es sogar gelungen, seinen Bienen beizubringen, symmetrische Formen anzufliegen und asymmetrische links liegenzulassen. Bienen, die das Prinzip verstanden hatten, ordneten auch unbekannte Muster richtig zu – eine echte Abstraktionsleistung.

Wenn Sammelbienen zum ersten Mal den Stock verlassen, dann unternehmen sie zuerst einen sogenannten Orientierungsflug: Wo liegt der Stock? In welcher Richtung gibt es die nektarreichsten Felder? Möglichst genau prägen sich die Bienen ihre Umgebung ein. In kürzester Zeit müssen sie sich so viel wie möglich merken: Nur so finden sie in den kommenden Wochen über mehrere Kilometer Entfernung immer wieder zum Nest zurück. Wie genau sich die Bienen dabei orientieren, war lange Zeit unklar. Ist das Polarisationsmuster des Himmels entscheidend oder das Erdmagnetfeld? Und welche Rolle spielen Landmarken?

Oft fliegen Bienen auf demselben Weg am Waldrand entlang, um auf eine nektarreiche Blumenwiese zu gelangen. Bereits Mitte der 80er Jahre untersuchte der Biologe James L. Gould an der Princeton-Universität die Navigation der Bienen – mit erstaunlichen und zunächst umstrittenen Ergebnissen.[20]

Der Versuch von James Gould begann auf einer kleinen Waldlichtung. Mehrere Tage lang fütterte er die Insekten dort mit energiereichem Zuckerwasser. Ein höchst willkommenes Angebot – jeden Morgen machten sich die Bienen auf den Weg zu ihrem neuen Restaurant. Eines Tages jedoch fing Gould die Bienen mit einem Netz ab, sobald sie ihren Stock verlassen hatten. In einer dunklen Kiste brachte er sie zu einem offenen Feld. Am Rand des Feldes stand ein einzelner großer Baum, den die Bienen höchstwahrscheinlich von früheren Ausflügen kannten. Dort ließ er die Insekten frei. Ihr Stock und die Futterstelle waren jeweils etwa 150 Meter weit entfernt. Was haben die Tiere getan? Orientierten sie sich an den bekannten Landmarken, um so zu ihrer Futterquelle zu kommen? Oder setzten sie einfach die eingeschlagene Flugrichtung fort, als ob sie gar nicht entführt worden wären?

Interessanterweise machten die Insekten nichts dergleichen. Sie flogen schnurstracks und auf kürzestem Weg zu ihrem ursprünglichen Ziel: Goulds Restaurant auf der kleinen Waldlichtung. Auch bei späteren Versuchen konnten sich »verschleppte« Bienen sicher orientieren, allerdings nur dann, wenn es große und eindeutige Landmarken in der Umgebung gab. Eine Navigationsleistung, die nur möglich ist, wenn die Bienen ihre Umgebung in Form einer inneren Landkarte abgespeichert haben. Anders als Wüstenameisen ziehen Bienen nicht nur eine Verbindung zwischen Start und

Ziel, sie haben ein regelrechtes Ortsgedächtnis. »Das kann man als Landkarte bezeichnen«, sagt auch Randolf Menzel. Weitere Tests bestätigten Goulds Forschung. Die Arbeitsgruppe von Randolf Menzel hat in den Elbauen Bienen mit einer Antenne markiert und über größere Strecken verfolgt. Bei Verfrachtungsexperimenten flogen die Insekten zunächst einige Orientierungsschleifen und steuerten dann ihr jeweiliges Ziel an: entweder den Bienenstock oder eine Futterquelle. Was Professor Menzel am meisten beeindruckt hat: Die Bienen waren offenbar in der Lage, flexibel zu entscheiden, wo sie von ihrem neuen Startpunkt aus hinfliegen wollten.

Gould dachte sich ein cleveres Experiment aus, um nachzuweisen, dass die Tiere tatsächlich mehr können als programmierte Roboter. »Erst denken, dann handeln«, diese Devise scheinen Bienen tatsächlich zu beherzigen. Der Bienenstock, mit dem der Zoologe gearbeitet hat, lag am Rand eines Sees. Mitten auf dem Wasser eröffnete Gould ein Restaurant. Er paddelte mit einem kleinen Boot hinaus und bot den Insekten seine Zuckerlösung an. Nach kurzer Zeit traf die erste Biene ein. Gould markierte sie mit einem Punkt auf dem Rücken. Aus früheren Erfahrungen wusste er, dass es jetzt nicht mehr lange dauern kann, bis ein ganzer Schwarm Sammlerinnen anrückt. Pünktchen würde ins Nest zurückfliegen und tanzend von ihrer Entdeckung berichten. Doch Gould wartete vergeblich. Gelegentlich tauchte eine verirrte Biene auf und wurde ebenfalls von dem Forscher markiert. Der Ansturm, den das Zuckerwasser sonst immer ausgelöst hatte, blieb aus. Konnte es sein, dass die Bienen ihrer Artgenossin einfach keinen Glauben geschenkt haben? Glichen sie die Informationen aus Pünktchens Schwänzeltanz mit ihrer inneren Landkarte ab und kamen dann zu dem Schluss, dass mit der werten Kollegin wohl etwas nicht stimmen könne? Mitten auf dem Wasser können ja schließlich keine nahrhaften Blüten wachsen. Gould ruderte mit seinem Boot näher an den Rand des Sees – noch immer keine Bienen in Sicht. Erst als er in unmittelbarer Nähe des Ufers angekommen war, »glaubte« der Schwarm, was Pünktchen vortanzte. Die Bienen stürzten sich auf das Zuckerwasser im Bootsrestaurant. Offenbar löst der Schwänzeltanz keine festprogrammierte Reaktion aus. Die Bienen prüfen, wer ihnen etwas vortanzt, und entscheiden dann, wie sie darauf reagieren.

Die Sprache der Bienen

Was genau übermitteln die Bienen ihren Artgenossen eigentlich durch ihren berühmten Schwänzeltanz? Karl von Frisch, der Entdecker der Bienensprache, glaubte, dass die Sammlerinnen ihren daheimgebliebenen Halbschwestern Richtung und Entfernung zu einer guten Futterquelle mitteilen. Aus der Intensität des Tanzes und dem Geruch der Tänzerin ziehen die Bienen weitere Informationen. In dieser ersten Übersetzung der Bienensprache versteckten sich allerdings noch einige Fehler. Mittlerweile haben Biologen und Verhaltensforscher das Vokabular des Schwänzeltanzes weiter entschlüsselt. Eine senkrecht stehende Wabe in der Nähe des Stockeingangs dient als Tanzboden. Will eine Sammlerin ihre daheimgebliebenen Schwestern und Halbschwestern über eine gute Futterquelle informieren, hängt sie sich an die Wabe und beginnt zu schwänzeln. Jahrzehntelang dachten Biologen, dass die Bienen den Tanz beobachten und daraus ihre Schlüsse ziehen. Tatsächlich ist das in einem Stock völlig unmöglich, denn im Inneren herrscht tiefe Finsternis.

Bienenforscher um Professor Jürgen Tautz von der Universität Würzburg haben vor einiger Zeit herausgefunden, dass der Tanz vor allem dazu dient, den Bienenstock in Schwingungen zu versetzen. Die Tanzbiene hängt an der Wabe und bewegt ihren Körper heftig hin und her. Während ihre Flügel sozusagen ausgehängt sind, läuft die Flugmuskulatur auf Hochtouren. Die Bienen geben quasi bei durchgetretener Kupplung Vollgas. Der Effekt: Ein tiefes Brummen durchdringt den gesamten Bienenstock. »Comb Wide Web« nennt Tautz dieses Bienenmegaphon – nach dem englischen Wort »honey-comb« für Honigwabe.[21] Auf diese Weise trommelt die Tanzbiene alle Interessentinnen zusammen. Im direkten Kontakt vermittelt sie dann weitere Informationen. Die Position ihres Körpers signalisiert den Schwestern, in welchem Winkel zur Sonne das Futter zu finden ist. Zeigt der Bienenkopf senkrecht nach oben, befindet sich das Futter genau in Sonnenrichtung. Tanzt sie in einem bestimmten Winkel zur Senkrechten, ist die Futterquelle genau in diesem Winkel zur Sonne zu finden. Selbst wenn der Sammelflug mittlerweile einige Zeit her ist und die Sonne ihre Position verändert hat, passt die Biene ihren Tanz dem aktuellen Sonnenstand an. Sie nutzt dazu ihre äußerst exakt gehende innere Uhr.

Je länger die Biene schwänzelt, umso weiter ist die Futterquelle entfernt. Allerdings misst die Biene die Entfernung nicht in Metern, sie gibt vielmehr so etwas wie eine gefühlte Entfernung an. Ist sie 500 Meter über einen reichstrukturierten Wald geflogen, tanzt sie anschließend länger als bei einem Flug von derselben Länge über ein eintöniges Feld. Die Würzburger Forscher haben herausgefunden, dass die Biene den optischen Fluss misst, der an ihren Augen vorüberzieht. Sie zählt quasi den Wechsel von hellen und dunklen Kanten und gibt diese Entfernung an ihre Genossinnen weiter. Und da Bienen in der Natur üblicherweise dieselbe Route wählen wie die Vortänzerin, erreichen sie trotz dieser Ungenauigkeiten das richtige Ziel.

Clevere Kraken

Kraken gelten als die Genies unter den wirbellosen Tieren. Wie schlau sie sind, kann jeder Aquarienbesitzer zu Hause selbst ausprobieren. Statt den Tieren Muschelfleisch und andere Leckereien direkt ins Wasser zu werfen, bietet man den Kraken das Futter in einem festverschlossenen Marmeladenglas an. In der Regel dauert es nur einige Minuten, bis die vielarmigen Gesellen den Trick raushaben: Die Kraken schrauben das Glas einfach auf und verleiben sich den Inhalt ein – eine starke Leistung für wirbellose Tiere.

Kraken gehören zu den Tintenfischen, doch trotz ihres Namens haben sie mit den Fischen nichts zu tun. Oktopus, Krake, Sepia & Co. sind am engsten mit Muscheln und Schnecken verwandt. »Tintenschnecken« wäre zumindest aus zoologischer Sicht die passendere Bezeichnung. Andererseits unterscheiden sich die Tintenfische stark von ihren nächsten Verwandten: In ihren Körpern schlagen drei Herzen, sie besitzen einen geschlossenen Blutkreislauf und blaues Blut. Vor allem aber haben Tintenfische ein erstaunlich großes und hochentwickeltes Gehirn. Während Meeresschnecken mit rund 20000 Nervenzellen auskommen, arbeiten im Tintenfischgehirn cirka 500 Millionen Neuronen. Höchstwahrscheinlich sind Kraken intelligenter als die meisten Amphibien und Reptilien.

Problemlos lernen sie zum Beispiel, sich in einem Labyrinth zurechtzufinden. Kraken zwängen sich durch die kleinsten Ritzen, und wer schon einmal versucht hat, Tintenfische im Aquarium zu halten, der weiß, dass er es mit Ausbruchskünstlern zu tun hat. Und noch eine Disziplin beherrschen Krake & Co. meisterlich: das Tarnen und Täuschen. Mit Hilfe ihrer Chromatophoren, das sind speziellen Farbzellen in der Haut, können sie die Farbe annehmen, die ihnen gerade gefällt. Spiegelzellen, die das Licht brechen und reflektieren, machen die Tarnung perfekt. Schwimmt ein Krake über eine Seegraswiese, trägt er ein sattes Grün. Kurz bevor er sich auf dem benachbarten Sandboden niederlässt, läuft ein kräftiges Farbspiel durch den ganzen Körper. Am Ende verschmilzt das Tier mit dem körnigen Boden, bis nur noch die Augen des Kraken hervorschauen.

Tintenfische benutzen ihr Tarnkleid nicht nur, um Beutetiere oder Feinde in die Irre zu führen. Das Farbspiel auf der Haut dient auch der Kommunikation. Wenn der Gemeine Tintenfisch ein Weibchen beeindrucken will, wirft er sich in Schale: Zebrastreifen auf seinem Körper sollen die Angebetete erweichen. Der Blauringkrake hingegen zeigt seine blauen Ringe nur dann, wenn er sich bedroht fühlt. Ein absoluter Meister in Sachen Tarnung ist der Mimic Octopus. Wer Filmaufnahmen von seinen Künsten sieht, glaubt zunächst an einen Trick. Der Gaukler nimmt nämlich nicht die Farbe des Untergrundes an, er verwandelt sich in die unterschiedlichsten Meeresbewohner: Flunder, Feuerfisch oder Seeschlange – der Mimic Octopus kann alle perfekt imitieren.

Kraken brillieren nicht nur durch eine hervorragende Tarnung, sie zeigen sich auch als passable Baumeister. Wenn sie gerade keinen sicheren Unterschlupf finden, bauen sie sich einen. Aus kleinen und großen Steinen zimmern Oktopoden eine Mauer vor ihre Höhle – ganz nach dem Motto »my home is my castle«. Sicher vor Räubern sitzen sie dann in ihrem

Verlies und warten ab, bis etwas Fressbares in der Nähe vorbeischwimmt. Auch ihr Gelege deponieren die meisten Kraken an einem so geschützten Ort. Einige Spezies verteidigen ihre Eischnüre, bis die Jungen geschlüpft sind.

Schlauer als manche Affen?

1992 sorgten Versuche an der meeresbiologischen Station Neapel für Aufsehen. Die Biologen Graziano Fiorito und Pietro Scotto experimentierten dort mit Tintenfischen. Sie zeigten einem Kraken eine weiße und eine rote Kugel und dressierten das Tier darauf, die rote anzuschwimmen. Hinter dieser wartete eine Belohnung, wählte der Krake dagegen die weiße Kugel aus, erhielt er einen leichten elektrischen Schlag. Ein klassischer Konditionierungsversuch – nach 16 Durchgängen hatte der Krake seine Lektion gelernt: Rot sollst du suchen, Weiß lieber meiden. Währenddessen saß ein zweiter Krake im Nachbaraquarium und verfolgte das Geschehen. Interessanterweise hatte der Zuschauer das Prinzip schneller begriffen als der Schüler. Bereits nach vier beobachteten Durchgängen schwamm er zielsicher auf die rote Kugel zu.

Ein Einzelfall? Es könnte ja sein, dass Krake Nummer eins besonders untalentiert war. Die Forscher wiederholten den Versuch mit verschiedenen Tintenfischen. Am Ergebnis änderte das nichts. Offenbar lernen Tintenfische genau wie hochentwickelte Säugetiere durch bloßes Beobachten. »Ein Weichtier ohne Wirbel und Knochen hat zum ersten Mal die Schwelle zur Nachahmung überschritten, oder richtiger gesagt: Zum ersten Mal hat die Wissenschaft die Schwelle überschritten, dies zur Kenntnis zu nehmen«, so die beiden Wissenschaftsautoren Volker Arzt und Immanuel Birmelin in ihrem Buch *Haben Tiere ein Bewusstsein.*

So manche Forscher weigern sich jedoch bis heute, diese Schwelle zu überschreiten. Der Versuch zog eine erbitterte Debatte nach sich. Könnte es nicht sein, dass sich der Zuschauerkrake einfach nur an die beiden Bälle gewöhnt hat, fragten damals Kritiker im Wissenschaftsmagazin *Science.* Normalerweise reagieren Kraken sehr vorsichtig auf Gegenstände, die sie nicht kennen. Vielleicht hatte der Artgenosse im Nachbaraquarium lediglich die Scheu verloren. Mit »echtem« Lernen durch Nachahmung hätte das nichts zu tun.

Die Debatte ist bis heute nicht abgeschlossen: Der Tintenfischexperte James Wood bezweifelt zwar nicht grundsätzlich, dass Kraken durch Beobachten ihrer Artgenossen lernen können, schließlich handelt es sich um die am weitesten entwickelten Wirbellosen überhaupt. Andererseits hält er es nicht für sehr wahrscheinlich: »Kraken sind keine sozialen Tiere. Sie werden im Lauf der Evolution nicht viele Gelegenheiten gehabt haben, diese Fähigkeiten zu entwickeln.«[22] Generell sind Kraken eher kurzlebige Tiere. Viele Arten werden nur ein bis zwei Jahre alt, in der Regel sterben die Weibchen kurz nachdem sie sich fortgepflanzt und zum ersten Mal Eier abgelegt haben. Die ungewöhnliche Kombination aus hochentwickeltem Gehirn und kurzer Lebensdauer gibt den Wissenschaftlern ein bis heute ungelöstes Rätsel auf. Fest steht auf jeden Fall, dass Kraken ungewöhnlich schlau sind und dass sie hervorragend lernen können.

Bei dem sogenannten Umkehrtest schneiden sie sogar besser ab als viele Wirbeltiere. Zunächst dressieren die Forscher das Tier auf einen ganz bestimmten Reiz. Der Krake soll zum Beispiel immer den roten Punkt anschwimmen. Hat das Versuchstier begriffen, worum es geht, kehrt der Experimentator die Situation um: Plötzlich ist Rot schlecht, und Weiß wird belohnt. Sobald das Tier die neue Situation begriffen hat, wird wieder umgedreht. Bei jedem Durchgang merken die Tiere etwas schneller, dass sich das Spiel schon wieder gewendet hat. »Im besten Fall brauchen sie irgendwann nur noch einen Versuch, um zu merken: Aha, das hat sich umgekehrt«, erklärt der Verhaltensforscher Guido Dehnhardt. »Nur wenige Tiere erreichen dieses Stadium, unter anderem der Oktopus.«

II. Sprache und Kommunikation

3

Von Buckelwalen, Pavianen und Papageien: Worüber unterhalten sich Tiere?

Walisch, Löwisch und Äffisch: Die Sprache der Tiere

Wie verständigen sich Tiere? Gibt es bei ihnen überhaupt so etwas wie eine Sprache? Und was ist das Besondere an der menschlichen Kommunikation? Seit Jahrhunderten streiten Biologen und Anthropologen, Psychologen und Linguisten über die Einzigartigkeit der menschlichen Sprache. Vor über 350 Jahren äußerte sich bereits René Descartes zu dem Thema: »Denn es ist etwas recht Bemerkenswertes, dass es keine so stumpfsinnigen und dummen Menschen gibt, selbst die Irrsinnigen nicht ausgenommen, die nicht fähig wären, eine Reihe von Worten miteinander zu verbinden und daraus eine Rede zusammenzusetzen, durch die sie ihre Gedanken verständlich machen können, und dass es im Gegenteil kein anderes Geschöpf gibt, so vollkommen und glücklich veranlagt es auch sein mag, das etwas Ähnliches tut.« Bis heute ist die Debatte in vollem Gang. Während einige Forscher auch im Tierreich Ansätze einer Sprache entdecken, halten andere die tierischen Lautäußerungen für nicht viel mehr als Reflexe.

Die Biologin Julia Fischer wollte dem Rätsel Sprache auf die Spur kommen. Anderthalb Jahre hat sie deshalb im Busch von Botswana verbracht. Ausgerüstet mit Lautsprecher und Videokamera studierte sie freilebende Paviane. Immer wieder hat sie den Tieren vom Band verschiedene arteigene Rufe vorgespielt und genau dokumentiert, wie die Affen reagieren. Mit erstaunlichen Ergebnissen reiste Julia Fischer schließlich zurück nach Deutschland.

Die Computeranalyse offenbarte, was sich in einem einzigen Ruf verstecken kann: Häufig stoßen männliche Paviane »Wahu«-Rufe aus, doch »Wahu« ist nicht gleich »Wahu«. Je ranghöher das Männchen, umso lauter und länger erklingt der Ruf. Bei rangniederen Tieren ist das »hu« am Ende kaum noch zu vernehmen. Jeder Ruf enthält eine soziale Botschaft – genau wie die menschliche Sprache. Wer energisch einen Befehl in den Raum brüllt, sagt damit gleichzeitig aus: Hier bin ich der Chef! Welche Worte er dafür benutzt, ist völlig unerheblich. Die Botschaft kommt an.

Die Sprache der Paviane – angeboren oder erlernt?

Neben den »Wahu«-Schreien benutzen Paviane verschiedene Kontakt- und Alarmrufe. Sind diese Laute angeboren oder müssen junge Paviane sie erst erlernen? Auch Kinder können nicht von Geburt an sprechen. Erst im Laufe der ersten Lebensjahre lernen sie, wie Sprache funktioniert. Julia Fischer hat die kommunikativen Fähigkeiten von jungen Pavianen untersucht. Wenn sie zweieinhalb Monate alten Paviankindern ihre arteigenen Rufe vorspielte, reagierten die Tiere darauf überhaupt nicht. Zwei Monate später blickten sie erstaunt auf und schienen den versteckten Lautsprecher zu suchen, zwischen Kontakt- und Alarmruf gab es jedoch keinen Unterschied. Erst mit einem halben Jahr reagierten die jungen Paviane angemessen auf den Alarmruf.[23] Sie hatten seine Bedeutung offenbar erlernt. Ein erster Schritt, der zeigt, dass die »Sprache« der Affen nicht genetisch festgelegt ist. Die

Paviane lernen also, Laute zu verstehen und zu produzieren. Aber sind sie nicht noch zu viel mehr fähig? Könnten sie nicht irgendwann die menschliche Sprache verstehen?

Julia Fischer bezweifelt das. Mittlerweile ist sie Professorin für Verhaltensforschung an der Universität Göttingen und Leiterin einer Arbeitsgruppe am Deutschen Primatenzentrum. Die menschliche Sprache jedoch ist ihr noch genauso rätselhaft wie zuvor. Bei den Pavianen jedenfalls habe sie keine Vorläufer gefunden, sagt Fischer. Sicherlich hätten Primaten Gefühle und Gedanken, doch »ihre Kommunikation ist grundverschieden von der menschlichen Sprache«, urteilt die Skeptikerin.

Die Vokabeln der Meerkatzen

Gelegentlich benutzen auch Affen Rufe, die man wohl als Worte bezeichnen muss, denn sie haben eine ganz bestimmte Bedeutung. Grüne Meerkatzen stoßen unterschiedliche Warnlaute aus, je nachdem, welcher Feind sich gerade nähert. Ertönt der Ruf »Achtung Leopard«, flüchten die Affen schnurstracks auf die Bäume. Kreischt dagegen ein Artgenosse »Vorsicht Schlange«, suchen die Tiere aufgeregt den Boden ab. Wieder ein anderer Schrei warnt vor Räubern aus der Luft. Die Warnrufe haben immer dieselbe Bedeutung, und alle Gruppenmitglieder reagieren darauf.

Einige Verhaltensforscher sehen darin die Anfänge einer Sprache. Julia Fischer jedoch bleibt skeptisch: »Der Empfänger reagiert angemessen auf den Ruf«, sagt sie, »das bedeutet jedoch nicht, dass der Sender die Absicht hatte, jemanden zu informieren.« Vielleicht habe er den Schrei nur aus Schreck über den Feind ausgestoßen. Beobachtungen anderer Verhaltensforscher sprechen eher dagegen: Die US-Amerikaner Dorothy Cheney und Robert Seyfarth berichten von mehreren Fällen, in denen einzelne Meerkatzen einem Räuber begegneten, ohne dass Artgenossen in der Nähe waren. In diesem Fall blieben die Affen stumm. Offenbar sind sich die Tiere ihres Publikums durchaus bewusst und warnen nur dann, wenn es Sinn macht. Die Debatte zwischen den Skeptikern und denjenigen, die Tieren komplexere Fähigkeiten zutrauen, ist noch immer in vollem Gang. Allerdings haben Letztere zwei überzeugende und quicklebendige Argumente auf ihrer Seite: Kanzi und Alex.

Sprachtraining für Menschenaffen

»Was wollen sie uns nur sagen«, das fragen sich so manche Menschen, wenn sie einem Schimpansen, Bonobo oder Orang-Utan in die Augen blicken. Ein Zoobesucher in London sah dort am 24. August 1661 einen der ersten Menschenaffen, den es überhaupt in Europa gegeben hat. Eine Begegnung, die ihn tief beeindruckte: »Ich glaube, er versteht schon viel Englisch; und ich bin der Meinung, man könnte ihn lehren zu sprechen oder Zeichen zu machen.«[24] Seit Jahrhunderten gibt es immer wieder Vorschläge, wie man Affen zum Sprechen bringen könnte. Doch die Idee scheitert schon allein am tiefliegenden Kehlkopf der Primaten. Der Sprachapparat unserer tierischen Vettern ist so konstruiert, dass sie nur Laute von sich geben können.

1925 hatte Robert Yerkes, ein Pionier der amerikanischen Primatenforschung, eine Idee, wie man dieses körperliche Handicap überwinden könnte. Auch er ging davon aus, dass uns die Affen viel zu sagen hätten, und schlug deshalb vor, den Tieren eine Art Zeichensprache beizubringen. Etwa 40 Jahre später setzten Allen und Beatrice Gardner seine Idee in die Tat um. In einem Wohnwagen zogen sie die junge Schimpansin Washoe groß. Washoe wuchs auf wie ein kleines Kind. In regelmäßigen Unterrichtsstunden versuchten die Gardners ihr eine Art Zeichensprache beizubringen – allerdings mit mäßigem Erfolg. Zwar lernte Washoe tatsächlich, etliche Zeichen zu benutzen, doch »viel zu sagen« hatte sie offenbar nicht. Ein Großteil ihrer Kommunikation drehte sich ums Essen. Häufig wiederholte sie lediglich das, was ihre Trainer vormachten. Ob Washoe wirklich verstand, was die einzelnen Zeichen bedeuteten, ist bis heute unklar.

Doch die Gardners und Washoe gaben quasi den Startschuss. In den 70er und 80er Jahren erlebte die Sprachforschung mit Menschenaffen einen Boom. Am Yerkes-Primaten-Zentrum in Atlanta arbeitete zu der Zeit Sue Savage-Rumbaugh mit Bonobos. Statt der Zeichensprache benutzten die Forscher in Atlanta eine Computertastatur mit Lexigrammen. 256 bunte Zeichen symbolisierten einfache Worte. Wochenlang mühte sich Sue Savage-Rumbaugh ab, der Bonobodame Matata einfache Zeichen beizubringen. Doch leider war Matata nicht besonders talentiert. Zusätzlich torpedierte ihr Kind Kanzi die Unterrichtsstunden: Er sprang abwechselnd auf seiner Mutter und Sue herum, spielte mit der Tastatur oder versuchte, Matata ihre Belohnung zu klauen. Niemand konnte damals ahnen, dass dieser kleine Bonobo einmal weltberühmt werden würde.

Meistens ignorierte Kanzi den Unterricht mit den Symbolen. »Manchmal jedoch schien er von der Tastatur wie hypnotisiert zu sein«, erinnert sich Savage-Rumbaugh. »Er starrte die Symbole an, wenn sie aufleuchteten, und versuchte, jedes einzelne davon zu greifen.«[25] Im Alter von 14 Monaten drückte Kanzi gelegentlich einzelne Tasten und lief danach zum Futterautomat. Er hatte offenbar begriffen, dass es für die Arbeit mit der Tastatur regelmäßig Belohnungen gab. Er benutzte die Symbole jedoch völlig willkürlich und spielerisch. »Es gab keinerlei erkennbare Anzeichen, dass er den Zusammenhang zwischen einzelnen Zeichen und bestimmten Lebensmitteln begriff«, schreibt Savage-Rumbaugh in ihrem Buch *Kanzi – der sprechende Schimpanse.*

Kanzi – ein ganz besonderer Bonobo

Erst im Alter von zwei Jahren drückte Kanzi zum ersten Mal gezielt ein Symbol. Das Zeichen für »Fangen« leuchtete auf, und Kanzi blickte seine Trainerin fragend an. Als die zustimmend nickte, rannte der Bonobo mit breitem Grinsen davon. Seine Mutter Matata dagegen blieb zeitlebens äußerst untalentiert im Umgang mit den Lexigrammen. Nach zwei Trainingsjahren beherrschte sie gerade einmal sechs Zeichen. Höchstwahrscheinlich haben die Forscher bei Matata viel zu spät mit dem Unterricht begonnen – nämlich zu einer Zeit, als die Bonobodame bereits erwachsen war. Offenbar gibt es bei Menschenaffen – genau wie bei Menschen – eine sensible Phase, in der sie Sprache relativ mühelos lernen können. Irgendwann schließt sich dieses Zeitfenster. Von einigen wenigen Kindern, die ohne Kontakt mit Sprache aufgewachsen sind, weiß man, dass sie dieses Defizit ihr ganzes Leben lang nicht mehr aufholen konnten.

Kanzis große Zeit begann, als er von seiner Mutter entwöhnt wurde. Er war damals knapp zwei Jahre alt, und Matata sollte wieder schwanger werden. Kanzi blieb in der Forschungsstation, um erstmals eigenen Sprachunterricht zu bekommen. Für den ersten Tag hatte sich Sue nicht viel vorgenommen, doch Kanzi sah das offensichtlich anders. Sobald die Tastatur aufgebaut war, ging der junge Bonobo ans Werk. Am diesem Tag benutzte er die Tastatur über 120 Mal. Er drückte zum Beispiel zuerst auf das Symbol für »Apfel«, anschließend auf »Fangen«. Dann nahm er einen Apfel und lief davon. Gezielt gebrauchte Kanzi in den folgenden Tagen und Wochen die Tasten für bestimmte Leckerbissen und wählte dann im Kühlschrank genau die Dinge aus, die er vorher bezeichnet hatte. »Ich konnte zunächst nicht glauben, was ich da sah«, erinnert sich seine Trainerin. »Kanzi benutzte die Tasten nicht nur, er wusste auch genau, was die Symbole bedeuteten, obwohl seine Mutter das nie gelernt hatte.«[26] Von Anfang an drückte Kanzi die Lexigramme zu ganz unterschiedlichen Zwecken: Er konnte fordern, Gegenstände benennen und seine Absichten äußern.

Dinge, die Washoe und andere sprachtrainierte Menschenaffen nie gelernt hatten. Und tatsächlich gab es einen entscheidenden Unterschied: Kanzi hat seine Sprache spielerisch gelernt. Nie musste er mühsame Lehrstunden über sich ergehen lassen. Niemand hat stundenlang versucht, dem Bonobo bestimmte Worte beizubringen. Kanzi hat einfach aufgeschnappt, was um ihn herum passiert ist. Genauso lernen auch kleine Kinder sprechen. Sie hören und beobachten, bis sie irgendwann von ganz allein zu reden beginnen. Offenbar ist das ein Erfolgsprinzip, auch der Graupapagei Alex hat so sprechen gelernt. Neben Kanzi ist er das zweite Sprachgenie im Tierreich – aber dazu später mehr.

Erst hören, dann reden

Die Erfahrung mit Kanzi bestätigte die Vermutung von Sue Savage-Rumbaugh: Das Verstehen kommt vor dem Reden. In der Vergangenheit hatten sich die Forscher zu sehr auf das aktive Sprechen konzentriert. Die Affen sollten sprechen lernen, das Verständnis würde sich dann schon von ganz allein einstellen – so die damalige Überzeugung. Tatsächlich ist es aber genau umgekehrt: Wenn Kinder – oder Menschenaffen – Sprache verstehen, fangen sie irgendwann auch an zu reden. Ob sie das mit Worten, Zeichen oder Lexigrammen tun, spielt dabei keine Rolle. Und noch einen weitreichenden Schluss zogen die Forscher um Sue Savage-Rumbaugh aus dem Sprachtraining mit Kanzi: »Wenn Affen Sprache auf die gleiche Art wie Menschen – das heißt ohne besonderen Unterricht – erwerben können, dann bedeutete das, dass der Mensch keine besondere Form von Intelligenz besitzt, die sich grundlegend von der aller Tiere unterscheidet.«[27]

Die Wissenschaftler beschlossen, genauso weiterzumachen, wie sie begonnen hatten. Für Kanzi gab es weiterhin keinen festen Stundenplan. Stattdessen bemühten sich seine Pfleger, ihm im täglichen Leben so viele Anregungen wie möglich zu geben. Wenn sich Pfleger und Wissenschaftler in Kanzis Nähe unterhielten, sprachen sie englisch und zeigten währenddessen auf die zugehörigen Symbole. Um auch im Freien mit Kanzi kommunizieren zu können, ersetzten sie die Computertastatur dort durch ein Brett mit Fotos der Lexigramme. Regelmäßig »sprach« Kanzi über seine täglichen Aktivitäten, über Ausflüge in den Wald, übers Essen und Spielen.

Die Forscher zeichneten Kanzis Äußerungen 17 Monate lang vollständig auf. Der Bonobo verfügte zu der Zeit über einen Wortschatz von rund 50 Symbolen. Fast von Anfang an verwendete er Wortkombinationen. Im Gegensatz zu den meisten »sprechenden« Schimpansen vor ihm, benutzte er diese spontan. Seine Artgenossen dagegen hatten vor allem ihre Trainer nachgeahmt oder immer wieder dieselben Worte aneinandergereiht. Solche Wiederholungen waren bei Kanzi selten. Meist nahm der Informationsgehalt seiner Aussagen mit jedem Wort zu. »Eis Wasser gehen« war zum Beispiel ein einfacher Satz, mit dem Kanzi seine Pfleger aufforderte, ihm Eiswasser zu holen. Interessanterweise galten manche seiner Äußerungen gar nicht ihm selbst, sondern ausschließlich anderen Personen. Beispielsweise drückte Kanzi auf der Tastatur die Symbole »Festhalten« und »Fangen«. Dann nahm er Sue an die Hand und stieß sie an einen anderen Pfleger: Die beiden sollten miteinander Fangen spielen. »Solche Aussagen waren Kanzis eigene Erfindungen«, erzählt Sue, »keiner von uns wäre auf die Idee gekommen, wir sollten miteinander spielen und Kanzi zusehen lassen.«[28]

Vorsicht: Kanzi hört mit

Kanzi hatte noch längst nicht die Grenzen seiner Leistungsfähigkeit erreicht. Immer wieder überraschte er seine Betreuer. Irgendwann merkten die Pfleger, dass Kanzi mitbekam, worüber gesprochen wurde. In einer Unterhaltung ging es darum, dass am Abend zuvor jemand vergessen hatte, das Licht auszuschalten, und plötzlich lief Kanzi zum Lichtschalter und knipste das Licht an und aus. Konnte es sein, dass Kanzi nicht nur Zeichen, sondern auch gesprochene Worte verstand? Damals galt die Theorie, dass Sprechen und Hören untrennbar zusammengehören. Beide Fähigkeiten würden sich nur gemeinsam entwickeln. Sprechen im eigentlichen Sinne jedoch konnte Kanzi natürlich nicht. Schon aus anatomischen Gründen wäre das unmöglich. Zunächst behielten die Forscher ihre Beobachtungen deshalb für sich. Doch wie bei einem kleinen Kind war es irgendwann nicht mehr zu übersehen, dass Kanzi mit anhörte, worüber sich die Menschen in seiner Nähe unterhielten.

Die Forscher entschlossen sich zu einem Experiment: Sie zeigten Kanzi gleichzeitig drei Fotos. Dann sagten sie ihm, welchen der abgebildeten Gegenstände er bringen sollte. Bei diesem Test benutzten sie abwechselnd Lexigramme und gesprochene Worte. Wurde Kanzi durch ein Symbol gezeigt, was er holen sollte, erzielte er eine Trefferquote von 95 Prozent. Bei mündlichem Zuruf lag er nur knapp darunter: 93 Prozent. Die Forscher fanden heraus, dass Kanzi über 150 englische Worte verstehen konnte. Andere Menschenaffen, die mit den Lexigramme ebenfalls äußerst geschickt kommunizierten, erreichten bei dem Englischtest nur Zufallstreffer.

Kanzis Leistungen sorgten damals für großes Aufsehen. Nicht nur wissenschaftliche Zeitungen, auch die breite Öffentlichkeit diskutierte intensiv und kontrovers über den sprechenden Affen. Manche feierten den Durchbruch: Mensch und Tier rückten noch enger zusammen. Andere zweifelten die Resultate an. Die Sprache war eine der letzten Bastionen, die als rein menschlich galten. Sie hieß es zu verteidigen, denn Kanzi und Sue Savage-Rumbaugh starteten einen Frontalangriff. Einer der Hauptkritiker war der amerikanische Linguist Noam Chomsky. Nur der Mensch verfüge von Geburt an über eine sogenannte »Universalgrammatik«, er sei deshalb das einzige sprachbegabte Wesen – so Chomsky. Kanzis Äußerungen fehle die Syntax, also eine Grammatik, die den Worten Ordnung und damit einen höheren Sinn verleiht. Von Sprache könne deshalb keine Rede sein. Wie Descartes sah auch Chomsky einen tiefen Graben zwischen Mensch und Tier.

Die Grammatik der Bonobos

Die Frage, ob Kanzi über Ansätze von Grammatik verfüge oder nicht, löste einen langen und erbittert ausgetragenen Wissenschaftsstreit aus. Die Primatologen ließen Kanzis Äußerungen von Sprachwissenschaftlern untersuchen. Dabei stellte sich heraus, dass der Bonobo tatsächlich beim Sprechen einfache Regeln einhielt. In jungen Jahren reihte Kanzi seine Worte ohne Reihenfolge hintereinander. »Banane verstecken« kam ebenso häufig vor wie »verstecken Banane«. Als er älter wurde, benutzte er jedoch ausschließlich die im Englischen übliche Abfolge: »fangen Kanzi« oder »beißen Tomate«. Offenbar hatte sich Kanzi die Wortfolge von seinen Betreuern abgeguckt. Er hatte die Regeln der Grammatik gelernt.

Trotz der erstaunlichen Leistungen gibt es auch für die Verhaltensforscher um Sue Savage-Rumbaugh keinen Zweifel daran, dass Kanzis Aussagen weit von der Komplexität menschlicher Sprache entfernt sind. Schimpansen gehen denselben Weg wie Menschen, aber sie beschreiten ihn langsamer und nicht so weit. »Die Berliner Mauer ist gefallen, und genauso ist die Mauer verschwunden, die den Menschen vom Schimpansen trennt.«[29] So das Fazit der amerikanischen Psychologin Elisabeth Bates, nachdem sie die Sprache von Kanzi und anderen Bonobos analysiert hat. Die Grundlagen jedoch sind bei beiden Spezies dieselben. Und deshalb können uns gerade die unterschiedlichen Fähigkeiten von Mensch und Menschenaffe einiges darüber erzählen, wie sich die Sprache bei unseren Vorfahren entwickelt hat.

Bestimmte Sprachregionen im Gehirn, zum Beispiel das Broca-Zentrum und das Wernicke-Areal, sind bei uns zwar besonders groß, sie sind jedoch nicht einzigartig. Alle Wirbeltiere verfügen darüber, und auch bei anderen Spezies sind diese Regionen an der Produktion von Lauten beteiligt. Durch Kanzi sind Mensch und Menschenaffe ein Stück näher zusammengerückt. Er selbst ist mittlerweile fast 30 Jahre alt und kürzlich – gemeinsam mit Sue Savage-Rumbaugh und anderen sprachtrainierten Menschenaffen – von Atlanta nach Iowa umgezogen. Dort ist in Des Moines ein ganz neues Forschungszentrum entstanden, eines der wenigen Institute weltweit, in dem noch mit sprachtrainierten Primaten gearbeitet wird.

Die Idee, Menschenaffen zum Sprechen zu bringen, hat ihre Blütezeit hinter sich. Trotz der erstaunlichen Leistungen von Kanzi und anderen Bonobos sind die Ergebnisse insgesamt eher enttäuschend. Unsere tierischen Vettern haben uns nicht – wie Robert Yerkes noch erwartete – unendlich viel zu sagen. Doch Kanzi & Co. haben uns gezeigt, dass die Grundlagen der Sprache bei ihnen angelegt sind. Viel mehr können wir nicht erwarten. Es macht deshalb wenig Sinn, dass noch mehr Menschenaffen den hohen Preis für unseren Wissensdurst bezahlen. Kanzi und seine sprechenden Artgenossen leben zwischen den Welten. Sie sind keine Menschen geworden, aber sie können auch kein normales Bonoboleben mehr führen. Sue Savage-Rumbaugh und ihre Kollegen haben ausgelotet, wie gut Schimpansen, Bonobos, Gorillas und Orang-Utans unsere Sprache lernen können. Heute konzentrieren sich die Forscher darauf zu verstehen, wie sich

Menschen- und Tieraffen untereinander in ihrem natürlichen Umfeld verständigen.

Lug und Trug

»Mama, ich übernachte heute bei Lisa«, sagt die 15-jährige Katrin, »du kannst uns übrigens nicht anrufen, das Telefon von Lisas Eltern ist kaputt.« Eine offensichtliche Lüge. Was auch immer die beiden Teenager vorhaben, ein Abend im Elternhaus der Freundin wird es nicht sein. Auch wenn die meisten Erwachsenen eine solche Lüge durchschauen werden, steckt dahinter jede Menge Hirnschmalz. Zunächst muss sich Katrin eine relativ glaubwürdige Geschichte ausdenken. Dann versetzt sie sich in ihre Mutter hinein und nimmt deren Tun quasi vorweg: »Mama könnte anrufen und merken, dass ich in der Disco bin.« Auch für dieses Problem fällt Katrin eine Lösung ein. Wer lügt, vollbringt eine echte Intelligenzleistung. Lügen erfordert Durchblick und Kreativität – die moralische Seite einmal ganz außen vor gelassen.

Können auch Tiere eine so komplexe Leistung vollbringen? Über die tierische Lüge streiten Wissenschaftler mindestens so erbittert wie über die Sprache im Tierreich, denn beides hängt eng zusammen. Die Sprache ist sicherlich das beste Lügeninstrument. Dass es Täuschung und Betrug auch unter Tieren gibt, ist dabei unstrittig. Die entscheidende Frage lautet: Lügen Tiere mit Absicht? Wissen sie, was sie tun? Das tierische Betrugsspektrum ist breit. An dem einen Ende stehen Lügen, hinter denen sicher keine individuelle Einsicht steckt. Am laufenden Band produziert die Evolution Lügen.

Mimikry und Mimese sind hier klassische Beispiele: Der Anglerfisch etwa legt einen schlängelnden Fortsatz seiner

Oberlippe als Köder aus. Dann wartet er in Ruhe ab, bis ein Fisch in den vermeintlichen Wurm beißt. Und schon landet der ahnungslose Geselle im Bauch des Anglerfisches. Harmlose Schlangen präsentieren sich in den Farben einer gefährlichen Giftschlange. Ein Blatt läuft plötzlich davon, denn tatsächlich handelt es sich um eine hervorragend getarnte Gespenstschrecke. Täuschungen dieser Art sind in der Natur an der Tagesordnung. Sie sind legitime Mittel im ewigen Wettlauf zwischen Räuber und Beute: Die eine Art trickst die andere aus.

Wie jedoch sieht es innerhalb einer Spezies aus? Noch Konrad Lorenz glaubte fest daran, dass das tierische Verhalten der Arterhaltung dient. Lug und Trug zwischen Vertretern der gleichen Art machen dann keinen Sinn. Von Löwe zu Löwe dürfte es ausschließlich um Kommunikation und Verständigung gehen. Ein Konzept, das mit der Realität nicht übereinstimmt, denn Artgenossen sind oft die ärgsten Konkurrenten. 1976 widerlegte Richard Dawkins mit seinem berühmt bewordenen Buch *Das egoistische Gen* die Lorenzsche Theorie der Arterhaltung. Der britische Evolutionsbiologe stellte fest, »dass wir Lügen und Täuschung und selbstsüchtiges Ausnutzen der Verständigung immer dann finden werden, wenn die Interessen (der Gene) verschiedener Individuen nicht übereinstimmen. Das gilt auch unter Individuen derselben Art.«[30] Löwen konkurrieren um Nahrung, Hirsche kämpfen um Weibchen und Krähen streiten sich um Nistmaterial. Nicht die Arten stehen miteinander im Wettstreit, sondern die Individuen oder – wie es Dawkins zugespitzt ausgedrückt hat – sogar einzelne Gene.

Folglich wird auch innerhalb einer Spezies gepokert und betrogen. Wer sich davon überzeugen will, muss nur in einer lauen Frühlingsnacht einen Teich aufsuchen. Mit heftigem Gequake versuchen Froschmänner paarungswillige Weibchen anzulocken. Wer am lautesten quakt, hat die besten Chancen. Einige Froschherren bleiben jedoch stumm. Scheinbar bescheiden warten sie hinter einem kräftig rufenden Artgenossen. Sie schonen ihre Stimme und sparen Energie. Auf Weibchen verzichten müssen die stillen Gesellen trotzdem nicht, denn sobald eine Froschdame des Weges kommt, hüpfen sie mit einem schnellen Sprung auf den Rücken des Weibchens, und der Rufer hat das Nachsehen. »Satellitenmännchen« nennen Verhaltensforscher die Abstauber unter den Fröschen. Solange nicht allzu viele Männchen auf diese Methode setzen, geht die Rechnung auf. Aber »wissen« die Satellitenmännchen, was sie da tun? Durchschauen sie die Situation und entscheiden sich dafür, den stummen Betrüger zu spielen? Das zu beurteilen, fällt hier bereits schwerer als bei den Tieren, die Mimikry betreiben. Trotzdem würden die meisten Verhaltensforscher die Frage mit einem klaren Nein beantworten. Bei Fröschen hat sich diese Strategie im Laufe der Evolution entwickelt. Immer setzt ein gewisser Anteil der Männchen auf Betrug. Mit Taktik hat das nichts zu tun.

Kann es überhaupt eine Lüge ohne Sprache geben? Arthur Schopenhauer hielt beides für typisch menschlich: »Es gibt nur ein lügenhaftes Wesen auf der Welt: es ist der Mensch. Jedes andere ist wahr und aufrichtig, indem es sich unverhohlen gibt als das, was es ist, und sich äußert, wie es sich fühlt.« In dem Fall hat sich der Misanthrop Schopenhauer wohl geirrt, denn mittlerweile deutet vieles darauf hin, dass auch Tiere in der Lage sind, ihren Artgenossen voller Absicht einen Bären aufzubinden. »Taktisches Täuschen« nennen das die Verhaltensforscher, und nach der Definition der beiden Experten in Sachen tierischer Lüge, Richard Byrne und Andrew Whiten, verbirgt sich dahinter die »Fähigkeit eines Individuums, eine ehrliche Handlung aus seinem normalen Verhaltensrepertoire in einem anderen Zusammenhang einzusetzen, so dass selbst vertraute Individuen in die Irre geführt werden«[31].

Wie sich Affen einen Bären aufbinden

Ein mittlerweile klassisches Beispiel »taktischer Täuschung« konnten die Forscher Byrne und Whiten der schottischen Universität in St. Andrews vor einigen Jahren in den südafrikanischen Drakensbergen beobachten. Das Geschehen spielte sich in einer Pavianhorde ab. Die Wissenschaftler sahen, wie das Weibchen Mel gerade damit beschäftigt war, eine schmackhafte Pflanzenknolle auszugraben. In dem Moment näherte sich Paul, ein junges Männchen, fast noch ein Kind. Der Rest der Horde war zwar in Hör-, aber nicht in Sichtweite. Paul blickte um sich und stieß einen durchdringenden Schrei aus. Einen Moment später erschien Pauls Mutter und verscheuchte die in der Hierarchie unter ihr stehende Mel. Das Weibchen flüchtete und ließ dabei seine Knolle zurück. Ein gefundenes Fressen für Paul – genüsslich verzehrte er den Leckerbissen. »Als wir diesen Vorfall beobachteten, konnten wir uns nur schwer des Eindrucks von einer absichtlichen Handlung erwehren«[32], schrieben Byrne und Whiten später.

Als sie sich daraufhin bei ihren Kollegen erkundigten,

konnten fast alle Primatenforscher ähnliche Erlebnisse beisteuern. In der wissenschaftlichen Literatur fand sich zu diesem Thema jedoch kaum etwas. Einzelne Beobachtungen gelten eben nicht als seriös und wissenschaftlich. »Ich glaube nicht an Anekdoten, ich glaube an Experimente«[33], sagt zum Beispiel Michael Tomasello vom Max-Planck-Institut für Evolutionäre Anthropologie in Leipzig. Ergebnisse müssen sich reproduzieren lassen, und das ist bei solchen Einzelfällen naturgemäß schwer.

Byrne und Whiten starteten deshalb 1985 eine erste Umfrage: Sie schrieben über 100 Wissenschaftler an und fragten nach Beobachtungen, die man als »taktische Täuschung« bewerten könnte. Die Kollegen meldeten daraufhin über 250 Vorfälle, die von den beiden Biologen nach äußerst strengen Kriterien untersucht wurden. Konnte man in dem vorliegenden Fall wirklich von einer bewussten Lüge sprechen? »Taktisches Täuschen« verlangt Einsicht, und das wiederum bedeutet, dass es keine andere Erklärung für das beobachtete Verhalten geben darf. Vor allem musste sichergestellt sein, dass die Tiere nicht einfach gelernt hatten, wie sie mit einer bestimmten Strategie ihr Ziel erreichen können.

Der Pavianjunge Paul könnte auch zufällig geschrien haben. Als lernfähiger Affe würde er sich merken, dass ihm dieses Verhalten eine Extramahlzeit eingebracht hat, und beim nächsten Mal ganz genauso reagieren. Mit Einsicht hätte das nichts zu tun. Für die meisten Beobachter ist das eine Interpretation, die nicht allzu wahrscheinlich erscheint, doch Wissenschaftler müssen alle Eventualitäten ausschließen. Die meisten Schilderungen fielen deshalb durch das Raster, doch einige Berichte blieben übrig, unter anderem folgender »Doppelbetrug« und der »heimliche Beischlaf«.

Der niederländische Primatenforscher Frans Plooij hatte

den Vorfall im Gombe-Nationalpark in Tansania beobachtet: Ein erwachsenes Schimpansenmännchen sah, wie sich eine elektronisch gesteuerte Futterkiste öffnet. In der Kiste lagen mehrere Bananen. Doch genau in dem Moment kam ein zweiter Schimpanse dazu. Der erste klappte den Deckel beiläufig wieder zu und trottete mit möglichst unschuldigem Gesicht davon. Sobald der Neuankömmling verschwunden war, kehrte der erste Schimpanse zurück, um sich die Bananen zu holen. Aber der Kollege ließ sich nicht so leicht hinters Licht führen: Offenbar hatte er gemerkt, dass hier irgendetwas nicht stimmte. Er versteckte sich, um der Sache auf den Grund zu gehen, und plötzlich standen beide Schimpansen zusammen vor der Futterkiste – im Täuschen vereint.

Wenn sich ein Gorillaweibchen mit einem rangniederen Männchen in die Büsche schlägt, gehen die beiden dabei erstaunlich leise vor. In einer Gruppe von Berggorillas in den Virungavulkanen hatte erst kürzlich ein Machtwechsel stattgefunden. Jahrelang war Beetsme das ranghöchste Männchen der Gruppe gewesen, doch mittlerweile ging der jüngere Titus immer häufiger siegreich aus den Auseinandersetzungen hervor. Auf den Zugang zu »seinen« Weibchen wollte der Ältere dennoch nicht verzichten. Doch jedes Mal, wenn er eine Gorilladame besteigen wollte, ging der Jüngere energisch dazwischen. Daraufhin drängte Beetsme eines Tages die Gorilladame Jenny so weit zur Seite, dass der Anführer Titus die beiden nicht mehr sehen konnte. Erst dann paarte sich Beetsme mit dem Weibchen. Dabei unterdrückte er sein lautes Grunzen, das früher bei jeder Paarung zu hören war. Auch Jenny gab keinen Muckser von sich. Ähnlich dezente Seitensprünge haben Biologen auch bei Schimpansen beobachtet.

Mittlerweile gibt es bei verschiedenen soziallebenden Tieren Hinweise darauf, dass sich die Artgenossen gelegentlich hinters Licht führen. Nicht nur Säugetiere sind dazu in der Lage, auch einige Vögel, zum Beispiel Raben, zeigen Ansätze von Lug und Trug. Zum wahren Lügenbaron jedoch schafft es nur der Mensch. Die Sprache ist dafür ein hervorragendes Werkzeug – oder um es in den Worten von Ludwig Wittgenstein auszudrücken: Lügen ist ein »Sprachspiel, das gelernt sein will wie jedes andere«. Und die Königsdisziplin – den Selbstbetrug – beherrscht tatsächlich nur der Mensch.

Der schlaueste Vogel der Welt

Alex sitzt auf einer Stuhllehne. Vor ihm steht Irene Pepperberg, eine schlanke Frau mit langen dunklen Haaren und zeigt ihm einen Tablett mit vier bunten Schlüsseln. Daraufhin entspinnt sich zwischen den beiden eine Unterhaltung, die so klingen könnte:

»Was ist das?«, fragt Pepperberg.

»Schlüssel«, antwortet Alex.

»Wie viele?« Alex guckt gelangweilt zur Seite: »Will Banane«, antwortet er.

Doch eine Belohnung gibt's jetzt noch nicht.

»Komm schon, Alex: Wie viele?« Alex guckt noch einmal auf das Tablett, dann sagt er: »Vier.«

»Sehr gut, hier hast du eine Nuss.«

»Banane«, kräht Alex und würdigt die Nuss mit keinem Blick. Er bekommt die gewünschte Belohnung und knabbert zufrieden sein Bananenstück.

Alex ist ein Graupapagei, allerdings nicht irgendeiner, sondern ein weltberühmter. Er gilt als der intelligenteste Vogel der Welt. Alex kann nicht nur sprechen – das können viele Papageien –, er meint tatsächlich, was er sagt. Die Karriere von Alex und Irene Pepperberg begann vor 30 Jahren. Im Juni 1977 kaufte die junge Forscherin in einer Zoohandlung in Chicago einen 13 Monate alten Graupapagei. Pepperberg wollte herausfinden, was sich im Kopf des Vogels abspielt. Sie glaubte fest daran, dass Papageien intelligent seien und dass man mit ihnen kommunizieren könne. Leider war außer ihr kaum jemand davon überzeugt. In Amerika stand der Behaviorismus hoch im Kurs. Burrhus Frederic Skinner prägte die Begriffe der Verhaltensforschung: Reiz und Reaktion, Belohnung und Strafe, darum ging es. Tiere konnten allenfalls konditioniert werden. Ihr Innenleben wurde als eine Art Black Box gesehen, in die man nicht hineinzugucken hatte. Allein die Frage, ob Tiere eine Sprache oder ein Bewusstsein hatten, galt als esoterisch. Folglich wurden die ersten Forschungsanträge, die Irene Pepperberg schrieb, allesamt abgelehnt.

Doch schließlich überließ ihr die Purdue-Universität in Indiana wenigstens einen Arbeitsraum, und Irene Pepperberg konnte mit ihren Studien beginnen. Einen Doktortitel der Harvard-Universität in Chemie hatte die 28-jährige damals bereits in der Tasche. Während ihres Studiums begegneten der jungen Forscherin die Ideen von Donald Griffin – damals der wohl prominenteste Gegner des Skinnerschen Behaviorismus. Die Verhaltensforschung faszinierte Pepperberg so sehr, dass sie noch einmal von vorne beginnen wollte. Schon in Harvard studierte sie auf eigene Faust Biologie, Psychologie und Anthropologie. In Purdue konnte sie endlich auch mit der praktischen Arbeit beginnen: Sie brachte Alex das Sprechen bei.

Für die Lehrstunden mit ihrem Papagei nutzte die Forscherin ein Verfahren, das der deutsche Zoologe Dietmar Todt entwickelt hat. Der Schüler, in dem Fall Alex, wird dabei nicht selbst unterrichtet. Er schaut zu, wie ein anderer lernt. Konkret sieht das in etwa so aus: Eine Studentin hält ein Stück Papier hoch: »Irene, was ist das?« Pepperberg antwortet mit einem unverständlichen Papageienlaut. Die Studentin wedelt mit dem Papier herum: »Komm schon Irene, was ist das?« Jetzt antwortet die Professorin knarzend »Papier«. »Sehr gut«, wird sie gelobt und bekommt das Papier. Dann wechseln Studentin und Professorin die Rollen. Der Papagei soll lernen, dass jeder fragen und antworten darf. Alex schaut zu, und irgendwann tritt er freiwillig in einen Wettstreit mit dem Schüler. Eine erfolgreiche Methode – so ähnlich hat später auch Kanzi seine Sprache gelernt. Selbst Tintenfische begreifen Aufgaben schneller, wenn sie einen Artgenossen bei der Lösung beobachten können.

1981 veröffentlichte Irene Pepperberg ihre ersten Ergebnisse. Schon damals war offensichtlich, dass Alex mehr kann als die meisten Papageien. Die Arbeit von Irene Pepperberg wurde allmählich anerkannt. Sie erhielt Forschungsgelder und schließlich auch eine Stelle als Professorin. Jahrelang lehrte sie an der Universität von Arizona. Alex' Leistungen wuchsen ständig. Heute erkennt er über 100 Gegenstände, wie Tassen, Schlüssel und Spielzeuglastwagen. Er weiß, aus welchem Material die Dinge bestehen, sofern es sich dabei um Kork, Metall, Plastik, Stein, Papier oder Wolle handelt. Der Papagei kann fünf Formen und sieben Farben unterscheiden. Er zählt bis sieben, und er weiß, was »gleich« und »verschieden« bedeutet. Immer vorausgesetzt, Alex ist bereit mitzuspielen. Und das ist durchaus nicht immer der Fall. »Intellektuell ähnelt er zwar einem fünfjährigen Kind«, sagt Irene Pepperberg, »emotional aber eher einem schlechterzogenen Zweijährigen.«[34]

Immer wieder steht Irene Pepperberg vor folgenden Situationen: Sie zeigt dem Vogel ein grünes Plastikviereck und ein blaues Viereck aus Holz. »Alex, was ist gleich?«

»Will Dusche.« verlangt Alex und läuft auf seiner Stuhllehne hin und her.

»Komm schon, was ist gleich?«

Aber Alex weiß genau, was er will: »Dusche!«

Erst nachdem Irene ihn mit Wasser besprüht hat, spielt er wieder mit. »Also, was ist gleich?«

Jetzt kommt die Antwort wie aus der Pistole geschossen: »Form.« Wird er dagegen gefragt, »Was ist verschieden?«, dann sagt er: »Farbe«, nicht jedoch »grün« oder »blau«. Eine immense Leistung. »Alex ist so gut wie ein Schimpanse oder ein Delfin«[35], sagt seine Trainerin. Noch streiten sich die Forscher jedoch darüber, ob Alex tatsächlich zählen kann. »Wie viele grüne Würfel?«, fragt Pepperberg und hält dem Vogel ein Tablett mit einem umfangreichen Sortiment unter den Schnabel: Zwei rote und sechs grüne Wollknäuel liegen neben drei roten und vier grünen Würfeln. Alex ziert sich ein bisschen, dann sagt er »vier« und sofort danach »Will Nuss!«. Alex bekommt seine Belohnung. Doch er muss jedes Mal danach fragen. Nur ein kräftiges Lob gibt es automatisch.

Mathematik für Papageien

Einige Wissenschaftler, unter anderem auch der inzwischen emeritierte Psychologieprofessor Euan Macphail der britischen Universität von York, sind dennoch nicht davon überzeugt, dass Alex tatsächlich zählen kann. Macphail demonstriert, was er damit meint: Für kurze Zeit hält er ein Foto hoch, auf dem vier Papageien zu sehen sind. »Sie müssen nicht durchzählen, um zu wissen, dass es vier sind«, sagt er. Menschen können kleine Mengen von sieben bis acht Gegenständen auf Anhieb erfassen. »Und das ist ungefähr die Grenze, bis zu der auch einige Tiere zählen können.«[36] Für Macphail steckt dahinter keine besondere kognitive Leistung. Nur wenn Alex rechnen könnte, würde ihn das wirklich beeindrucken.

Noch ist es nicht so weit, obwohl Irene Pepperberg daran arbeitet, dem Vogel einfache Additions- oder Subtraktionsaufgaben beizubringen. Immerhin hat Alex bereits eine der schwierigsten Zahlen überhaupt begriffen: Die Null – eine Zahl, die in den westlichen Ländern erst seit dem Mittelalter bekannt ist. Alex hat die »Idee von einer Null« sozusagen selbst erfunden. Vor einigen Jahren brachten die Forscher dem Vogel in einem anderen Zusammenhang das Wort »Nichts« bei. Spontan und aus eigenem Antrieb übertrug er »Nichts« auf eine Rechenaufgabe. Der Experimentator zeigte Alex eines Tages ein Tablett mit verschiedenen Gegenständen. Darauf lagen Sets von drei, vier und sechs Gegenständen, die jeweils dieselbe Farbe hatten. Nach einigem Hin und Her hat sich einer der Versuchsleiter vertan und gefragt: »Alex, welche Farbe gibt es fünfmal?« »Nichts«, krächzte Alex und lag damit genau richtig. »Nichts ist nicht dasselbe wie Null«, sagt Pepperberg, aber »Nichts« war nun mal das einzig passende Wort, das Alex kannte. Für die Forscherin steht deshalb fest: »Alex hat ein Konzept davon, was Null bedeutet.«[37]

Nach vielen Jahren an der Universität von Arizona ist Irene Pepperberg mit ihren Papageien vor einiger Zeit umgezogen. Heute lehrt und forscht sie an der Brandeis-Universität in Waltham, Massachusetts und im benachbarten

Harvard. Alex ist schon lange nicht mehr der einzige Graupapagei im Labor von Irene Pepperberg. Wenn die Youngster Griffin und Wart die Schulbank drücken, übernimmt Alex manchmal die Rolle des Trainers. Die Papageien lernen viel schneller, wenn ein Artgenosse unterrichtet, so die Erfahrung der Verhaltensforscher. Das Sprechen macht den Papageien offenbar so viel Spaß, dass sie auch nachts üben, wenn keiner zuhört – beziehungsweise wenn die Papageien glauben, dass keiner zuhört. Tatsächlich zeichnen die Forscher die nächtlichen Gespräche regelmäßig auf. Der Ältere macht dann zum Beispiel zwei Klickgeräusche. »Wie viele?«, fragt er. »Vier«, antwortet Griffin und wird sofort zurechtgewiesen: »Schlechter Junge. Falsch.«[38]

Die Gesänge der Wale

Den tierischen *Grand Prix de la Chanson* würden sicherlich die Buckelwale gewinnen. Jedes Jahr zur Paarungszeit treffen sich die Meeressäuger in tropischen Gewässern zu einzigartigen Versammlungen. Die männlichen Tiere geben regelrechte Konzerte, bei denen sie bis zu zehn Stunden lang abwechselnd singen. Ihre Gesänge haben eine klare Struktur, sie bestehen aus Versen, Strophen und Liedern. Walgesänge gelten als die komplexesten Lautäußerungen im Tierreich.

Bereits Anfang der 70er Jahre haben Roger und Katharine Payne von der Cornell-Universität in Ithaca das Walkonzert erstmals wissenschaftlich analysiert. Erstaunlich ist nämlich nicht nur das Phänomen an sich, sondern auch die Kreativität der Wale. Ständig komponieren sie neue Rhythmen und variieren ihre alten Verse. In kürzester Zeit übernimmt die ganze Gruppe solche Innovationen. Zumindest teilweise lernen die

Wale ihre Gesänge also durch Nachahmung. Ihr Erfindungsreichtum führt dazu, dass das Walkonzert jedes Jahr ein bisschen anders klingt. Zwar gibt es auch bei ihnen »Oldies«, also Lieder, die über viele Jahre erhalten bleiben, andere Sommerhits sind schon im nächsten Jahr vergessen. Bei der Analyse der Gesänge fand Katharine Payne heraus, dass viele Wale regelrecht reimen. Einzelne Strophen wiederholen sich in festen Rhythmen. Für die zunächst verblüffende Parallele zu menschlichen Gedichten könnte es nach Ansicht der Forscherin eine einfache Erklärung geben: Reime kann sich das Gehirn besser merken. Der Refrain dient den Walen demnach als Gedächtnisstütze. Das Walgedächtnis funktioniert an der Stelle nicht anders als unser Gehirn: Gedichte bleiben länger im Kopf als Texte, die sich nicht reimen. Hören wir den Refrain eines bekannten Schlagers, können wir plötzlich problemlos mitsingen.

Bereits damals vermuteten die Paynes, dass die Walgesänge trotz aller Variationen einer strengen Hierarchie gehorchen. Diese Theorie konnte jetzt – mehr als 30 Jahre später – bestätigt werden. Ryuji Suzuki vom Massachusetts Institute of Technology hat den inneren Aufbau und die Struktur der Gesänge untersucht. Mit einem eigens zu diesem Zweck entwickelten Computerprogramm zerlegten Neurowissenschaftler die Walgesänge in einzelne Elemente und ordneten jedem Element ein Symbol zu. So aufbereitet sind ihre Struktur und Komplexität nicht zu übersehen. Der Gesang besteht aus festen Lautfolgen, von denen es kurze und lange Varianten gibt. Die einzelnen Teile werden zu Phrasen zusammengesetzt und regelmäßig wiederholt. Auch die Wiederholungen folgen einem festen Muster. »Wir konnten eine eindeutig hierarchische Struktur nachweisen, wie sie bislang nur von menschlichen Sprachen bekannt war«[39], berichten die Forscher.

Eher gering ist jedoch der Informationsgehalt der Walgesänge. Pro Sekunde transportieren die Tiere weniger als ein Bit an Daten. Ein englischsprechender Mensch vermittelt pro Wort durchschnittlich zehn Bit. Von einer echten Sprache wollen die Forscher deshalb nicht sprechen – auch wenn sie nicht ausschließen können, dass Meeressäuger auf komplexe Weise kommunizieren. Noch immer wissen die Biologen viel zu wenig über die Walgesänge. Weitgehend unklar ist zum Beispiel, warum die Meeressäuger überhaupt ihre beeindruckenden Konzerte abhalten. Da die Buckelwale nur zur Paarungszeit singen, müssen die Lieder etwas mit der Fortpflanzung zu tun haben. Entweder sollen sie – wie so oft im Tierreich – die Weibchen beeindrucken, oder die männlichen Sänger messen ihre Kräfte. Die Walkonzerte wären dann eine Art Wettstreit, ganz ähnlich dem Schaulaufen der Hirsche mit ihren prächtigen Geweihen. Auch bei diesen Darbietungen gilt: viel Schau für wenig Inhalt. »Ich bin der Tollste«, diese simple Botschaft übermitteln alle Männer, wenn sie eine Frau erobern wollen.

Möchten die Buckelwale tatsächlich Informationen austauschen, dann singen sie nicht, sondern benutzen kurze prägnante Rufe. Forscher der australischen Universität von Queensland haben herausgefunden, dass die Meeressäuger über mehr als 600 verschiedene Lautäußerungen verfügen. Einige Signale richten sich ausschließlich an Jungtiere, mit anderen locken sie ihren Partner an. »Ich würde nicht sagen, dass Wale eine Sprache besitzen, das wäre eine zu menschliche Vorstellung«, sagt die Zoologin Rebecca Dunlop. »Sie verknüpfen die Töne nicht zu Wörtern und Sätzen. Es handelt sich eher um eine Art primitives Vokabular.«[40]

Unsere Sprache ist in ihrer Komplexität sicherlich einzigartig. Je mehr sich Biologen und Psychologen aber mit offenen Augen im Tierreich umschauen, umso mehr Beispiele für eine differenzierte Kommunikation finden sie. Die menschliche Sprache ist vielleicht so außergewöhnlich wie das Rad des Pfaus: Auch andere Vögel haben Schmuckfedern, aber bei keiner Art fallen sie so phantastisch aus.

4 Von Heuschrecken und Haien: Wie entsteht Schwarmintelligenz?

Schwärme – ein Rätsel aus tausend Teilen

Jedes Jahr im Spätsommer vollführen Starenschwärme kunstvolle Flugmanöver. Ohne jemals zusammenzustoßen, kreisen sie zu Tausenden durch die Luft. Riesige Fischschwärme bleiben in den unendlichen Weiten der Meere auf Dauer zusammen. Die Tiere bewegen sich wie von unsichtbarer Hand gelenkt. Ohne dass eine körperliche Verbindung besteht, scheinen die Individuen des Schwarms eine Art Superorganismus zu bilden. Gemeinsam sind sie zu Leistungen fähig, die ein Tier allein nie bewältigen würde. Wie funktionieren Schwärme? Wer steuert sie? Und gibt es so etwas wie eine Schwarmintelligenz?

An der britischen Universität Leeds erforscht der aus Berlin stammende Biologe Jens Krause das Schwarmverhalten von Fischen. In seinem Labor stehen mehrere große Aquarien. In einem dreht ein Schwarm Guppys seine Kreise. Plötzlich – wie von Geisterhand gesteuert – ändert der gesamte Schwarm seine Richtung. So wirkt es zumindest für den menschlichen Beobachter. Tatsächlich sind unsere Augen einfach nicht schnell genug, um mitzubekommen, wie die Fische in Sekundenbruchteilen ihre Entscheidung fällen. Die Arbeitsgruppe von Professor Krause hat viele solcher Richtungswechsel mit einer Hochgeschwindigkeitskamera gefilmt und festgestellt, dass nicht der gesamte Schwarm auf einmal abdreht. Tatsächlich wenden sich einzelne Fische nach rechts oder links, die unmittelbaren Nachbarn folgen, und allmählich läuft »die Information über die Richtungsänderung durch den ganzen Schwarm hindurch«, erklärt Krause, »es ist eine richtige Kaskade«. Doch nicht jeder Kurswechsel, den ein Schwarmmitglied initiiert, wird akzeptiert. Immer wieder biegen einzelne Guppys ab. Wenn nur wenige Artgenossen folgen, kehren die Abtrünnigen zurück und schließen sich wieder der großen Gemeinschaft an. Dasselbe kann man bei den riesigen Starenschwärmen in der Stadt beobachten. Regelmäßig spalten sich Gruppen ab, um kurz darauf wieder miteinander zu verschmelzen.

Neben den Aquarien stehen große Monitore. Punkte flackern darauf hin und her. Anhand von Computersimulationen untersuchen die Wissenschaftler das Verhalten der Schwärme. So haben sie herausgefunden, was die vielen Tiere zusammenhält. Das Ganze funktioniert, weil sich alle Individuen an drei einfache Regeln halten – welche Regel gerade zum Tragen kommt, hängt davon ab, an welcher Stelle im Schwarm sich das Tier befindet. Erstens: Bewege dich auf das Zentrum der Tiere zu, die du in deinem Umfeld siehst. Die »Anziehungszone« liegt vor allem am Rand eines Schwarms. Zweitens: Pass auf, dass dir niemand zu nahe kommt. Die sogenannte »Abstoßungszone« befindet sich eher im Zentrum. Und drittens: Bewege dich in dieselbe Richtung wie deine Nachbarn. Die »Interaktionszone« macht den größten Teil des Schwarms aus. Alle Schwärme funktionieren nach diesen Prinzipien – ganz egal, ob es sich dabei um Mücke, Fisch oder Vogel handelt.

Warum schließen sich die Tiere überhaupt zusammen? Welche Vorteile bringt das Leben im Schwarm? Wer Fische im freien Wasser beobachtet, steht zunächst vor einem Rätsel. Vor dem Korallenriff zieht ein großer Trupp Sprotten hin und her. Hunderte, vielleicht Tausende glänzender Fischleiber blitzen auf, wenn der ganze Schwarm seine Richtung ändert. Raubfischen scheint eine solche Versammlung an Beutetieren ein wahres Festessen zu garantieren. Ein Hai müsste doch bloß mit geöffnetem Maul in den Pulk hineinschwimmen und sich bedienen. Eine trügerische Vermutung, denn tatsächlich bietet die Masse den Fischen Schutz. Im Schwarm sieht der Räuber vor lauter Bäumen den Wald nicht mehr.

Den Meeresbiologen Hans Fricke hat die besondere Strategie der Schwarmfische bereits vor über 30 Jahren fasziniert. Der Forscher wollte ihr Geheimnis ergründen und spielte den Raubfeind. Zügig schwamm der Taucher mitten in eine Schar von Sprotten: »Ein kurzer Ruck ging durch den Schwarmkörper, die Mitglieder schlossen sich enger zusammen und bildeten eine Halbkugel um mich herum, aus der es kein Entweichen gegeben hätte, wären die Fische angriffslustige Räuber gewesen. Ich saß im Zentrum eines Planetariums, das sich veränderte, sobald ich, Mittelpunkt dieser kleinen Welt, eine geringfügige Bewegung machte. Ich hatte nicht die geringste Chance, auch nur den Schwanz eines Feindes zu erwischen.«[41]

Weder Hans Fricke noch andere Forscher konnten sich damals erklären, wie solche merkwürdigen Formationen entstehen. Doch das Verhalten der Fische war eindeutig äußerst effektiv. In dem Gewaber aus Fischleibern kann der Raubfisch kein einzelnes Tier fixieren. Es ist ihm unmöglich zuzuschlagen. Und noch einen Vorteil hat das Leben im Schwarm: tausend Augen sehen mehr als zwei. In Leeds haben die Forscher um Jens Krause mit der Hochgeschwindigkeitskamera aufgenommen, was passiert, wenn sich ein Räuber dem Schwarm nähert. Sobald ein Individuum den Feind wahrnimmt, zeigt es eine Schreckreaktion, und der ganze Schwarm ist gewarnt. Eine Kette von Alarmsignalen rast durch die ganze Gruppe. »Die Information pflanzt sich innerhalb des Schwarms schneller fort als sich der Verfolger annähern kann«, so Krause, »das nennen wir den Trafalgareffekt.« Die Beutefische reagieren sofort. Sprotten in freien Gewässern kreisen ihren Feind ein, und Riffbarsche verschwinden blitzschnell in den Höhlen und Spalten des Korallenskeletts, sobald sich ein Raubfisch nähert.

Meistens verhalten sich Schwarmfische eher defensiv, manche nutzen jedoch auch die Macht der Masse für einen Angriff. Ganz nach dem Motto: »Gemeinsam sind wir stark.« Im Schwarm können kleine und wehrlose Fische selbst gefährliche Räuber verjagen. Hans Fricke beschreibt, wie Korallenbarsche im Team erfolgreich einen großen Kraken vertrieben haben. Zunächst versuchte der Krake, mit seinen Armen die Fische zu verscheuchen, als die ihn jedoch immer wieder im Verband attackierten, nahm der Krake schließlich Reißaus. Häufig kann man beobachten, wie Krähen gemeinsam gegen Greifvögel »hassen« und sie so in die Flucht schlagen.

Schwärme finden sich in den unterschiedlichsten Tierklassen. Die Evolution hat ihn mehrfach erfunden – bei Heuschrecken, bei Fischen und Vögeln zum Beispiel. »Das Prinzip Schwarm ermöglicht es auch ganz einfachen Individuen, relativ komplexe Probleme zu lösen«, sagt Jens Krause, »das bedeutet, man braucht keine besonders intelligenten Einzeltiere.« Das Ganze ist mehr als die Summe seiner Teile. In der Gruppe erreichen die Tiere ein höheres Niveau. Das Geheimnis der Schwärme ist ihre ungeheure Flexibilität. Sie wachsen zusammen und lösen sich wieder auf, ganz so, wie es die Umwelt erfordert. Einige Tiere verbringen ihr gesamtes Leben im Schwarm, andere schließen sich nur zu bestimmten Zeiten zusammen – Buckelwale etwa bilden zur Fortpflanzungszeit große Gemeinschaften, Stare schließen sich vor allem während des Zuges und im Winterquartier zusammen.

Vorteile bringt das Leben im Schwarm vor allem dann, wenn die Nahrung nicht überall gleichmäßig verteilt vorkommt. Im Meer treten große Planktonmengen oft geklumpt auf. Schwarmfische sind äußerst gut darin, die Stellen im Ozean zu finden, an denen der Tisch besonders reichhaltig gedeckt ist, denn der Schwarm bevölkert mitunter eine riesige Wasserfläche. Wie ein einziger Organismus registrieren die Tiere, wo die Planktonkonzentration besonders hoch ist. Gibt es im Norden mehr zu fressen, biegen einzelne Tiere ab, und alle anderen folgen nach. »Der Schwarm mittelt über die ganzen Einzelerfahrungen der Individuen, die an der Peripherie sitzen«, so Krause. Die Tiere scannen ihre Umwelt quasi ab. Wie von unsichtbarer Hand gesteuert, folgt der Fischschwarm dem Plankton. Eine Leistung, zu der ein einzelnes Individuum nicht in der Lage wäre – es würde unter Umständen knapp an einer riesigen Futterquelle vorbeischwimmen und nichts davon mitbekommen. Die Schwarmintelligenz ist eine Leistung des Kollektivs.

Die Intelligenz der Masse

Ähnliche Phänomene finden sich auch beim Menschen. Vor 100 Jahren wollte Francis Galton die »Dummheit der Masse« beweisen. Herausgekommen ist allerdings genau das Gegenteil. Bei einer Viehmesse in England wurde ein Wettbewerb ausgeschrieben. Für sechs Pence konnten die Besucher das Gewicht eines Ochsen schätzen. Wer der Realität am nächsten kam, wurde mit einem Gewinn belohnt. Francis Galton, übrigens ein Halbcousin von Charles Darwin, wertete anschließend die fast 800 Schätzungen aus. Der Mittelwert lag bei 1197 Pfund, tatsächlich brachte der Ochse gerade mal ein Pfund mehr auf die Waage: 1198. Und – was noch erstaunlicher ist – kein Einzeltipp kam der Wahrheit so nahe wie das Mehrheitsvotum.

Mit diesem einfachen Versuch hatte Galton erstmals die »Intelligenz der Masse« bewiesen. »Vox populi«, Stimme des Volkes, nannte er seine Erkenntnis. Seither wurde das verblüffende Phänomen zigfach bestätigt: Wenn viele Menschen die Entwicklung der Börsenkurse voraussagen, kommt das der Wahrheit oft erstaunlich nahe. Dasselbe gilt für den Ausgang einer Wahl. Der Trick dabei, so der Trendforscher Peter Wippermann, man dürfe die Menschen nicht fragen, was sie selber wählen. Stattdessen müsse man sich danach erkundigen, mit welchem Ergebnis die Befragten rechneten – ganz unabhängig vom eigenen Votum. Bei der letzten Bundestagswahl kam eine solche Umfrage in einer Sendung von Stefan Raab dem tatsächlichen Wahlausgang deutlich näher als alle

Prognosen der Meinungsforschungsinstitute. Smart Mobs heißt die intelligente Masse im Fachjargon der Trendforscher. Im Internet ist dafür ein neuer Lebensraum entstanden. Am Beispiel von *google* und *wikipedia* untersuchen Sozialwissenschaftler das virtuelle Schwarmverhalten der Menschen.

Schwärme – eine anonyme Versammlung?

Schwärme gelten als anonyme Masse. Kein Tier kennt das andere. Das Individuum zählt nichts, die Gruppe dagegen alles. So werden Schwärme immer wieder dargestellt. Aber stimmt diese Einschätzung überhaupt? Auf den Bahamas untersuchen die Forscher der Universität Leeds das Schwarmverhalten von Zitronenhaien, einer sozial lebenden Haiart. Zum Teil bilden die Fische Gruppen von über 100 Tieren. Die Junghaie ziehen in kleineren Schwärmen durch die Mangrovenzone. Um ihr Verhalten besser studieren zu können, halten die Meeresbiologen sie in großen Käfigen in der Flachwasserzone. Je nach Zahl und Dichte bilden die Tiere ganz unterschiedliche Schwarmformationen. Vor einem Jahr haben die Forscher eine erstaunliche Entdeckung gemacht: Die Haie scheinen sozusagen Kumpel zu haben – Artgenossen, mit denen sie besonders gerne schwimmen. Kann es sein, dass sich die Tiere individuell erkennen? Gibt es selbst bei Haien so etwas wie Freundschaften? Bisher war das vor allem von hochentwickelten Primaten bekannt. Neuere Untersuchungen beschreiben jedoch, dass auch Pferde auf der Weide »Freundschaften« pflegen. »Unsere Beobachtungen legen nahe, dass es so etwas auch bei Haien gibt«, sagt Jens Krause, doch noch will er keine endgültigen Schlüsse ziehen.

Auch andere Studien deuten darauf hin, dass Schwarmtiere nicht ganz so anonym leben, wie man lange dachte. Guppys sind nicht nur bei Wissenschaftlern äußerst beliebt, sie gehören auch zu den häufigsten Aquarienfischen. Weil sie sich so schnell vermehren, werden sie auch Millionenfische genannt. In der Natur leben die nur sechs Zentimeter großen Fischchen in Schwärmen in den Flüssen Südamerikas. Biologen der schottischen Universität St. Andrews haben jetzt untersucht, ob Guppys ihre Kumpane wiedererkennen. Dazu trennten die Biologinnen Anurandha Bhat und Anne Magurran einzelne Weibchen von ihrem Schwarm und hielten sie maximal fünf Wochen lang in Isolationshaft. Nach Ablauf dieser Zeit setzten sie je ein Weibchen in ein großes Becken, in dem außerdem zwei durchsichtige und perforierte Flaschen schwammen. In der einen Flasche befanden sich Schwarmgenossen des Testfisches, in der anderen fremde Guppys. Die Reaktion war eindeutig: Das Guppyweibchen suchte ständig die Nähe seiner eigenen Schwarmmitglieder. Auch nach einer fünfwöchigen Trennung wussten die Fische genau, in welche Gruppe sie gehören. Anne Magurran geht davon aus, dass die Fische ihren Schwarm mit Hilfe von typischen Duftstoffen erkennen.

In einem zweiten Versuch setzten die Forscher jeweils zwei Guppys zusammen in ein Aquarium. Wenn die Tiere zuvor in demselben Schwarm gelebt hatten, waren sie wesentlich mutiger als die Duos, die sich nicht kannten. Ein eingespieltes Paar traute sich zum Beispiel deutlich früher aus seinem Versteck heraus. Im Team mit einem vertrauten Artgenossen fühlen sich die Guppys offenbar sicherer. »Da scheinen sie uns Menschen ziemlich ähnlich zu sein«[42], sagt Anne Magurran. Schon früher hatten Forscher herausgefunden, dass sich Guppyweibchen bei der Partnerwahl von ihren Kolleginnen leiten lassen. Sie bevorzugen die Männchen, die zuvor bereits von anderen Weibchen erwählt wurden. Selbst die Millionenfische bilden also kein anonymes Heer. Im Gegenteil: Sie führen ein komplexes Sozialleben, in dem sich die Tiere gegenseitig kennen und voneinander lernen.

Der Mensch – ein Schwarmwesen?

Vom Fisch ist der Biologe Jens Krause vor einiger Zeit auf den Menschen gekommen. Ihm fiel immer wieder auf, dass auch Menschen gelegentlich Schwärme formen. Jedes Jahr zur Sommerzeit werden sie von einer Zugunruhe erfasst und bewegen sich Richtung Süden. Jugendliche schwärmen am Samstagabend in die Disco. Schwärme von Menschen strömen in Fußballstadien und zu Konzerten. In großen Massen verhalten sich Menschen genau wie tierische Schwärme. Wenn bei Veranstaltungen Tausende von Menschen zusammenkommen, dann lassen sich ihre Bewegungen genauso am Computer simulieren wie die Formationen der Fisch- oder Vogelschwärme. Jens Krause hat Aufnahmen von Pilgern in Mekka ausgewertet: »Jeder Mensch scheint zu gucken, was seine nächsten Nachbarn um ihn herum tun, in welche Richtung sie sich bewegen«, sagt Jens Krause. Aus großer Entfernung betrachtet, sehe das fast so aus wie eine Flüssigkeit, in der verschiedene Strömungen aneinander vorbeifließen. »Das hatten wir zunächst gar nicht erwartet, dass man solche Muster in den Bewegungen von großen Menschenmengen finden würde.«

Wenn die Wissenschaftler bei ihren Computermodellen einige Parameter variieren, zum Beispiel die Distanz, die jedes Individuum zu seinem Nachbarn einhält, dann erscheinen auf dem Monitor ganz unterschiedliche Muster: Es entstehen chaotische und geordnete Schwärme, Ringe, Kreise oder lang auseinandergezogene Formen. Auch das seltsame Verhalten der Sprotten, das Hans Fricke vor über 30 Jahren beschrieben hat, lässt sich so erzeugen. Immer wieder gleichen die Wissenschaftler das natürliche Verhalten von Vögeln oder Fischen mit ihren Simulationen ab. »Letztendlich möchte man ja doch die Prozesse in der Natur verstehen«, so Krause, »die Simulation auf dem Computer ist nur eine Krücke dafür.« Schritt für Schritt entschlüsseln die Forscher die Mechanismen der Schwärme. Ihre Ergebnisse haben einen ganz konkreten Nutzen: Nur wer die kollektive Intelligenz versteht, kann sie gezielt nutzen. Wenn es darum geht, Notausgänge von großen Gebäuden oder Stadien zu planen, dann berücksichtigen gute Architekten heute das Schwarmverhalten der Menschen. Eine Säule an der richtigen Stelle vor einem Ausgang wirkt auf den ersten Blick als Blockade. Tatsächlich lenkt sie den Massenansturm in geordnete Bahnen. Ohne ein solches Hindernis wäre die Pforte sehr schnell verstopft. Die entscheidende Frage bei solchen Planungen: Wie organisieren sich Schwärme quasi von selbst? Nur wer das weiß, kann im nächsten Schritt versuchen, die Massen zu lenken.

Manipulateure und hirnlose Fische

Im Schwarm gibt es keine Führer, keine Generäle, Offiziere oder Soldaten. Alle sind gleich, und dennoch sind die Massen leicht zu manipulieren. Bereits 1933 operierte der deutsche Biologe Janzen einigen Elritzen das Vorderhirn heraus. Eines der operierten Tiere setzte er zurück in seinen Schwarm. Zunächst benahm sich der Fisch völlig normal. Er konnte offenbar sehen, schwimmen und fressen. Nur sein Sozialverhalten war völlig gestört. Die Elritze hatte ihren Herdentrieb verloren. Sie kümmerte sich einfach nicht um die anderen Schwarmmitglieder, und irgendwann schwamm der operierte Fisch in eine beliebige Richtung davon. Interessanterweise folgte daraufhin der gesamte Schwarm seinem hirnlosen Führer, denn der schien ja schließlich genau zu wissen, wo es langgeht. Entschlossenheit überzeugt auch Fische.

Auch die Forschungsgruppe von Jens Krause versucht derzeit, ihre Fischschwärme fernzusteuern. Dazu entwickeln die Biologen gerade einen interaktiven Roboterfisch. In Zukunft wird der künstliche Stichling nicht nur den Schwarm führen, er soll auch mit ihm kommunizieren. Die Forscher erhoffen sich, so noch viel besser zu verstehen, wie Schwärme funktionieren. Ein erster Prototyp ist bereits fertig und wurde von dem Schwarm sofort als Artgenosse akzeptiert. Computergesteuert konnte der Roboterfisch sogar die Führung des Schwarms übernehmen. Bedingungslos folgten alle ihrem selbsternannten Anführer. Schließlich zog der künstliche Fisch mit den Stichlingen sogar direkt an einem Raubfisch vorbei. Normalerweise halten die Stichlinge immer großen Abstand zu einer solchen Gefahrenquelle. Kein Fisch käme freiwillig auf die Idee, ein solches Risiko einzugehen. Schwimmt jedoch einer voran, folgen alle nach. Der Schwarmtrieb ist offenbar größer als die Angst. In der Gruppe geben die Individuen ihre Verantwortung ab. Angeleitet durch ihren Führer, den Roboterfisch, tun sie Dinge, die ihnen sonst nie in den Sinn kämen.

Geben auch Menschen so leicht die Kontrolle ab? Jens Krause machte die Probe aufs Exempel: In einer großen Sporthalle versammelte er einige Studenten. Alle haben sich freiwillig bereit erklärt, bei einem Experiment mitzumachen. Bis auf einen wusste keiner, worum es geht. Unkoordiniert bewegten sich die Studenten durch die Halle. Der einzige Eingeweihte hatte eine besondere Aufgabe. Er sollte die Rolle des Roboterfisches übernehmen und die Gruppe zu einem bestimmten Punkt dirigieren. Meistens gelang ihm das, ohne dass ein einziges Wort gesprochen wurde. Keinem in der Gruppe war bekannt, dass jemand führt, und doch folgten alle dem einen Wissenden. Ein faszinierendes Phänomen. Auch im Alltag gibt es immer wieder solche Situationen: Auf dem Weg vom Flugzeug zum Gepäckband bewegen sich Passagiere wie von unsichtbarer Hand gelenkt. In der Regel wissen nur wenige, wo es langgeht, doch alle erreichen ihr Ziel. Der Schwarm ist nützlich und riskant zugleich. Er bringt dem Einzelnen Vorteile, doch er ist auch anfällig für Missbrauch.

Sehr wenige Individuen reichen aus, um einen Schwarm erfolgreich zu führen. »Je größer die Gruppe, umso kleiner kann der Anteil der informierten Individuen sein«[43], so die Ergebnisse von Jens Krause. Manchmal genügt ein einziger Führer. Optimal ist, wenn fünf bis zehn Prozent Bescheid wissen, wo es hingeht. Die Gruppe gelangt dann in der schnellstmöglichen Zeit an ihr Ziel. Steigt die Zahl der Eingeweihten weiter, änderte sich am Ergebnis nichts mehr. Fünf bis zehn Prozent scheint ein besonderer Wert zu sein, der für Tiere und Menschen gleichermaßen gilt. Immer wieder taucht diese Zahl auf. Wenn Bienen ihren Stock verlassen, um ein neues Nest zu gründen, fliegen bis zu zehn Prozent der Tiere aus und machen sich auf die Suche. Nach ihrer Rückkehr informieren sie den gesamten Schwarm über das gemeinsame Ziel. »Es sind gerade diese Parallelen, die uns faszinieren, weil das auf gewisse Grundlagen der Informationsübertragung hinzudeuten scheint.«

Auch technische Systeme funktionieren zunehmend nach dem Schwarmprinzip. Informatiker versuchen, Datennetze wie Insektenstaaten zu organisieren. Die Information wird über den gesamten Schwarm verteilt. Wenn ein Teil ausfällt, bleibt das Wissen trotzdem erhalten. Der Einzelne zählt nichts, der Schwarm dagegen alles. Genauso funktionieren übrigens auch die Yrr im Bestseller *Der Schwarm* von Frank Schätzing.

Eine biblische Plage

Wenn Heuschrecken zu schwärmen beginnen, verwandeln sich harmlose Einzelgänger in einen gefräßigen Superorganismus. Aus Dr. Jekyll wird Mr. Hyde – und das gleich millionenfach. Seit Jahrtausenden sorgen schwärmende Heuschrecken immer wieder für unglaubliche Verwüstungen. Der größte je dokumentierte Heuschreckenschwarm fiel 1784 über Südafrika her. 300 Milliarden Insekten bedeckten rund 3000 Quadratkilometer Land – eine Fläche größer als das Saarland. Täglich vertilgten sie 600 000 Tonnen Gras, Blätter und Getreide. Heute werden vor allem Afrika und der Nahe Osten immer wieder von gewaltigen Invasionen heimgesucht. Wenn genug Regen und frisches Grün vorhanden sind, dauert es Jahre, bis ein solcher Schwarm zusammenbricht. Zurück bleibt eine verwüstete Gegend. Jeder Baum, jeder Strauch und alle Felder sind kahlgefressen. Einige Zeit herrscht Ruhe, bis plötzlich – wie aus dem Nichts heraus – ein neuer Schwarm entsteht.

Die häufigste Spezies unter den Wanderheuschrecken ist Schistocerca gregaria, die Wüstenheuschrecke. Jahrelang lebt sie als überzeugte Einzelgängerin. Abgesehen von der Paarungszeit gehen sich die Individuen gegenseitig aus dem Weg. Von Zeit zu Zeit jedoch – wenn es geregnet hat und

Nahrung im Überfluss zur Verfügung steht – beginnen sich die Wüstenheuschrecken zu verwandeln: Ihre Köpfe werden massiger, die Augen kleiner und die Mäuler breiter. Auch die Farbe ändert sich von einem unauffälligen Braun zu Schwarz und Gelb. Innerhalb kürzester Zeit entstehen gigantische Schwärme. Wie kommt es zu dieser Transformation?

Noch immer haben Wissenschaftler das Geheimnis der Wanderheuschrecken erst teilweise entschlüsselt. Lange dachte man sogar, dass es sich bei den Schwarmtieren und der solitären Form um zwei verschiedene Arten handelt. Fest steht, dass der Anblick von Artgenossen und verschiedene Duftstoffe die Umwandlung einleiten. Sogenannte Pheromone steuern das Schwarmverhalten der Tiere. Sie sorgen dafür, dass sich die Insekten zur gleichen Zeit paaren und synchron ihre Eier ablegen. Je mehr Heuschrecken es in einem Gebiet gibt, umso wahrscheinlicher wird die Metamorphose. Und noch ein Schlüsselreiz löst bei erwachsenen Heuschrecken das Schwarmverhalten aus: gegenseitige Berührungen am Oberschenkel des dritten Beinpaares. Die vollständige Umwandlung zieht sich über mehrere Generationen hin. Schon die Larven werden durch ein spezielles Sekret im Ei auf die Schwarmphase geprägt. In der Gruppe stimmen alle Individuen ihr Verhalten komplett aufeinander ab. Einzelne Heuschrecken, die zufällig auf die wandernden Artgenossen treffen, fangen nach wenigen Stunden ebenfalls an, sich zu verändern. Wieso jedoch kommen sich die überzeugten Einzelgänger überhaupt so nahe, dass der gesamte Prozess in Gang gesetzt werden kann?

Wissenschaftler der britischen Universität Oxford haben das Verhalten der Wüstenheuschrecken am Computer simuliert – mit interessanten Ergebnissen: Die Umwelt entscheidet darüber, ob Dr. Jekyll zu Mr. Hyde wird. Sind die

Nahrungspflanzen einigermaßen gleichmäßig im Lebensraum der virtuellen Heuschrecken verteilt, gehen sich die Tiere aus dem Weg. Gibt es dieselbe Menge Futter konzentriert an wenigen Orten, müssen sich die Heuschrecken zwangsläufig zusammenschließen. Jetzt können Duftstoffe und Berührungen ihre Wirkung entfalten. Der Hunger treibt die Verwandlung vom Einzelgänger zum Schwarmwesen an. Experimente im Labor bestätigen die Vermutung der Forscher: Je mehr Nahrung es an einem Fleck gibt, umso mehr Heuschrecken treffen zusammen, umso wahrscheinlicher ist die Umwandlung zum Schwarm. Das einzelne Tier wird zu einem Teil der Masse.

Vom Winde verweht

Wer lenkt einen Heuschreckenschwarm? Wer bestimmt, welche Route der Zerstörung die Insekten einschlagen? Lange gingen die Wissenschaftler davon aus, dass der Weg des Schwarms zum größten Teil vom Wind bestimmt wird. Im Koran heißen die schwärmenden Heuschrecken deshalb auch »Zähne des Windes«. Inzwischen gibt es jedoch Hinweise darauf, dass die Tiere zumindest in einem gewissen Ausmaß selbst das Steuer übernehmen. Aufgefallen ist das erst im Jahr 2004. Damals hatten wandernde Heuschrecken durch einen plötzlichen Kurswechsel vermieden, den Golf von Eilat zu überfliegen, einen Seitenarm des Roten Meeres. Aus der Sinai-Wüste kommend, wendeten sich die Tiere an der Küste nach Norden. Erst als sie die Spitze des Golfs erreicht hatten, flog der größte Teil des Schwarms wieder Richtung Osten weiter. Ein erstaunlicher Kurswechsel. Die Arbeitsgruppe von Nadav Shasbar an der Hebräischen Universität von Jerusalem wollte daraufhin herausfinden, ob die Tiere tatsächlich zwischen Wasser und Land unterscheiden können. Man wusste bereits, dass Heuschrecken – wie andere Insekten auch – in der Lage sind, polarisiertes Licht zu erkennen. Theoretisch könnten sie diese Fähigkeit nutzen, um trockene und nasse Oberflächen zu unterscheiden. Landflächen reflektieren nämlich eher diffuses, nichtpolarisiertes Licht, Wasser spiegelt dagegen polarisiertes Licht wider, das heißt, die einzelnen Strahlen schwingen überwiegend in dieselbe Richtung.

Die Forscher fingen die Wüstenheuschrecken ein und banden sie mit langen Schnüren fest. Dann ließen sie die Tiere in der Nähe von großen Bodenspiegeln wieder frei. In den meisten Fällen vermieden es die Tiere, die Spiegelfläche zu überqueren – ganz egal auf welcher Seite des Spiegels sie zuvor ausgesetzt worden waren. Nur wenn sie mit starken Gegenwinden zu kämpfen hatten, überquerten einzelne Exemplare die glatte Fläche. Die Hoffnung, riesige Heuschreckenschwärme künftig durch Spiegel oder Plastikfolien zu bremsen, dürfte jedoch trügerisch sein. Zwar mögen die Insekten Wasserflächen nicht besonders, weil es dort weder Nahrung noch Landeplätze gibt. Wenn es jedoch sein muss, können sie selbst den Atlantik überqueren. Bei starken Winden steigen die Heuschrecken in eine Flughöhe von mehreren 100 Metern auf. Sie lassen sich vom Wind treiben, und so gelangen, trotz hoher Verluste, immer wieder ganze Schwärme auf die Kanaren und nach Südeuropa. Die Leistung des Kollektivs hatte mal wieder Erfolg.

5 Von Hunden und Wölfen: Was verstehen unsere Haustiere?

Am Anfang war der Wolf

Am 20. Januar 2007 trat »Sweet Pea« in der Sendung *Wetten, dass …?* auf. Mit einem gefüllten Wasserglas auf dem Kopf balancierte der Colliemischling eine Treppe hinauf und herunter. Die Hündin machte das wahlweise vorwärts oder rückwärts, ohne dabei auch nur einen einzigen Tropfen zu verschütten. Ihr Herrchen, der Deutsch-Amerikaner Alex, dirigierte seine Hündin – ohne Berührung zwar, doch mit Stimme und Körpersprache: »Kopf hoch, jetzt gerade, vorsichtig, langsam.« Hochkonzentriert war »Sweet Pea« bei der Sache. Und wie Alex, glaubt so mancher Hundebesitzer fest daran, dass sein Vierbeiner jedes Wort versteht. Aber wie schlau sind Hunde wirklich? Und wie viel Wolf steckt noch in Dackel, Dalmatiner & Co.?

In grauer Vorzeit haben unsere Vorfahren den Wolf allmählich gezähmt. Eventuell machte jedoch auch der Wolf den ersten Schritt. Am Lagerfeuer fiel meist auch für ihn etwas ab. Der Wolf profitierte von den Abfällen und hat im Gegenzug »seine« Menschen beschützt. Nach dieser Theorie war die Partnerschaft zwischen Wolf und Mensch von Anfang an eine Art Symbiose zu beiderseitigem Nutzen.

Vor rund 14000 Jahren soll die gemeinsame Geschichte von Mensch und Wolf begonnen haben – davon gingen die Wissenschaftler zumindest lange Zeit aus. Neue genetische Untersuchungen besagen jedoch, dass sich Wolf und Hund schon vor sehr viel längerer Zeit voneinander getrennt haben. Evolutionsgenetiker der kalifornischen Universität in Los Angeles gehen davon aus, dass der Mensch bereits vor rund 135 000 Jahren auf den Hund gekommen ist. Die gelehrigsten und zahmsten Wölfe vermehrten sich in der Nähe menschlicher Siedlungen. Und Homo sapiens merkte mit der Zeit, wie nützlich der neue Genosse sein konnte – zum Beispiel als Hüter der Schafe und Helfer bei der Jagd. Aber erst vor 500 Jahren hat der Mensch damit begonnen, den domestizierten Wolf gezielt zu züchten. Bis heute sind so über 200 unterschiedliche Hunderassen entstanden.

Wolf & Mensch – ein Erfolgsteam

Warum aber haben unsere Vorfahren ausgerechnet den Wolf zu ihrem engsten Begleiter gewählt? Ein Grund dürften die erstaunlichen Parallelen zwischen den beiden Rudeltieren Mensch und Wolf sein: Gleich und gleich gesellt sich gern. Bereits Desmond Morris stellte in seinem Klassiker »Der nackte Affe« fest, dass Mensch und Wolf einander in sozialer und geistiger Hinsicht ausgesprochen ähnlich sind. Beide jagen im Rudel und gehen dabei planvoll und gutorganisiert vor. Eventuell haben sich die frühen Menschen ihre Jagdtechnik teilweise bei den Wölfen abgeguckt. Immer wieder berichten Wolfsforscher, dass die Tiere eine geradezu militärische Taktik anwenden: Zuerst treiben Wölfe eine Herde von Antilopen oder anderen Beutetieren auseinander, um festzustellen, welche Tiere besonders schwach und langsam sind. Erst wenn das Opfer ausgewählt ist, beginnt die eigentliche Jagd. Die Aufgaben in der Meute sind dann klar verteilt. Einige Tiere führen die Attacke an und schleichen sich gegen die Windrichtung vorsichtig nach vorne. Währenddessen kreisen andere Wölfe die Beute ein und pirschen sich von der anderen Seite her an. Die Jagd geht los, sobald das Opfer die vorderen Wölfe entdeckt. Die Antilope macht kehrt und rennt bei ihrer Flucht automatisch auf die Wölfe zu, die den Rückzug versperren. Hat das Rudel seine Beute erlegt, bedient sich der Leitwolf zuerst. Alle anderen warten geduldig, bis sie an der Reihe sind. Nur im Team können Wolf und Mensch Großwild erbeuten, gegen das ein Individuum allein keine Chance hätte.

Die Gemeinsamkeiten zwischen den beiden Spezies hören bei der Jagd längst nicht auf. Mensch und Wolf leben in einem festen Familienverband. Bei beiden gibt es eine soziale Rangfolge. »Wodurch unterscheidet sich die stolz hochgetragene Rute eines Alphawolfs von den stolz zur Schau gestellten Schulterstücken und Goldlitzen eines Generals?«, fragt der österreichische Zoologe und Naturschützer Robert Hofrichter in seinem Buch *Die Rückkehr der Wildtiere.* In unseren Firmen gibt es Vorstände, Abteilungsleiter und einfache Sachbearbeiter. Das Wolfsrudel gliedert sich klar in Alpha-, Beta- und Omegatiere.

Und es gibt noch mehr Parallelen: Beide Arten benutzen ausgefeilte Gesten, um Aggression, Unterwürfigkeit oder Sympathie auszudrücken. Wir machen uns klein und ziehen den Kopf ein, wenn es Ärger gibt. Eine unterwürfige Haltung wirkt bei beiden Spezies aggressionshemmend: Der Wolf legt sich auf den Rücken und präsentiert die Kehle. Auch beim Menschen ist der Kampf zu Ende, wenn der Gegner am Boden liegt. Alle Rudel- beziehungsweise Familienmitglieder kümmern sich um die Aufzucht der Jungen: Oma, Opa, Onkel, Tanten und sonstige Verwandten können oft gar nicht genug bekommen von den süßen Kleinen. Beide markieren ihre

Reviere – der eine mit Duftmarken, der andere wählt optische Signale: einen Gartenzaun zum Beispiel, ein Tor oder eine Schranke. Und wenn sich ein Eindringling nähert, verteidigen beide ihr Territorium, manchmal sogar mit dem Gewehr. Kinder und Welpen haben einen ausgeprägten Jagd- und Spieltrieb, und die Älteren sind den Kleinen gegenüber ausgesprochen tolerant und geduldig.

Der domestizierte Wolf

Trotz aller Gemeinsamkeiten bringen wir den Vorfahren unserer Hunde heutzutage eine merkwürdige Mischung aus Hass und Angst entgegen. Den domestizierten Wolf lieben wir jedoch heiß und innig. In Jahrtausenden haben wir ihm viel, jedoch nicht alles Wölfische ausgetrieben. Der wilde Wolf hat sich in über 200 Hunderassen aufgespalten – vom Rottweiler bis zum Chihuahua. Trotz aller Unterschiede haben sie eins gemeinsam: Alle sind – im Vergleich zu ihrem Ahnen – relativ zahm und freundlich. Nicht nur äußerlich ist der Wolf manchmal kaum wiederzuerkennen. Reißzähne, Maul und Pfoten wurden immer kleiner. Die Zucht hat auch den Charakter verändert. Der Hund benimmt sich wie ein junggebliebener Wolf: Er spielt, krabbelt, jault und bellt sein ganzes Leben lang. Bei Wölfen und Kojoten bellen die Jungtiere zwar auch, doch im Erwachsenenalter hört das auf.

Am erstaunlichsten ist die Lernfähigkeit der Hunde. Nicht nur im Film können sie Fahrrad fahren und Vokabeln lernen. Sie führen Blinde, retten Verschüttete und suchen Sprengstoff – Dressuren, die beim Wolf völlig undenkbar wären. Trotz der immensen Gelehrigkeit ist das Gehirn in der Entwicklung vom Wolf zum Hund um gut 30 Prozent geschrumpft – ein typisches Zeichen der Domestikation, das beinahe bei allen Haustieren nachweisbar ist. Wer täglich seinen Futternapf gefüllt bekommt, braucht weniger Grips. Ob ein Hund noch erfolgreich jagt oder nicht, ist für sein Überleben völlig unwichtig. Die Hundenase muss nicht mehr die feinste Spur eines Beutetieres erschnuppern. Entsprechend kleiner können die zuständigen Hirnregionen ausfallen. Was nicht mehr gebraucht wird, spart die Evolution ein – vor allem, wenn es sich dabei um so ein teures Organ handelt wie das Gehirn. Unsere Hunde sind zwar äußerst gelehrig, dafür aber nicht mehr besonders selbständig. Beim Wolf ist es genau umgekehrt. Ein simpler Test macht den Unterschied deutlich: Über den mit Fleisch gefüllten Napf stülpt der Mensch einen Deckel. Der Wolf versucht daraufhin unermüdlich, das Problem zu lösen. Und höchstwahrscheinlich schafft er es irgendwann, an das Futter zu kommen. Der Hund dagegen unternimmt einige unentschlossene Versuche und schaut dann hilfesuchend zu seinem Herrchen: »Jetzt mach doch mal!«, scheint der Hundeblick zu sagen. Er weiß genau, woher er Hilfe bekommt. Auch das ist eine Form von Intelligenz.

Wer ist der Schlauste?
Schimpanse, Wolf & Hund im Test

Am Max-Planck-Institut für Evolutionäre Anthropologie in Leipzig untersuchen und vergleichen Wissenschaftler die geistigen Fähigkeiten von verschiedenen Tierarten. »Der Hund ist in der Kognitionsforschung auf dem Vormarsch«, sagt die Biologin Juliane Kaminski. Bei ihren Untersuchungen haben die Leipziger Forscher festgestellt, dass Hunde in manchen Tests sogar Schimpansen übertreffen. Zum Beispiel sind sie viel besser darin, soziale Signale zu verstehen. Jeder Hundehalter kennt das aus eigener Erfahrung: Worte, Gesten und Blicke interpretieren Hunde fast so gut wie Menschen. Schimpansen dagegen, immerhin unsere engsten Verwandten, versagen bereits bei relativ einfachen Aufgaben, was folgender Versuch bewiesen hat: Die Wissenschaftler stellten zwei Gefäße nebeneinander auf und brachten den Tieren bei, dass nur in einem der beiden Futter versteckt ist. Als die Tiere in den Versuchsraum kamen, durften sie nur einmal wählen. Liefen sie zu dem richtigen Gefäß, bekamen sie die Belohnung, im anderen Fall gingen sie leer aus. »Wir geben den Tieren verschiedene Hinweise«, erzählt Kaminski, »zum Beispiel zeigt der Versuchsleiter auf die richtige Box oder er blickt intensiv dorthin.« Die Schimpansen ignorierten solche Signale. Mal wählten sie das richtige Gefäß, mal das falsche. Nach unzähligen Versuchen lernten einzelne Tiere, die Zeichen richtig zu interpretieren. Bei anderen blieb der Ausgang des Versuches purer Zufall.

Ganz anders verhielten sich Hunde in dieser Situation. »Vom ersten Versuch an können sie die Signale deuten«, sagt Brian Hare, »sie wählen nahezu immer das richtige Gefäß.« Schon als Student an der amerikanischen Harvard-Universität hat Hare in der Garage seiner Eltern mit Hunden experimentiert. Heute forscht der Psychologe und Anthropologe am Max-Planck-Institut in Leipzig. Der Unterschied zwischen Schimpansen und Hunden hat Hare und seine Kollegen lange vor ein Rätsel gestellt: Wieso verstehen Hunde menschliche Zeichen so viel besser als Schimpansen? Verschiedene Theorien kommen als Erklärung in Frage. Nummer eins: Hunde haben die Fähigkeit von ihren Vorfahren geerbt. Wölfe jagen im Rudel. Vielleicht sind sie einfach besser darauf trainiert, die Signale von anderen Rudelmitgliedern zu verstehen. Tatsächlich verständigen sich Wölfe auch über ein ausgeprägtes Minenspiel. Wenn das eine Rolle spielt, müssten Wölfe in dem Zeigetest mindestens genauso gut abschneiden wie Hunde. Oder – Theorie Nummer zwei – die Domestikation hat den Hund in bestimmten Bereichen intelligenter gemacht. Sind die sozialen und kommunikativen Fähigkeiten bei der Entwicklung vom Wolf zum Hund gewachsen?

Weitere Tests sollten Klarheit bringen. Dieses Mal ließ Brian Hare nicht Hunde gegen Schimpansen antreten, sondern Hunde gegen Wölfe. Sieben Hunde und sieben Wölfe wurden mit derselben Situation konfrontiert: Zwei identischaussehende Gefäße standen vor den Tieren, nur in einem befand sich Futter. Der Versuchsleiter zeigte den Tieren mit Gesten oder Blicken, wo die begehrte Belohnung zu finden ist, dann durften Wolf beziehungsweise Hund wählen. Das Ergebnis: In allen Durchgängen schnitten die Hunde besser ab als ihre wilden Verwandten. Nachdem sie das Zeichen bekamen, wählten sie fast immer das richtige Gefäß.

Tatsächlich scheint die Domestikation die Hunde verständiger gemacht zu haben. Doch die Wissenschaftler waren noch immer nicht vollständig überzeugt, denn es gibt noch eine dritte Theorie: Vielleicht liegt die Erklärung ja darin, dass alle getesteten Hunde mit Menschen zusammenleben, die Wölfe jedoch nicht? Haben die Hunde einfach im Laufe des Lebens gelernt, die Gesten ihrer menschlichen Gefährten zu interpretieren? Um auch diese Möglichkeit auszuschließen, wiederholten die Forscher den Test mit Hundewelpen im Alter zwischen neun und 26 Wochen. Einige Welpen wurden von Menschen großgezogen, andere haben mit anderen Hunden in einem großen Zwinger gelebt. Doch all das ist für den Erfolg offenbar unerheblich. Völlig unabhängig davon, ob sie zuvor Kontakt zu Menschen hatten oder nicht, nutzten und verstanden alle Welpen die menschlichen Signale. Auch das Alter der Hunde spielte keine Rolle.

Das Ergebnis ist eindeutig: Hunde verstehen den Menschen besser als Schimpansen und Wölfe. Sie müssen die menschlichen Zeichen nicht erst mühsam lernen. Das Verständnis für »seine« Menschen ist den Hunden sozusagen angeboren. Für die Forscher in Leipzig steht damit fest: Hunde haben ihre besonderen Fähigkeiten im Laufe der jahrtausendelangen Domestikation erworben. Bewusst oder unbewusst hat der Mensch immer die Tiere für die Zucht ausgewählt, die sich ihm besonders eng angeschlossen haben. Und so hat sich allmählich das Temperament verändert. Aus dem wilden Wolf wurde ein anhänglicher Hund.

Die Veränderung lässt sich auch physiologisch nachweisen. Hunde haben eine sehr viel geringere Menge an Stresshormonen im Blut als Wölfe. »Wir könnten mit Wölfen so nicht zusammenleben«, erklärt Juliane Kaminski, die auch bei der Arbeit meistens von ihrem Hund begleitet wird, »und zwar nicht, weil sie uns beißen würden, sondern weil sie sehr ängstlich sind.«

Wie stark sich der Hund mittlerweile an den Menschen gewöhnt hat, zeigt eine andere Studie: Wissenschaftler haben Welpen in einen Raum gesetzt. Die jungen Hunde konnten wählen: Im rechten Nachbarzimmer warteten andere Hunde, im linken saß ein Mensch. Die meisten Welpen liefen zu dem Menschen. »Eine erstaunliche Entscheidung«, findet Juliane Kaminski, »kleine Hunde sind lieber mit Menschen zusammen als mit anderen Hunden.« Junge Wölfe reagieren in dieser Situation ganz anders. Sie bevorzugen immer den Artgenossen. Selbst wenn die Wolfswelpen von Menschen aufgezogen werden, ändert sich daran nichts.

Stalins Füchse

Im russischen Akademgorodok, einer unter Stalin gegründeten Wissenschaftsstadt mitten in Sibirien, läuft bereits seit 1959 ein einzigartiges Experiment. Wie funktioniert Domestikation? Und was passiert auf dem Weg vom Wild- zum Haustier? Um das herauszufinden, wurden Silberfüchse einer Pelztierfarm zu Versuchskaninchen. Zunächst haben die russischen Forscher die Füchse in zwei Gruppen aufgeteilt. In Gruppe A kamen die Tiere, die sich weder ängstlich noch aggressiv verhalten haben. Alle anderen blieben in Gruppe B. Um herauszufinden, wohin ein Fuchs gehört, wandten die Forscher immer wieder denselben Test an: Sie hielten eine dickbehandschuhte Hand in den Käfig der Füchse. Was taten die Tiere nun? Flohen sie vor der Hand? Drohten sie den Menschen oder bissen sie sogar zu? Füchse, die sich so verhielten, blieben in Gruppe B. Die Tiere jedoch, die sich der Hand freundlich näherten, vielleicht sogar an ihr leckten, kamen in Gruppe A.

In nur acht Generationen haben diese Füchse eine erstaunliche Wandlung vollzogen. Nach gut 40 Jahren erinnert kaum noch etwas an den Silberfuchs der ersten Generation. Nicht nur ihr Temperament hat sich verändert – auch äußerlich haben sie sich gewandelt. Plötzlich gibt es Füchse mit einem gescheckten Fell. Einige haben weiße Flecken, andere Schlappohren und Ringelschwänze. Die Zähne sind kleiner, und die Füchse haben weniger Stresshormone im Blut – alles typische Merkmale von Haustieren. Die »neuen Füchse« bellen viel mehr, sie winseln plötzlich, und sie setzen sich viel häufiger hin. Kurz und knapp gesagt: Die Füchse benehmen sich wie Hunde.

Als Brian Hare vor einigen Jahren von diesem Experiment hörte, war die Evolution zum »Hausfuchs« bereits abgeschlossen. Dennoch war der Psychologe und Anthropologe wie elektrisiert: Im Sibirien gab es plötzlich eine einzigartige Gelegenheit zu studieren, ob und wie die Domestikation auch die soziale Intelligenz der Tiere verändert – Hares Spezialgebiet.

Brian Hare flog nach Sibirien und absolvierte mit den beiden Fuchsgruppen einen ähnlichen Zeigetest, wie er ihn auch schon mit Hunden, Schimpansen und Wölfen durchgeführt hatte. Er brachte den Füchsen bei, eines von zwei Gefäßen zu wählen. Wie bei den anderen Arten zeigte der Forscher auch den Füchsen durch Blicke oder Gesten, wo das Futter versteckt ist. Und tatsächlich schnitten die »Hausfüchse« weitaus besser ab als die Kontrollgruppe. Von Anfang an verstanden sie die menschlichen Signale fast so gut wie Hunde. 40 Jahre Zucht haben ausgereicht, um den wilden Fuchs in ein zahmes Haustier zu verwandeln. Ein äußerst erstaunliches Ergebnis, denn die Füchse haben ja nicht – wie früher die Wölfe – eng mit den Menschen zusammengelebt. Es gab keine komplexe Selektion nach Intelligenz, Empathie oder Kooperationsbereitschaft. Die russischen Forscher achteten ausschließlich auf zwei Eigenschaften: keine Angst und keine Aggression. Verliert ein Tier also Furcht und Angriffslust, so scheint gleichzeitig seine soziale Intelligenz zuzunehmen.

Und was auf Wölfe und Füchse zutrifft, lässt sich – zumindest im Prinzip – auch auf den Menschen anwenden. »Unsere Hypothese ist«, so Hare, »dass eine Veränderung des menschlichen Temperaments den Weg für seine weitere soziale und geistige Evolution bereitet hat.«[44] Anders ausgedrückt: Erst mit zunehmender Toleranz seinen Artgenossen gegenüber entwickelte sich allmählich der Verstand des Menschen.

Hunde als Ärzte und Therapeuten

Heute sind Hunde ein fester Bestandteil der menschlichen Gesellschaft. Die Vierbeiner haben gelernt, wie wir Zweibeiner ticken – schließlich hing davon allzu oft ihr Überleben ab. Hunde kennen uns Menschen mittlerweile so gut, dass sie selbst Ärzten und Therapeuten Hilfestellung leisten können. Max (Kindernamen geändert), ein kleiner Junge von etwa zwölf Jahren, steht verängstigt in der Ecke eines Zimmers. Schüchtern lugt er hinter einem Vorhang hervor. In der Mitte des Raumes liegt Tino, ein Irish Terrier mit kaffeebraunem Struppelfell. Immer wieder blickt Tino zu dem Jungen. »Man sieht ihm an, wie gerne er hingehen würde«, sagt die Ärztin Anke Prothmann, »aber er nimmt Rücksicht auf die Ängste des Kindes.« In der zweiten Sitzung kommt Max hinter dem Vorhang hervor. Er setzt sich auf einen Stuhl, hält aber weiterhin großen Abstand zu Tino. Erst in der dritten Stunde fasst er den Hund zum ersten Mal an. Prothmann spult das Videoband ein Stück vor. Vorsichtig streckt der Junge die Hand aus und streichelt Tino den Rücken. Mit jeder Faser seines Körpers scheint der Hund zu signalisieren: »Ich tu dir nichts. Ich bin harmlos.« Tino dreht dem Kind sein ungefährliches Hinterteil zu und wedelt mit dem Schwanz. »Der Hund zeigt hier ein enormes Einfühlungsvermögen«, sagt die Kinderärztin und Hundehalterin Prothmann, »so etwas kann ich ihm nicht beibringen.«

Drei Hunde arbeiten abwechselnd in der Leipziger Universitätsklinik für Kinder- und Jugendpsychiatrie. Zwei Mal in der Woche bringt Anke Prothmann ihre eigene Münsterländer-Mischlingshündin Nafty mit in die Klinik. Zwei Stunden tiergestützte Therapie stehen dann auf dem Programm. Die Leipziger verfolgen einen besonderen Ansatz, denn hier ist der Hund nicht nur eine Art Entertainer für die Kinder. Er hilft den Ärzten auch dabei, die Diagnose zu stellen. »Das bedeutet natürlich nicht, dass der Hund mit dem Ohr wackelt, und schon wissen wir, was mit dem Kind los ist«, erzählt Anke Prothmann, »trotzdem gibt uns sein Verhalten wertvolle Hinweise darauf, wo das Problem liegt.« Der Trick an der Sache: Wenn der Hund da ist, muss das Kind auf ihn reagieren. Es kann die Therapie nicht einfach boykottieren, den Therapeuten täuschen oder einen diagnostischen Fragebogen falsch ausfüllen, was ansonsten gelegentlich passiert. Der Hund bringt das Kind dazu, sich möglichst natürlich zu verhalten, und daraus wiederum können die Therapeuten wichtige Schlüsse ziehen.

Hunde hören mehr als Worte

»Oft schicken wir ein Kind in die Hundetherapie, wenn wir anders nicht mehr weiterkommen«, sagt Anke Prothmann. So ähnlich war es auch bei dem 14-jährigen Jan. Der Junge kam mit massiven Verhaltensstörungen in die Klinik und war dort sehr verschlossen. »In der ersten Stunde hat Jan den Hund nur beschimpft«, erzählt Anke Prothmann. »Blödes Vieh«, sagte der Junge, »hau ab!« Seiner Therapeutin erzählte er, wie dumm Hunde seien und dass er mit ihnen überhaupt nichts anfangen könne. Als sich daran auch in der zweiten und dritten Stunde nichts änderte, wollte Anke Prothmann die Therapie eigentlich abbrechen. Das Einzige, was sie davon abhielt, war das Verhalten des Hundes. Der nämlich ging immer wieder schwanzwedelnd auf den Jungen zu und versuchte, mit ihm Kontakt aufzunehmen. In der dritten Stunde war es dann so weit. Der Junge setzte sich zu Tino auf den Boden und streichelte ihn. »Ein Durchbruch«, sagt Prothmann, »denn fast im selben Moment fing der Junge an zu erzählen, was ihn bedrückte.« Jan war vor etwa zwei Jahren aus den USA nach Deutschland zurückgekehrt. Seitdem fühlt er sich entwurzelt, vermisst seine Freunde in den Staaten und findet hier keinen Anschluss. Der Junge hat sich einen dicken Panzer zugelegt, doch das Tier konnte die Blockaden durchbrechen. »In Wahrheit hat er überhaupt nichts gegen Hunde«, berichtet Prothmann, »ganz im Gegenteil: Er mag sie.« Der Hund muss das gespürt haben. Die Worte des Jungen waren für ihn bedeutungslos, er reagierte auf die Körpersprache. »Und die signalisierte eindeutig: Hier sitzt ein kleiner einsamer Junge, der Hilfe braucht.« Während der jahrtausendelangen gemeinsamen Vergangenheit haben Hunde gelernt, sehr sensibel auf menschliche Signale zu reagieren.

Diese Fähigkeit besitzen im Prinzip alle Hunde. Collie, Terrier, Münsterländer oder Mischling – in der Leipziger Uniklinik haben schon die unterschiedlichsten Rassen gearbeitet. Die wichtigste Voraussetzung für einen Therapiehund ist, dass er Menschen mag und sich nicht so leicht aus der Ruhe bringen lässt.

Anders als in den USA gibt es in Deutschland keine standardisierte Prüfung zum Therapiebegleithund. Verschiedene Verbände nehmen die Prüfung ab und gehen dabei unterschiedlich streng vor. Zunächst muss sich der Hund an all das gewöhnen, was ihm in einem Krankenhaus begegnen kann, wie Rollstühle, Krücken, rennende Menschen oder ein fahrendes Bett. Wie reagiert der Hund auf ungestüme

Kinder? Damit es nicht zu Unfällen kommt, benutzen die Ausbilder zunächst Puppen für ihre Tests. Zum Schluss geht es darum, wie der Hund reagiert, wenn er doch einmal in Stress gerät. Nicht immer lässt sich das vermeiden. Um eine Ausnahmesituation zu testen, versteckt sich der Trainer unter einem großen Umhang, geht auf den Hund zu und macht dabei bedrohliche Geräusche. »Der Hund darf sich natürlich zurückziehen«, sagt Anke Prothmann, »er darf auch Angst haben. Ein Therapiehund darf jedoch auf keinen Fall aggressiv reagieren.«

Mit der Zeit entwickeln Therapiehunde eine Art Arbeitsmentalität – genau wie Polizei- oder Blindenführhunde. Sobald ein Blindenführhund sein Geschirr trägt, ist er hochkonzentriert bei der Sache. Durch nichts lässt er sich ablenken. Wird das Geschirr jedoch abgenommen, kläfft derselbe Hund vorbeikommende Artgenossen an und tobt herum wie ein kleines Kind. »Ein solcher Ausgleich ist immens wichtig«, erklärt Anke Prothmann. »Die Hunde können Arbeit und Freizeit genau unterscheiden.« Ihre eigene Hündin Nafty zum Beispiel ist zu Hause sehr dominant. Im Hunderudel ist sie die Chefin. Während der Therapie jedoch merkt man davon nichts. Die Hündin passt sich den Bedürfnissen der Kinder bedingungslos an. Einen Hund, der fest auf der Station lebt, kann sich die Ärztin deshalb nicht vorstellen: »Ein Hund braucht seine feste Familie und sein Zuhause.«

Der Hund als Psychologe

Für ihre Doktorarbeit hat Anke Prothmann zahlreiche Therapiestunden auf Video aufgezeichnet und analysiert. Einige typische Muster werden dabei deutlich. Mädchen mit Magersucht sind häufig sehr starr in ihrem Verhalten. Sie gehen kaum auf das Tier ein, die Beziehung zwischen Patientin und Hund bleibt distanziert. Anke Prothmann schiebt ein Videoband in den Rekorder: Ein offensichtlich magersüchtiges Mädchen beugt sich mit gestreckten Beinen zu der Therapiehündin Nafty herunter. Sie streichelt sie, geht aber sonst nicht auf die Aufforderungen der Hündin ein. Nafty würde gerne spielen. Sie bringt einen Ball, legt ihn vor dem Mädchen ab, guckt auffordernd und geht ein paar Schritte zurück. Das Angebot ist eindeutig, aber das Mädchen ignoriert den Hund. »Diese unbequeme Körperhaltung ist sehr typisch bei Magersucht«, sagt Prothmann, »Angstpatienten dagegen streicheln den Hund besonders häufig und intensiv – etwa so, als ob sie ihn beschwichtigen wollten.« Durch EEG-Untersuchungen haben die Ärzte festgestellt, dass das Streicheln tatsächlich einen beruhigenden Effekt hat.

Auch das Verhalten der Hunde ist aufschlussreich. Oft spiegelt sich in ihrem Benehmen das Problem der kleinen Patienten wider. Bei autistischen Kindern beispielsweise zieht sich der Hund zurück. Er fordert kaum zum Spielen auf und geht häufiger zu seinem Hundeführer. Auf diese Weise hilft der Hund den Therapeuten dabei, die Diagnose zu stellen.

Zwei Mal reagierte eine Hündin auf sehr extreme Weise. Lea, eine Ungarische Vorstehhündin, antwortete mit Erbrechen auf eine Bulimiepatientin. »Wir können jetzt nicht sagen: Immer wenn der Hund bricht, hat das Kind Bulimie«, erklärt Doktor Prothmann, »trotzdem war es eine interessante Parallele.« Auch diese Szene haben die Therapeuten im Bild festgehalten: Die 16-jährige Katrin tobt mit Lea herum. Sie umklammert das Tier und hält es sehr eng umschlungen. Mehrfach signalisiert die Hündin, dass ihr das nicht passt.

Sie dreht sich weg und will sich entziehen. Doch die Patientin reagiert nicht, und plötzlich wendet sich die Hündin ab, würgt und übergibt sich.

Das Mädchen ist genauso überrascht wie Hundeführer und Therapeut. Bis zu diesem Zeitpunkt hatte noch niemand bemerkt, dass sich Katrins Magersucht in eine Bulimie verwandelt hat. Erst nach dem Erlebnis mit der Hündin kann das Mädchen in der Therapie darüber sprechen. Von ihrem Freund fühle sie sich sehr bedrängt. Immer dann, wenn er besonders an ihr klammere, flüchte sie auf die Toilette, um zu erbrechen. Und genau so hat auch der Hund reagiert: »Es war eine spiegelbildliche Situation«, erklärt die Therapeutin, »nur mit veränderten Rollen.« Noch ein weiteres Mal hat sich die Hündin Lea während einer Therapiestunde mit einer Bulimiepatientin erbrochen. Was hinter dem auffälligen Verhalten steckt, können sich die Leipziger Forscher nicht erklären – vielleicht eine besonders sensible Hundeseele. »Bei anderen Hunden haben wir so etwas nie beobachtet.«

Häufig werden beim Kontakt zwischen Patient und Hund dieselben Probleme deutlich, die das Kind auch in zwischenmenschlichen Beziehungen hat. Anke Prothmann spult das Videoband ein Stück weiter: Reglos sitzt ein etwa zehnjähriger Junge auf einer Bank. Vor ihm tobt Titzy herum, ebenfalls eine Ungarische Vorstehhündin. Sie springt an Matthias hoch, schleckt ihm die Hände und schließlich sogar das Gesicht ab. Der Junge zeigt keine Reaktion. Vor allem setzt er Titzy keine Grenzen. »Die meisten Kinder würden sich das nicht gefallen lassen«, sagt die Therapeutin. Subtile Signale reichen aus, und schon würde der Hund von dem Kind ablassen: eine abwehrende Hand, ein deutliches Nein, ein Wegdrehen des Körpers – nichts davon bei Matthias. »Der Junge kennt keine Grenzen«, so Prothmann, »weder eigene noch die von anderen.« So hilflos wie sich Matthias jetzt dem Hund gegenüber verhält, so grenzenlos benimmt er sich anderen gegenüber. Er bedrängt die Kinder in der Klinik, wirft mit Gegenständen oder zieht sich im Essraum einfach aus. Durch die Hundetherapie wird das Ausmaß der Verhaltensstörungen einfach dadurch sichtbar, dass der Hund feine Antennen dafür hat, was mit dem Jungen los ist.

Andere Probleme verschwinden beim Zusammensein mit dem Hund wie von selbst. Marianne ist wegen einer unklaren Lähmung ihres rechten Beines in die Klinik gekommen. Sie hat unzählige Untersuchungen und orthopädische Behandlungen über sich ergehen lassen, die Ursache für ihre Behinderung wurde aber nicht entdeckt. Schon in der ersten Stunde reagiert Marianne sehr positiv auf den Hund. Sie sitzt auf dem Boden und hält das steife Bein dabei weit von sich gestreckt. Plötzlich jedoch streichelt sie den Hund und sitzt dabei im Schneidersitz. Das steife Bein hat sie völlig »vergessen«. »Das ist in der elften Minute der ersten Stunde passiert«, sagt die Therapeutin. »Im Kontakt mit dem Hund braucht sie das steife Bein nicht mehr.« Nach der Sitzung ist die Lähmung allerdings wieder da. So geht es einige Stunden weiter. Wenn der Hund da ist, tobt und tollt Marianne mit ihm herum. Anschließend verlässt sie humpelnd den Raum. »Wir und auch Marianne haben durch die Hundetherapie erkannt, dass die Lähmung seelische und keine körperlichen Ursachen hat.« Die Einsicht bedeutet noch keine Heilung, ist aber die Voraussetzung für eine erfolgreiche Behandlung.

Nach über 200 Patienten ziehen die Leipziger eine positive Bilanz der Hundetherapie.[45] Die Arbeit mit dem Tier kann weder eine Diagnose noch eine anschließende Gesprächstherapie ersetzen. Für beides ist sie jedoch eine wertvolle Ergänzung. Die Kinder profitieren von den »Hundestunden«.

Nach eigenen Angaben fühlen sie sich durch die Arbeit mit den Hunden in der Klinik wohler als vorher. Sie finden eher Anschluss, und ihre Therapie verläuft im Schnitt erfolgreicher.

Ein Genie auf vier Pfoten

Hätte sich Rico nicht in seinem ersten Lebensjahr eine schwere Schulterverletzung zugezogen, wäre er wahrscheinlich ein ganz normaler Border-Collie geworden und niemand hätte von seinen außerordentlichen Fähigkeiten erfahren. Doch Rico verletzt sich und wird Jahre später zum Fernsehstar. Heute gilt er als der intelligenteste Hund Deutschlands – vielleicht sogar der ganzen Welt.

Die Geschichte beginnt, als Rico im Alter von neun Monaten am Schulterblatt operiert wird. Wochenlang darf er nur an der Leine nach draußen. Für jeden jungen Hund ist das eine Qual, für Border-Collies ist es eine Katastrophe. Die Rasse wurde als reiner Arbeitshund gezüchtet. Auf den britischen Inseln hüten die schwarz-weiß gefärbten Hunde noch heute selbständig ihre Schafherden. Sie gelten als hochintelligent, aber auch als äußerst pflegeintensiv. Mindestens fünf Stunden pro Tag müssen Border-Collies beschäftigt werden, sonst verkümmern sie.

Um ihrem kranken Hund wenigstens etwas Abwechslung zu verschaffen, kaufte seine Besitzerin Susanne Baus Hundespielzeug – zunächst einen Gummiknochen und einen Stoffdrachen. Immer wieder versteckte sie das Spielzeug und forderte Rico dann auf, »Gummi« und »Drachen« zu apportieren. Nach kurzer Zeit konnte Rico die beiden Spielzeugtiere auseinanderhalten. Das neue Spiel machte dem Hund offenbar großen Spaß, und so wuchs die Sammlung: Pferd, Drache, Weihnachtsmann – Rico besaß bald mehr Plüschtiere als ein kleines Kind, und jedes seiner Tiere kannte er beim Namen. Seinen Besitzern dagegen fiel es manchmal schwer, die ganzen Namen auseinanderzuhalten. »Ungeheuer« und »Drachen« warfen die Menschen immer wieder durcheinander. Der Hund dagegen vertat sich eher dann, wenn die Worte ähnlich klangen – wie »Möhre« und »Möwe«.

Rico konnte schon längst wieder draußen herumtollen, doch das Vokabelspiel blieb ein Hobby von Mensch und Tier. Als der Hund schließlich 100 Gegenstände unterscheiden konnte, meldeten ihn Freunde der Familie bei *Wetten, dass ...?* an. Natürlich gewann Susanne Baus ihre Wette und Rico wurde Wettkönig. Die Wissenschaftler entdeckten den begabten Hund bei seinem zweiten Fernsehauftritt 2001, der Jubiläumssendung von *Wetten, dass ...?*. Dass Julia Fischer und Juliane Kaminski vom Max-Planck-Institut für Evolutionäre Anthropologie in Leipzig auf Rico aufmerksam wurden, ist der zweite große Zufall in seinem Hundeleben. Die beiden Biologinnen versuchten damals, die Rätsel der tierischen Kommunikation zu ergründen – Rico kam da genau richtig. Er war eine echte Entdeckung.

»Wann immer ich Zeit hatte, bin ich hingefahren und habe Studien mit ihm gemacht«, erzählt Kaminski. Zunächst überprüften die Wissenschaftlerinnen, ob sich nicht irgendein Trick hinter Ricos unglaublichen Gedächtniskünsten verbirgt. Schließlich wollten sie nicht einem ähnlichen Irrtum unterliegen wie der Besitzer des rechnenden Pferdes Kluger Hans. Doch bei Rico ging alles mit rechten Dingen zu. Der Hund beherrschte seine Vokabeln – und noch immer kamen neue Worte hinzu.

Mittlerweile kennt der Border-Collie weit über 200 Begriffe. »Ricos Vokabular ist vergleichbar mit dem von sprachtrainierten Menschenaffen, Delfinen, Seelöwen und Papageien«, erklärt Kaminski, »offenbar entwickelt sich die Fähigkeit, Worten eine Bedeutung zu verleihen, viel früher und unabhängig von der Fähigkeit zu sprechen.«[46] Aber wie genau lernt Rico? Frauchen geht dabei immer nach demselben Prinzip vor: Sie zeigt Rico einen neuen Gegenstand und wiederholt dazu mehrfach den Namen – etwa so: »Hier Rico, ein Pferd, das ist das Pferd.« Erst danach wird der Gegenstand zum ersten Mal versteckt und landet schließlich in der großen Spielzeugkiste.

Vokabeltraining für Hunde

Kann Rico Worte auch ohne diesen ausdrücklichen Unterricht lernen, quasi nach dem Ausschlussprinzip? So nämlich erwerben Kinder den größten Teil ihrer Sprache: »Lilly, kannst du mir mal eben den Locher vom Schreibtisch holen«, ruft der Vater aus dem Nebenzimmer. Selbst wenn die fünfjährige Lilly das Wort »Locher« noch nie gehört hat, wird sie höchstwahrscheinlich zu dem richtigen Gegenstand greifen, denn Kugelschreiber, Papier und was sonst noch so auf dem Schreibtisch herumliegt, kennt sie bereits. Lilly bringt ihrem Vater also den Locher und hat gleichzeitig ein neues Wort gelernt. »Fast Mapping«, zu Deutsch »schnelles Zuordnen«, heißt dieser spezielle Lernmechanismus, und bis die Forscher vom Leipziger Max-Planck-Institut den Border-Collie Rico entdeckten, glaubten Biologen, Pädagogen und Psychologen, dass nur der Mensch auf diese Art und Weise lernen kann. Das Prinzip ist hocheffektiv: Kinder eignen sich so ab dem zweiten Lebensjahr bis zu zehn neue Worte pro Tag an.

Um herauszufinden, ob Rico das »schnelle Zuordnen« beherrscht, legten die Wissenschaftler viele bekannte und einen unbekannten Gegenstand in ein Nebenzimmer. Das Apportierspiel konnte beginnen. »Wir haben ihn zunächst nach bekannten Dingen gefragt«, erzählt Kaminski. Mitten im Spiel fiel dann das unbekannte Wort, zum Beispiel: »Bring das Frühling.« In 70 Prozent aller Fälle brachte Rico daraufhin den korrekten Gegenstand. Das Ausschlussprinzip beherrscht der Hund offenbar, aber konnte er sich das neue Wort auch auf diese Art und Weise merken? Um das herauszufinden, legten die Forscher jetzt neun Spielzeuge in den Nachbarraum: vier bekannte, vier unbekannte und den gerade erlernten Gegenstand. Forderte Frauchen Rico daraufhin auf, »das Frühling« zu bringen, kam der Hund immer noch in 60 Prozent der Fälle mit dem richtigen Gegenstand zurück. Er hat also tatsächlich nach dem Prinzip des »Fast Mapping« gelernt. Die Wissenschaftler publizierten ihre Ergebnisse 2004 im Wissenschaftsmagazin *Science*.

In der Mauer, die den Menschen vom Tier trennt, fehlt seitdem ein weiterer Stein. Die Forscher vom Max-Planck-Institut haben sich in der Zwischenzeit auf die Suche nach weiteren Sprachgenies gemacht. Einige Hunde haben sie tatsächlich gefunden, allerdings nicht sehr viele. »Entweder ist die Fähigkeit tatsächlich sehr selten«, sagt Juliane Kaminski, »oder es spielen einfach nicht viele Menschen mit ihren Hunden ein solches Spiel.« Rico ist mittlerweile 15 Jahre alt und sozusagen pensioniert. Für die Wissenschaft muss er nicht mehr arbeiten, nur zu Hause spielt er noch immer gerne Verstecken.

III. Lernen und Instinkt

6 Von vierbeinigen Medizinern und geflügelten Pharmazeuten: Woher stammt die tierische Kräuterkunde?

Doktor Schimpanse

Am 21. November 1987 beobachtete Michael Huffman in den Mahale-Bergen in Tansania eine Gruppe Schimpansen – nichts Besonderes für den Primatenforscher der Universität Kyoto und seinen tansanischen Assistenten Mohamedi Kalunde. Im Rückblick entstand an diesem Tag jedoch eine ganz neue Forschungsrichtung. Monatelang folgten die Wissenschaftler den Tieren, um mehr über die Ernährungsgewohnheiten der Schimpansen zu erfahren. An diesem Morgen schlugen sich die Weibchen den Magen mit Früchten und Nüssen voll. Nur ein Tier hielt sich abseits. Chausiku hatte Durchfall. Sie fraß nichts und war offensichtlich krank. Doch plötzlich ging Chausiku zu einer Pflanze, die sie bisher immer verschmäht hatte. »Noch nie habe ich gesehen, dass eines der Tiere diesen Strauch angerührt hat«, erzählt Huffman. Die Schimpansin kaute auf den Blättern herum, ohne sie jedoch herunterzuschlucken. Dann schälte sie mit ihren Zähnen die Rinde von den Zweigen und lutschte offensichtlich das Mark aus. Über eine halbe Stunde war sie damit beschäftigt.

Mohamedi Kalunde traute seinen Augen nicht, denn der Mjonso-Strauch, wie er von den Einheimischen genannt wird, ist giftig und schmeckt äußerst bitter – ein Geschmack, den Schimpansen normalerweise überhaupt nicht mögen. »Auf ihrem gesamten Speiseplan von über 200 verschiedenen Spezies gibt es nur zwei, die bitter schmecken«, erklärt Michael Huffman. Zum Glück ist Mohamedi Kalunde nicht nur ein exzellenter Primatenforscher. sondern auch der Medizinmann seines Stammes. Er kennt jedes Kraut in den Mahale-Bergen. »Den Mjonso-Strauch benutzen die Einheimischen als Medizinalpflanze«, sagt Kalunde, »er wirkt zum Beispiel gegen Darmparasiten, Magenverstimmung und Fieber.« Ob die Pflanze auch Chausiku helfen würde?

Den ganzen Tag schleppte sich Chausiku nur mühsam voran. Ihren Sohn Chopin ließ sie meist in der Obhut der anderen Schimpansinnen. Am Abend kletterte sie noch vor Sonnenuntergang in ihr Schlafnest. Als die Schimpansengruppe am nächsten Morgen aufbrach, kam Chausiku noch immer schlecht zurecht. Alle paar Minuten musste sie eine Pause machen. So blieb es den ganzen Vormittag. »Doch plötzlich besserte sich ihr Zustand drastisch«, erzählt Michael Huffman. In der Mittagspause, so um zwanzig vor zwei, sei Chausiku plötzlich aufgesprungen und wie wild umhergerannt. »Wir konnten ihr kaum auf den Fersen bleiben.« Anderthalb Stunden lang habe Chausiku dann so viel gefressen, wie sie nur konnte. Feigen, Ingwer und Elefantengras – alles, was sie am Tag zuvor verschmäht hatte, schmeckte ihr nun wieder. Der Durchfall und die anderen Symptome waren verschwunden.

Hatte die plötzliche Genesung tatsächlich etwas mit der bitteren Pflanze zu tun? Hat sich die Schimpansin selbst geheilt? Eine gewagte Hypothese. Doch Michael Huffman beschloss, der Sache auf den Grund zu gehen. Sein ganzes Berufsleben widmet er seitdem der Selbstmedikation. Zunächst ging es um zwei Fragen: Woran war Chausiku erkrankt? Und welche Wirkstoffe stecken in dem Mjonso-Strauch, der wissenschaftlich Vernonia amygdalina heißt? Durch Kotuntersuchungen fanden die Wissenschaftler heraus, dass vor allem ein Darmparasit, der sogenannte Knötchenwurm, den Schimpansen das Leben schwermacht. Er verursacht Durchfall, Anämie und apathisches Verhalten. Starkbefallene Tiere sterben sogar daran.

Die Schimpansen infizieren sich meistens in der Regenzeit, und das ist genau die Jahreszeit, in der sie besonders häufig von dem bitteren Mjonso-Strauch fressen. »Allerdings nutzt nicht jeder Schimpanse den Strauch«, erklärt Huffman, »sondern nur Tiere, die ähnliche Symptome haben wie Chausiku: Appetitmangel, Durchfall und Schwäche zum Beispiel.« Andere Tiere sehen zu, rühren den bitteren Strauch aber nicht an.

In den folgenden zwei bis drei Jahren konnten Huffman und seine Mitarbeiter zeigen, dass die Belastung mit den Darmparasiten deutlich zurückgeht, nachdem die Tiere von dem Strauch gefressen haben. Die Forscher zählten dazu die Parasiten im Kot der Tiere. In einem Fall hat sich die Zahl über Nacht um den Faktor zehn verringert.

Wodurch kommt dieser Effekt zustande? Und lässt er sich auch im Labor nachweisen? Huffman schickte Proben der Pflanzen an verschiedene Universitäten, unter anderem nach Kyoto, Heidelberg und Birmingham. Dort bestätigten die Wissenschaftler, was die Einheimischen in Tansania und die Schimpansen scheinbar schon lange wissen. Der Mjonso-Strauch enthält tatsächlich mehrere pharmakologisch interessante Wirkstoffe. Schon zuvor hatten Chemiker Holz, Rinde und Blätter der Pflanze untersucht, denn diese Teile nutzen die Menschen in Afrika. Die Watongwe zum Beispiel tränken die Blätter mit kaltem Wasser oder kochen sie auf, um Magenbeschwerden, Malaria und Parasiten zu bekämpfen. Die Schimpansen jedoch kauen das Pflanzenmark, und damit hatte sich zuvor noch niemand beschäftigt. »Wir fanden 30 neue Substanzen«, erzählt Michael Huffman. »Sie sind verantwortlich für den bitteren Geschmack, und eine Untergruppe zeigt eine sehr starke Wirkung gegen Darmparasiten.« Einige der Wirkstoffe paralysieren den Wurm, andere verhindern die Eiablage, und wieder andere vergiften ihn. Der Laborbefund bestätigt die Theorie von Huffman und Kalunde. Wie gute Medizinmänner behandeln Schimpansen ihre Krankheiten mit speziellen Kräutern. Auch bei anderen Schimpansen- und Gorillagruppen haben Primatologen inzwischen medizinische Grundkenntnisse ausgemacht. »Afrika ist nicht nur die Geburtsstätte der Menschheit«, sagt Michael Huffman, »hier dürfte auch der Geburtsort für die Evolution der modernen Medizin gewesen sein.«

Die Wurmkur aus der Naturapotheke

Mit den Beobachtungen von Michael Huffman konnten die Forscher auch ein anderes Rätsel lösen. Bereits einige Jahre zuvor hatte Richard Wrangham, ein Assistent von Jane Goodall im Gombe-Nationalpark, ein merkwürdiges Verhalten beobachtet. Auch er folgte einer Schimpansengruppe durch den Wald, als der Schimpansenmann Hugo plötzlich die Gruppe verließ und im dichten Gebüsch verschwand. Wrangham sah, wie Hugo vor einem Strauch saß und einzelne junge Blätter abzupfte. Er schob sich die Blätter langsam in den Mund und schluckte sie schließlich unzerkaut herunter. Der Strauch war zwar nicht besonders bitter, doch er gehörte zur

Gattung Aspilia, einem Sonnenblumengewächs mit extrem behaarter Blattoberfläche. An Hugos gerümpfter Nase konnte der Forscher deutlich erkennen, dass die Blätter nicht gerade ein Festmahl waren.

Auch bei anderen Gruppen haben Freilandforscher mehrfach dieses merkwürdige Verhalten beobachtet: Immer wieder schlucken Menschenaffen Blätter unzerkaut herunter. Und jedes Mal haben diese Blätter eine rauhe und haarige Oberfläche. Michael Huffman fand schließlich des Rätsels Lösung. Er entdeckte, dass im Schimpansenkot viele kleine Würmer zappelten. Sie verfangen sich in den Haaren und Falten der unverdauten Blätter. Beim Darmdurchgang haften die Parasiten an den Blättern wie an einem Klebeband. Wenn die Menschenaffen Schmerzen oder ein ungutes Gefühl im Magen haben, verpassen sie sich eine natürliche Wurmkur.

Ein Medizinstudium im Wald

Aber woher wissen die Tiere, wann sie sich welches Kraut zu verschreiben haben? Diese Frage kann auch Michael Huffman nur zum Teil beantworten. Den ersten Kontakt mit Medizinalpflanzen haben junge Schimpansen, wenn sie gesund sind. Sie sehen, dass ihre kranke Mutter davon frisst, und dann probieren sie es selber. Genauso war es auch bei Chausikus Sohn Chopin. Als seine Mutter krank war, gab sie ihm ein Stück der bitteren Pflanze, doch offensichtlich war das nicht nach Chopins Geschmack. Er roch kurz daran, steckte das Blatt in den Mund, spuckte es aber sofort wieder aus, um zu seinem geliebten Ingwer zurückzukehren. Auf diese Weise lernen junge Schimpansen die verschiedensten Pflanzen im Wald kennen.

Aber was passiert, wenn die Tiere irgendwann selber krank werden? »Erinnern sie sich, was die kranke Mutter gemacht hat? Oder erinnern sie sich an den bitteren Geschmack?« Ben Hart von der Universität von Kalifornien in Davis vermutet, dass die Vorliebe für Bitteres im Laufe der Evolution durch natürliche Auslese entstanden ist. Er hat Wirkstoffe aus Arzneipflanzen untersucht und festgestellt, dass 80 Prozent aller Medizinalpflanzen bitter schmecken. »Tiere, die gelegentlich solche Pflanzen fraßen, waren also gegen Krankheiten besser gefeit«, vermutet Michael Huffman, der in Tansania seit mittlerweile 18 Jahren versucht, das Geheimnis der Selbstmedikation zu ergründen.

Vorbeugen ist besser als Heilen

Neben der gezielten Behandlung von Krankheiten oder Stress hat Michael Huffman bei den Schimpansen noch eine zweite Form der Gesundheitsfürsorge entdeckt. »15 Prozent der Pflanzen auf dem Speiseplan der Tiere haben einen medizinischen Nutzen«, erklärt Huffman. Die meisten dieser Pflanzen fressen sie in sehr kleinen Mengen während der parasitenreichen Regenzeit. Nur wenige Medizinalpflanzen nehmen die Tiere regelmäßig und in größeren Mengen zu sich. »Hierbei handelt es sich um eine andere Form der Selbstmedikation, um Vorbeugung nämlich«, sagt Huffman. Wenn die Schimpansen ein intaktes Immunsystem durch bestimmte Stoffe in der Nahrung stärken, bleiben sie im Ergebnis gesünder. Deshalb sind die meisten Schimpansen den größten Teil der Zeit gesund. Der Prävention dürfte auch das folgende Verhalten dienen. Wenn es in der Trockenzeit nur abgestandenes Wasser zu trinken gibt, graben Schimpansen mit

Stöcken Löcher in den Sand. Sie warten, bis sich darin weitgehend keimfreies Wasser gesammelt hat. Erst dann trinken sie.

Die Medizin gilt noch immer als hohe Kunst – als etwas typisch Menschliches. Und tatsächlich hat die Humanmedizin durch Schrift und Sprache gigantische Sprünge gemacht. Auf dem Markt sind heute über 10000 verschiedene Arzneimittel, dazu kommen aufwendige Apparate vom Röntgengerät bis zum Kernspintomografen. Damit können Tiere nicht konkurrieren. Doch auch sie sind ihren Krankheiten nicht hilflos ausgeliefert. Geschickt nutzen sie die Urwaldapotheke, um sich selbst zu behandeln.

Nicht nur Schimpansen tragen einen Doktorhut

Die Erforschung der Selbstmedikation bei Tieren steckt noch in den Kinderschuhen. Fest steht jedoch, dass in der Natur gegen viele Gebrechen ein Kraut gewachsen ist. Und nicht nur die Menschenaffen haben dafür einen guten Riecher. Von einem wirklichen Verständnis des Phänomens sind die Wissenschaftler noch weit entfernt. Zurzeit tragen sie ihre Beobachtungen zusammen – und die sind äußerst zahlreich:

In Afrika versammeln sich Elefanten und andere Tiere auf großen Lichtungen, um Erde zu fressen. Forscher fanden heraus, dass der Boden dort sehr tonhaltig und reich an Mineralien wie Magnesium, Calcium und Kalium ist. Die Tonmineralien helfen den Dickhäutern, unbekömmliche Alkaloide und Tannine zu neutralisieren, die sie mit ihrer pflanzlichen Nahrung in großen Mengen aufnehmen. Die Elefanten nehmen Erde zu sich und entgiften sich dabei. Gleichzeitig beugen sie einem Mineralstoffmangel vor. Der Übergang zwischen Medikament und Lebensmittel ist hier fließend. Vermutlich gehört das Fressen von Erde, die Geophagie, zu den ältesten Formen der Selbstmedikation überhaupt.

Am Mount Elgon, einem erloschenen Vulkan an der Grenze zwischen Kenia und Uganda, haben sich Elefanten im Laufe der Jahrtausende bis zu 160 Meter tief in den Berg hineingefressen. Nur hier wagen sich die grauen Riesen freiwillig unter die Erde. Und dafür haben sie einen guten Grund, denn die Pflanzen in dem regenreichen Vulkangebiet enthalten so gut wie kein Salz. In den Felshöhlen jedoch gibt es Salze in Hülle und Fülle. Nacht für Nacht tasten sich die Tiere deshalb durch das unterirdische Labyrinth. Sie fressen große Brocken Erde und Gestein und versorgen sich so mit den lebensnotwendigen Mineralien.

Im peruanischen Amazonas-Regenwald gibt es jeden Morgen ein einzigartiges Naturschauspiel zu bewundern. Tausende Papageien versammeln sich an der »Colpa«, einer Biegung des Manu-Flusses, um dort eine ganz bestimmte Sorte Erde zu fressen. Die Vögel hängen an der Kliffküste direkt über dem Fluss, picken aber nur in einer ganz bestimmten tonhaltigen Bodenzone, die sich als schmales Band mehrere hundert Meter den Fluss entlangzieht. Warum fressen die Papageien nur in diesem Bereich und verschmähen alles, was darüber und darunter liegt?

James Gilardi von der Oceanic Society in San Francisco wollte dem Geheimnis der Papageien auf die Spur kommen.[47] Zunächst schien ihm dieses Phänomen immer rätselhafter. Die Lieblingserde der Vögel enthält weniger Mineralien als die übrigen Bodenschichten. Sie ist auch eher feinkörnig, taugt also nicht als mechanische Verdauungshilfe. Könnte es eventuell sein, dass die Erde Säuren im Darm der Vögel abpuffert? Eine chemische Untersuchung ergab, dass sich diese spezielle Erde dazu genauso gut geeignet wie destilliertes Wasser, nämlich überhaupt nicht.

Die Erklärung ist weitaus komplizierter. Im Labor zerlegten die Forscher den Boden in seine Bestandteile und fanden schließlich das Besondere dieser Erde heraus: Die Tonpartikel tragen negative Ladungen auf ihrer Oberfläche. Giftige Pflanzenstoffe, die Papageien mit ihrer Nahrung aufnehmen, sind dagegen überwiegend positiv geladen. Die Erdteilchen können die Pflanzenstoffe binden und machen sie so unschädlich. Eine Entgiftungskur, wie sie auch die Elefanten in Afrika anwenden.

Die Forscher nahmen daraufhin auch die Nahrung der Papageien genauer unter die Lupe. Tatsächlich fressen die Vögel Samen und unreife Früchte in großen Mengen. Eine Diät, die für den Menschen und viele andere Tiere tödlich wäre. Erst die Medizin aus der Apotheke am Fluss macht die Nahrung für die Vögel bekömmlich. Die Wirkung der Tonerde haben die Forscher eindeutig nachgewiesen. Woher die Papageien jedoch so genau wissen, was sie brauchen und wo sie es bekommen können, das ist ein bislang ungelöstes Rätsel.

Auch Menschen, heutzutage vor allem Naturvölker, verzehren regelmäßig Erde. Schwangere Frauen sollen bestimmte mineralhaltige Erden essen, und in Nigeria dienen Tone als traditionelles Heilmittel gegen Durchfall. Höchstwahrscheinlich haben sich Medizinmänner ihr Geheimwissen häufig bei Tieren abgeguckt, die Geophagie ist dafür ein gutes Beispiel. Heute suchen Pharmafirmen im Regenwald nach unbekannten Wirkstoffen für neue Medikamente. Auch ihnen könnten die tierischen Instinkte wertvolle Hinweise geben.

Braunbären in Alaska verpassen sich mechanische Wurmkuren. Vor dem Winterschlaf fressen sie regelmäßig scharfkantiges Riedgras, um ihre Bandwürmer loszuwerden. Gerade im kalten Winter können es sich die Bären nicht leisten, ihre knappen Ressourcen mit den Parasiten zu teilen. Bei Verletzungen reiben sich die Bären an Bäumen, deren Harz eine desinfizierende Wirkung hat.

Gorillas gehen in diesem Fall noch gezielter vor. Verletzungen behandeln sie häufig mit einer selbsthergestellten Wundsalbe. Die Verhaltensforscherin Dian Fossey konnte beobachten, dass ein Gorilla mit einer großen Wunde an der Schulter eine Pflanze in den Mund nahm, die besonders viele Gerbstoffe enthält. Der Gorilla kaute auf dem Material herum und spuckte dann die Mischung aus Pflanzenresten und Speichel auf seine Wunde.

Auch bei verletzten Gibbons haben Forscher zerkauten Pflanzenbrei auf Wunden gefunden. Als Heilpflanze wählen die Affen eine Spezies, die auch die lokale Bevölkerung für denselben Zweck nutzt.

Katzen fressen Gras und reizen damit ihren Magen. Auf diese Weise können sie Fell erbrechen, das sie bei der täglichen Körperpflege verschlucken.

In Costa Rica schützen sich Kapuzineraffen gegen Insekten. Regelmäßig baden sie in hohlen Baumstümpfen. Das Wasser dort enthält Harze, die Insekten abweisen. Zusätzlich reiben sie sich an bestimmten Baumrinden, die zum Teil ebenfalls von der lokalen Bevölkerung gegen Insekten verwendet werden.

Einige Spechtarten fliegen regelmäßig Ameisenhaufen an und »parfümieren« sich mit dem Sekret der Insekten ein. Vermutlich schützt die Ameisensäure das Gefieder der Spechte vor Parasiten. Sie vertreibt Läuse, Milben und Zecken.

Blaumeisen kleiden ihre Nester oft mit starkduftenden Pflanzen wie Lavendel und Minze aus. Die Kräuter enthalten ätherische Öle, die der Mensch unter anderem auch als Putzmittel nutzt. Ob diese Öle die Vogelbrut tatsächlich vor Läusen und Milben schützen, ist bislang wissenschaftlich noch nicht bewiesen.

Hasen zieht es an den Waldrand, denn dort wachsen besonders viele Kräuter, zum Beispiel wilder Majoran, Pfefferminze und Kamille. Die Hasen mümmeln diese Heilkräuter und schützen sich so vor lästigen Magen- und Darmparasiten. Das vermutet zumindest der Freiburger Forstzoologe Michael Boppré. Auch den Jägern ist dieses Phänomen seit langem bekannt. In der Waidmanns-Sprache heißt der Waldrand deshalb »Hasenapotheke«. Am Max-Planck-Institut für chemische Ökologie in Jena haben Wissenschaftler einige der tierischen Medizinalpflanzen untersucht: »Niedrig dosiert können diese Stoffe wie Medizin wirken«, sagt der Institutsdirektor Ian Baldwin. »Unsere Erkenntnisse lassen viele Verhaltensweisen der Tiere in einem neuen Licht erscheinen.«[48]

Sogar Schmetterlinge verfügen über eine spezielle Form der Gesundheitsvorsorge. Männchen des afrikanischen Monarchfalters saugen regelmäßig an vertrockneten Blütenstängeln. Der Zoologe Michael Boppré hat herausgefunden, dass die Falter dabei bestimmte Alkaloide aufnehmen. Diese Stoffe sind gleich von doppeltem Nutzen: Einerseits schützen sie vor Fressfeinden, andererseits kann der Falter die Alkaloide zu einem Parfum umbauen, das die weiblichen Monarchfalter betört. Bei der Paarung geben die Männchen diese Schutzstoffe quasi als Hochzeitsgeschenk an das Weibchen weiter.

Die Apotheke im Zoo

In der Natur können sich Affen und andere Tiere aus einem fast unbegrenzten Angebot an Pflanzen bedienen. Sie fressen hier, naschen dort, und wenn ihnen der Magen zwickt, dann suchen sie sich ein bitteres Kraut. In Gefangenschaft bestimmt der Mensch den Speiseplan. Affe & Co. müssen sich damit begnügen, was auf den Tisch kommt. Funktionieren die medizinischen Instinkte der Tiere auch unter diesen Bedingungen, zum Beispiel in einem Zoo? Zoologen in den Niederlanden wollten das herausfinden. In Apeldorn gibt es einen ganz besonderen Tierpark. Löwen, Tiger und Elefanten sucht man hier vergeblich. Der Name ist Programm: Affenberg, auf niederländisch Apenheul, heißt der Zoo, und hier leben nur Affen und Menschenaffen. Über 70 verschiedene Spezies können die Besucher in Apenheul kennenlernen – zum Teil näher, als ihnen lieb ist. Viele Tiere laufen in Teilen des Zoos frei umher. Und sie haben ein ungeheures Geschick darin entwickelt, kleine Leckereien aus den Taschen der Zoobesucher zu stibitzen. Arten, die sich nicht für den Freilauf eignen, bewohnen riesige Freigehege. Die sensiblen Wollaffen, die eigentlich aus Südamerika stammen, haben eine eigene kleine Insel für sich. Und hier startete bereits vor Jahren ein einzigartiges Experiment.

Der Anstoß kam von einem aufmerksamen Zoobesucher. Der ältere Herr besaß eine Jahreskarte und kam fast täglich in den Zoo. Irgendwann fiel ihm auf, dass die Wollaffen nach jedem Tumult in der Gruppe Melisse gefressen haben. Der Besucher berichtete einem Tierpfleger von seiner Beobachtung und tatsächlich: Immer wenn es einen Streit gegeben hatte, stürzten sich die Tiere anschließend wie wild auf die Melisse.

Die Pfleger nahmen das Ganze einige Wochen unter die Lupe und besprachen sich dann mit dem Zoodirektor. »Schaden kann es ja nicht«, sagte der und beschloss, für seine Tiere einen Kräutergarten anzulegen. Von einer Kräuterexpertin wurden die geeigneten Wildpflanzen ausgesucht. Keine leichte Aufgabe, denn die Kräuter mussten leicht zu beschaffen sein, sie sollten das holländische Klima vertragen, und vor allem durften sie auch beim Verzehr von großen Mengen nicht giftig sein. Die berühmte Aussage von Paracelsus gilt noch immer: Allein die Dosis entscheidet, ob ein Kraut nutzt oder schadet. Schließlich wurde der Kräutergarten fertig, und alle warteten gespannt: Wie würden die Affen reagieren? »Wir haben befürchtet, dass sie einfach über die Kräuter herfallen und alles mit Blatt und Wurzel auffressen«, erzählt die Biologin Constanze Melicharek. Doch nach einer kurzen Eingewöhnungszeit suchten sich die Affen relativ gezielt einzelne Kräuter heraus. Zu Anfang war das vor allem Katzenkraut, eine Pflanze mit beruhigender Wirkung. Auch Rettich war äußerst beliebt. Die Biologin vermutet, dass die Tiere damals unter Infektionen litten, denn Rettich enthält ein natürliches Antibiotikum. Im zweiten Jahr haben die Affen den Rettich kaum noch angerührt. Für Constanze Melicharek ist das ein klares Zeichen: »Die Affen fressen die Kräuter nicht nur, weil sie ihnen gut schmecken, sondern sie suchen sich je nach Situation das Richtige raus.«

Das Faszinierendste aber war, dass die Wollaffen in Apenheul keine Möglichkeit hatten, den Umgang mit Kräutern von ihren Eltern oder Großeltern abzugucken. Auch ihre Instinkte dürften eigentlich mit niederländischen Pflanzen nicht vertraut sein, denn in der südamerikanischen Heimat der Wollaffen gedeihen ganz andere Kräuter. Trotzdem wussten die Tiere offenbar, welche Pflanze welche Wirkung hervorruft. Für die Wissenschaftler ist das bis heute ein ungeklärtes Rätsel. Sie vermuten, dass Duft und Geschmack den Tieren bestimmte Hinweise geben.

In Apenheul haben Zoologen und Tierärzte daraus ihre Lehren gezogen. Auch in Gefangenschaft wissen die Tiere instinktiv, was gut für sie ist. »Gerade im Zoo muss ein Tierarzt sehr genau abwägen, ob er überhaupt eingreifen soll«, erklärt Melicharek, »denn für die Tiere bedeutet jede Behandlung Aufregung und Stress.«

In freier Wildbahn leben Wollaffen in einer der artenreichsten Region der Welt. Sie fressen mehr als 200 verschiedene Pflanzen. Niemand kennt die genauen Inhaltsstoffe. Doch die Affen stellen sich ihre Diät so zusammen, dass sie alles bekommen, was sie brauchen, um gesund zu bleiben. »Auch im Zoo versuchen wir, den Tieren eine möglichst große Auswahl an Pflanzen und Früchten anzubieten«, sagt Constanze Melicharek.

Die Affen wissen am besten, was sie brauchen. Prävention ist besser als heilen – für Tiere gilt das genauso wie für Menschen.

7 Von Guppys und Goldfischen: Wie schlau sind Fische?

Fußballspieler im Aquarium

Albert Einstein und Isaac Newton heißen die beiden Stars im Aquarium von Dean Pomerleau und seinem zehnjährigen Sohn Kyle. Die Namen sind mit voller Absicht gewählt, denn die Leistungen ihrer Fische finden die Pomerleaus fast so erstaunlich wie die der beiden Physiker. Albert spielt Fußball und schießt dabei ein Tor nach dem anderen. Die beiden Goldfische schwimmen durch Tunnel, Ringe und andere Hindernisse. Mit ihren Kunststücken könnten sie problemlos in jedem Zirkus auftreten.

Angefangen hat das Ganze vor gut drei Jahren. Von einem Schulfest kam Kyle mit zwei Goldfischen nach Hause. Endlich hatten er und seine Schwester Kendall, was sie sich schon seit langem wünschten: ein Tier. Und auch die Eltern fanden Gefallen an den schwimmenden Hausgenossen. »Wir haben sofort geahnt, dass mehr in ihrem kleinen Hirn steckt, als viele vermuten«[49], sagt Dean Pomerleau, der sich beruflich nicht mit tierischer, sondern mit technischer Intelligenz beschäftigt. Als Ingenieur arbeitet er daran, intelligente Autos zu entwickeln.

Für die Pomerleaus sind die Fische keine »lebenden Dekorationsstücke«, sie wollen mehr aus ihnen machen. Warum sollten die Methoden, mit denen Hunde, Pferde und andere Tiere dressiert werden, nicht auch bei Goldfischen funktionieren? Aus einer Laune heraus fingen die frischgebackenen

Fischeltern eines Tages an. Das Wichtigste bei jeder Dressur ist die prompte Belohnung. Vor allem am Anfang muss sofort ein Leckerbissen her, wenn das Tier macht, was es soll. Unter Wasser ist das nicht ganz so einfach, aber die technisch versierten Pomerleaus fanden auch dafür eine Lösung. Mit einem Zahnstocher und anderen Utensilien bauten Kyle und sein Vater Dean nicht nur einen Futterstab, sondern auch verschiedene Spiel- und Trainingsgeräte für ihre Fische: kleine Fußbälle, ein Unterwassertor, Röhren und Ringe. Und schon konnte die Dressur beginnen: Anfangs bekam Albert eine Belohnung, sobald er mit seiner Schnauze den Fußball auch nur berührte. Später musste er den Ball ein Stück durch die Gegend kicken. Schritt für Schritt lernte der Goldfisch, wie man Tore schießt. Heute ist er Kopfballmeister. Routiniert kickt Albert den Ball ins Tor und schwimmt dann an die Oberfläche. Er bleibt stumm, aber sein Blick spricht Bände: Wo bleibt meine Belohnung? Dean Pomerleau versteht die Fischsprache und reicht ihm ein Stück Futter.

Mittlerweile sind Albert und Isaac längst nicht mehr allein. Mit der Zeit kamen neue Fische und neue Kunststücke hinzu. Und die Fischschule im Hause Pomerleau wurde allmählich berühmt – zunächst nur bei Freunden und Bekannten, später kam die Zeitung und das Fernsehen, um die schlauen Goldfische zu besichtigen. Inzwischen vertreiben die Pomerleaus über das Internet Trainingsgeräte und eine Anleitung zur Fischdressur. Die Gründer der Fischschule wundern sich nicht, dass zunehmend auch Wissenschaftler entdecken, zu welch erstaunlichen Leistungen Fische in der Lage sind. Sie selbst können sich mit einem Blick in ihr Aquarium jeden Tag aufs Neue davon überzeugen.

Friseursalons und Kosmetikstudios sind keine rein menschliche Erfindung. Vergleichbares gibt es auch im Meer. In den Korallenriffen des Pazifiks betreiben Putzerfische regelrechte Salons. Mit einem auffälligen Farbkleid und speziellen Bewegungen signalisieren die kleinen Putzer ihren Beruf. Der Gemeine Putzerlippfisch wartet immer an derselben Stelle im Riff auf Kundschaft. Im Laufe des Tages kommen die unterschiedlichsten Fische vorbei, um gesäubert zu werden. Selbst Hochseefische wie Mantas lassen sich im Salon die Parasiten entfernen. Auch die gefährlichsten Raubfische verhalten sich an der Putzerstation friedlich. Sie verharren reglos, legen sich auf eine Seite oder stehen kopfüber im Wasser, um dem Putzer die friedliche Absicht ihres Besuches zu signalisieren. Ungerührt schwimmen die nur elf Zentimeter langen Lippfische in das Maul und in die Kiemenhöhle der Räuber, um überall Parasiten, Pilze und abgestorbene Hautreste zu entfernen. Auch Wunden reinigen sie bei ihrer Arbeit. Über 1200 Parasiten sammelt der Putzerfisch tagtäglich ein. Wenn sein Kunde weiterziehen möchte, reicht eine kleine Bewegung, und schon beendet der Putzer seine Arbeit und verlässt die Gefahrenzone.

Zwischen den Putzerfischen und ihrer Kundschaft hat sich im Laufe der Evolution eine feinabgestimmte Kommunikation entwickelt. Seit langem gilt dieses Verhältnis als ein Paradebeispiel für den sogenannten Mutualismus – eine Beziehung zwischen zwei Arten zum beiderseitigen Nutzen. »Nahrung gegen Hygiene« heißt in diesem Fall der Tauschhandel. Doch die Geschäftsbeziehung zwischen dem Salonbesitzer und seinen Kunden ist weitaus komplexer, als die Wissenschaftler lange glaubten. Redouan Bshary, Professor für Verhaltensforschung an der Universität im schweizerischen Neuchâtel, hat das Geschehen am Riff genauer untersucht und herausgefunden, dass der Putzerfisch problemlos einen mittelständischen Betrieb leiten könnte.

Auf den Fisch ist Bshary über einige Umwege gekommen. Nach seinem Biologiestudium in München arbeitete der Forscher zuerst am Max-Planck-Institut für Verhaltensphysiologie in Seewiesen – der ehemaligen Wirkungsstätte von Konrad Lorenz. Er forschte an Hühnern und an Primaten, doch bei beiden Arten fand er nicht das, was er suchte: »Ich habe mich schon immer für Kooperation und Betrug im Tierreich interessiert«, erzählt Bshary, »und zwar vor allem für enge Beziehungen zwischen nichtverwandten Arten.« Das sogenannte Gefangenendilemma faszinierte ihn. Er wollte herausfinden, wie Tiere solche Situationen lösen. Im Salon am Riff hoffte er, fündig zu werden.

Verbotene Früchte schmecken am besten

Erstaunlicherweise ist der Putzerfisch gar nicht besonders wild auf die Parasiten, die ihm seine Kunden anbieten. Viel lieber mag er den nahrhaften Schleim, der die Haut von Barsch & Co. umgibt. In kontrollierten Futterexperimenten hat die Arbeitsgruppe von Redouan Bshary getestet, wie die Leibspeise der Putzer aussieht. Die Forscher präsentierten den Fischen sozusagen ein Buffet. Im Angebot war der Hautschleim von anderen Fischen, verschiedene Parasitenarten und eine Kontrollsubstanz – jeweils serviert auf verschiedenen Plexiglasplatten. Die Putzer bevorzugten eindeutig den Hautschleim. Im alltäglichen Geschäft ist der sogenannte Mucus jedoch verbotenes Terrain, denn Fische sind auf eine intakte Schleimschicht angewiesen. Sie reduziert den Reibungswiderstand im Wasser und schützt vor Infektionen.

Putzerfisch und Kunde haben also eigentlich sehr unterschiedliche Interessen: Der eine möchte von seinen Parasiten befreit werden, den anderen lockt hingegen viel mehr die schmackhafte Schleimschicht. Trotzdem funktioniert das Geschäft, denn irgendwie bringen die Kunden den Putzer dazu, die Delikatesse, die sich unmittelbar vor seinem Maul befindet, zu ignorieren. Stattdessen sucht der kleine Fisch eifrig nach den wenig geliebten Parasiten. »Der Putzer frisst die meiste Zeit gegen seine Präferenz«, erklärt Bshary. Im Roten Meer vor Scharm el Scheich hat er sein tierisches Gefangenendilemma gefunden – ein System, das mittlerweile seit Jahren für immer neue Überraschungen sorgt.

Der Putzerfisch scheint genau zu wissen, dass der Mucus eine verbotene Frucht ist, und beherrscht sich – meistens zumindest. Ab und zu jedoch wird die Versuchung zu groß, und der Putzer beißt einmal kräftig zu. Ein Betrug, der weder dem Kunden noch potenziellen Zuschauern verborgen bleibt, denn der Gebissene zuckt daraufhin kräftig zusammen. Redouan Bshary hat die Fehlbisse gezählt. Etwa zwei Mal pro Minute beißt der Putzer im Schnitt zu. Und noch etwas ist dem Verhaltensforscher bei seinen Beobachtungen aufgefallen: Wenn die Putzer betrügen, gehen sie dabei taktisch äußerst clever vor. Sie wollen ja schließlich nicht ihr Geschäft gefährden. Raubfische zum Beispiel beißt der Putzerfisch nie. Der Betrug könnte tödlich enden, das weiß der Putzer offenbar ganz genau.

Die meisten Kunden jedoch sind harmlose Friedfische. Diese können sich nicht unmittelbar rächen, etwa nach dem Motto »wie du mir, so ich dir«. Eine Möglichkeit jedoch haben auch sie: Wenn es der Putzerfisch zu doll treibt, suchen sie sich für das nächste Mal einen anderen Friseursalon. »Macht der Verbraucher« nennt man das. Doch der Putzerfisch passt auf, das es nicht so weit kommt. »Hat er einen Kunden tatsächlich zu oft gebissen«, erzählt Redouan Bshary, »versöhnt er ihn anschließend mit einem besonders guten Service.« Manchmal bekommt der Geschädigte eine Gratismassage. In dem Fall reitet der Putzer wippend auf dem Rücken seines Kunden. Oder er bedient ihn beim nächsten Termin besonders gründlich und ohne Bisse.

Manager Fisch

Die Geschäftstüchtigkeit der Putzerfische reicht noch weiter. Wenn mehrere Kunden vor dem Salon warten, bedient der Hausherr die Laufkundschaft zuerst. Die Stammkunden müssen warten. Genauso würde sich ein kluger Geschäftsmann verhalten, denn die Stammkunden leben territorial im selben Revier wie der Putzerfisch. Sie können nicht einfach zur Konkurrenz wechseln. Anders die Laufkunden – wenn einem Rochen die Wartezeit zu lang wird, zieht er einfach weiter und lässt sich woanders bedienen. »Putzer scheinen zu verstehen, in welcher Situation sich andere Fische gerade befinden und in welcher Beziehung sie selbst zu ihren Kunden stehen«[50], so Bshary. Und offenbar berücksichtigen die Putzer noch einen dritten Mitspieler, nämlich die wartende Kundschaft. Am häufigsten genehmigt sich der Putzerfisch ein Maul voll schmackhaftem Schleim, wenn er mit seinem Kunden allein ist. Schauen andere Fische zu, arbeitet er korrekt. »Er will seinen guten Ruf nicht schädigen«, sagt Bshary.

Beobachten sich also Kunde und Putzer gegenseitig? Wird so das komplizierte System im Gleichgewicht gehalten?

Denn schließlich darf der Betrug nicht überhandnehmen, sonst bricht das ganze System zusammen. Um diese Fragen zu untersuchen, haben Redouan Bshary und seine Kollegin Alexandra Grutter von der Queensland-Universität in Australien den Putzersalon ins Aquarium verlegt.

Die Macht der Verbraucher

Die erste Frage der Forscher: Registriert ein Fisch, der darauf wartet, selber gereinigt zu werden, wie gut der Putzerfisch seine Arbeit tut? Informiert er sich also quasi über die Qualität des Salonbetreibers? Wir Menschen tun so etwas durchaus. Bevor wir einen neuen Friseur ausprobieren, fragen wir die Nachbarin, wie sie denn mit dem Service zufrieden war. Dahinter steht die Hoffnung, wenn der Friseur, beziehungsweise der Putzer, den Nachbarn gut behandelt hat, wird er wohl auch mich fair bedienen.

Für das Experiment entwickelten Bshary und Grutter ein spezielles Aquarium mit drei abgetrennten Bereichen. In dem geräumigen Mittelteil lebte ein Barsch, ein potenzieller Kunde im Putzsalon. Auf der rechten und der linken Seite arbeitete jeweils ein Putzerfisch. Durch eine Glasscheibe konnte der wartende Kunde das Treiben in den beiden Salons beobachten. Rechts reinigte der Putzer eifrig eine Fischattrappe. Er konnte gar nicht genug davon bekommen, denn die Forscher hatten den Fischkörper mit Krabbenpaste bestrichen – eine wahre Delikatesse. Der Putzer präsentierte sich als perfekter Salonbetreiber. Für den Barsch schien er der ideale Kooperationspartner zu sein. Links schwebte ebenfalls eine Fischattrappe im Wasser. Der zugehörige Putzerfisch interessiert sich jedoch offensichtlich nicht für seinen Kunden, denn diese Attrappe bestand ausschließlich aus Plastik. Die Forscher hatten keine leckere Paste aufgetragen. Auf der linken Seite sah der Barsch also einen sehr unkooperativen Putzer. Hat er auf den Unterschied reagiert? Tatsächlich zeigten die Barsche eine ganz deutliche Präferenz. Bis zu 80 Prozent der Zeit hielten sie sich direkt neben dem eifrigen Putzer auf. Den »faulen« Kollegen auf der anderen Seite würdigten sie kaum eines Blickes. »Sie suchen also die Nähe von Fischen, deren Verhalten sie gut finden«, so Bshary.

Die Kunden kriegen also offenbar ganz genau mit, wie verlässlich ihr Geschäftspartner ist. Aber wissen auch die Putzerfische, dass sie unter Beobachtung stehen? Verhalten sie sich anders in Anwesenheit von Zuschauern? Redouan Bshary ist aufgefallen, dass der Kunde, der im freien Gewässer bedient wird, seltener zuckt, wenn Zuschauer in der Nähe sind. Reißen sich die Putzerfische tatsächlich zusammen, wenn sie bespitzelt werden? Betreiben sie quasi Marketing in eigener Sache und begnügen sich mit den weniggeliebten Parasiten, obwohl der verführerische Schleim nur einen Biss weit entfernt ist?

Unterricht im Aquarium

Um diese Situation im Labor zu testen, haben die Forscher künstliche Kunden geschaffen: Futterplatten, die an einigen Stellen mit der bevorzugten Krabbenpaste bestrichen wurden, an anderen mit den weniggeliebten Fischflocken. Im ersten Schritt mussten die Putzer lernen, dass die Krabbenpaste den leckeren Hautschleim ersetzt. Sie war die verbotene Speise. Wer davon naschte, wurde bestraft. In dem Fall zogen die Wissenschaftler die Platte mit dem Futter einfach weg. Fischflocken dagegen konnten die Putzer verzehren, so viel sie wollten. Hatten die Fische das Prinzip begriffen, folgte das eigentliche Experiment.

Dafür stellten die Forscher zwei Futterplatten in das Aquarium – die eine war quasi der aktuelle Kunde, die andere ein Zuschauer. Im Kontrollversuch interessierte sich die Zuschauerplatte nicht dafür, was der Putzer mit der Kundenplatte tat. Konkret bedeutet das: Sobald der Putzer von der Krabbenpaste gefressen hatte, verschwand die Kundenplatte. Jedoch nur sie – die Zuschauerplatte blieb da. Idealerweise fraß der Putzerfisch in dem Fall zuerst die Fischflocken von Platte eins und naschte dann von der Krabbenpaste. Anschließend konnte er dasselbe mit Platte zwei wiederholen.

Im eigentlichen Versuch jedoch passte die Zuschauerplatte auf – so, wie es höchstwahrscheinlich auch im Riff der Fall ist. Der wartende Kunde beobachtete genau, was der Putzer tat, und zog daraus seine Konsequenzen. Naschte der Putzerfisch im Versuch an der Krabbenpaste, verschwanden beide Platten – Kunde und Zuschauer suchten das Weite. Die optimale Strategie sah in diesem Fall anders aus: Die meiste Nahrung bekam der Putzerfisch, wenn er zuerst die Fischflocken von Platte eins fraß, die Krabbenpaste auf derselben Platte aber komplett ignorierte. Dann sollte er zu Platte zwei wechseln, ebenfalls die Fischflocken verzehren und zum Schluss einen verbotenen Happen riskieren. Und genauso verhielten sich die Fische. Nach wenigen Durchgängen hatten sie das Prinzip begriffen. Obwohl die Schrimps lockten, fraßen die Putzerfische die ungeliebten Fischflocken. Sie verstanden offenbar, dass sie »durch das Auffressen der Schrimpspaste riskieren, den Zugang zu weiterem Futter zu verlieren«, erklärt Bshary, »so, wie sie in der Natur durch ihr Verhalten Kunden verlieren würden«[51].

Die Kooperation zwischen den Putzerfischen und ihren Kunden bleibt im Gleichgewicht – ganz ohne Verträge, Polizei oder Richter. »Reziproker Altruismus« heißt das Prinzip. Hinter einem scheinbar altruistischen Verhalten verstecken sich egoistische Interessen: Ich helfe dir, damit später auch mir geholfen wird. In den Salons am Riff funktioniert das ohnehin nicht einfache System sogar noch mit einem dritten Mitspieler, dem Zuschauer. Ich helfe A, B schaut zu, und dann wird B mir ebenfalls helfen. So funktioniert das Trio aus Putzer, Kunde und Zuschauer. Redouan Bshary ist »selbst überrascht, wie viel soziales Feintuning hier im Spiel ist«. Ob die Fische das System tatsächlich durchschauen, ob also Einsicht im Spiel ist, kann Bshary noch nicht sagen. »Wir sind gerade dabei, das zu untersuchen.«

Auch nach Jahren haben die Biologen das System noch längst nicht vollständig verstanden. Zum Beispiel betreiben die Putzerfische ihren Salon häufig als Paar. Wenn der eine Partner seine Kunden betrügt, wird unter Umständen der andere dafür bestraft. Wie lösen die Putzerfische solche Probleme? Auch diese Fragen will Redouan Bshary als Nächstes erforschen.

Der Vater der Fische

Wenn Konrad Lorenz der Vater der Graugänse ist, dann gebührt Hans Fricke der Titel »Vater der Fische«. Schon als Kind faszinierte ihn die Welt unter Wasser. Mit zwölf Jahren unternahm er mit Hilfe eines langen Schlauches seine ersten Tauchexpeditionen. Ein Freund, der am Ufer geblieben war, drückte mit einer großen Pumpe Luft in das selbstgebastelte Atemgerät. Keine ungefährliche Sache, wie Fricke heute selber einräumt. Doch Abenteuer haben den Meeresbiologen nie abgeschreckt. Bis heute, Fricke ist mittlerweile 66 Jahre alt, hat sich daran nichts geändert. Als Biologiestudent träumte er von der ungeheuren Artenvielfalt der tropischen Meere. Dort wollte er tauchen. Und weil er sich die Reise nicht leisten konnte, setzte sich der junge Student aufs Fahrrad und radelte von Hannover nach Piräus. Von dort aus ging es mit dem Dampfer nach Alexandria und weiter zu den attraktiven Tauchplätzen am Roten Meer. Die ersten Eindrücke der bunten Welt unter Wasser machten die Strapazen der Reise schnell wett. »Das war ein Garten Eden unter den Wellen. Ich war fast trunken vom Anblick der bunten Fische, die über den grünlich-blauen Korallengärten dahinflitzten«[52], schrieb Fricke später in seinem Buch *Bericht aus dem Riff.* In den folgenden Jahren fuhr er jeden Sommer ans Rote Meer, um zu tauchen, zu fotografieren und erste Experimente zu machen – allerdings reiste er schon bald mit dem Auto und nicht mehr per Rad. Dass er 50 Jahre später einer der berühmtesten Meeresbiologen der Welt sein würde, ahnte damals noch niemand.

Nach dem Studium stand für Fricke fest, dass er mit Korallenfischen arbeiten will. Einer der großen auf dem Gebiet war zu der Zeit Konrad Lorenz, der sich keineswegs nur für Graugänse interessierte. In einem riesigen Meerwasseraquarium des Seewiesener Max-Planck-Instituts studierte Lorenz tropische Fische. Wozu sind die unglaublich schillernden Farben und Formen im Korallenriff gut? Lorenz sprach von den »Plakatfarben« und hatte dazu eine eigene Theorie: »Die schreiend bunten plakatfarbigen Fische sind alle ortsansässig. Nur von ihnen habe ich gesehen, dass sie ein Revier verteidigen. Ihre wütende Angriffslust hat nur ihresgleichen zum Ziel, nie habe ich Fische zweier verschiedener Arten einander angreifen sehen, und seien beide noch so aggressiv.«[53] Nach der Theorie von Lorenz signalisieren die bunten Farben dem Artgenossen: Dieses Revier hier ist besetzt. Sie leisten damit dasselbe wie die Duftmarken eines Hundes oder der Gartenzaun in unserem Vorgarten. Später stellte sich heraus, dass die Lorenzsche Theorie zwar bei einigen Spezies zutrifft, bei anderen jedoch nicht.

Gegen Ende seines Studiums schrieb Hans Fricke an Konrad Lorenz, der ihn daraufhin nach Seewiesen einlud. Beim Gänsefüttern lernten sich die beiden kennen, und später, vor dem riesigen Aquarium in Seewiesen, konnte Fricke den berühmten Verhaltensforscher davon überzeugen, dass er der Richtige sei, die Lebensgemeinschaften im Korallenriff weiter zu erforschen. Und zwar wollte er das im natürlichen Lebensraum tun und nicht im Aquarium. Fricke war davon überzeugt, dass man die »ungeheure Artenvielfalt eines tropischen Korallenriffs niemals in einem Aquarium unterbringen kann«, wie groß es auch immer sein möge.

IQ-Test für Fische

Hans Fricke interessiert sich für die Beziehungen zwischen den unzähligen Bewohnern des Riffs, für den unendlichen Wettlauf zwischen Jägern und Gejagten, für Konkurrenz und Kooperation. Besonders faszinieren ihn die Drückerfische, die mit Elan und Geschick zu Werke gehen, um ihre Lieblingsspeise zu erbeuten: stachelige Seeigel. Drückerfische arbeiten dabei wie Bergleute, denn tagsüber verstecken sich Seeigel in engen Höhlen und Spalten. Mit ihren kräftigen Kiefern räumen die Drückerfische Steine, Korallen und andere Hindernisse zur Seite, um den stacheligen Gesellen freizulegen. So-

Ein Meister der Orientierung: Die Wüstenameise Cataglyphis findet in der schier endlosen Sahara immer wieder zu ihrem Nest zurück.

Ein Labyrinth für die Wüstenameise: In Tunesien erforschen Biologen den phantastischen Orientierungssinn von Cataglyphis.

Künstliche Berge in der sonst einförmigen Sandwüste: Wie verrechnet Cataglyphis Höhenmeter?

Der Graupapagei Alex kann nicht nur sprechen, sondern auch lesen.

Wie viele grüne Würfel liegen auf dem Tisch? Kein Problem für Alex – der Graupapagei unterscheidet Formen, Farben und Zahlen.

Schau mir in die Augen, Kleines! Elstern erkennen sich selbst im Spiegel.

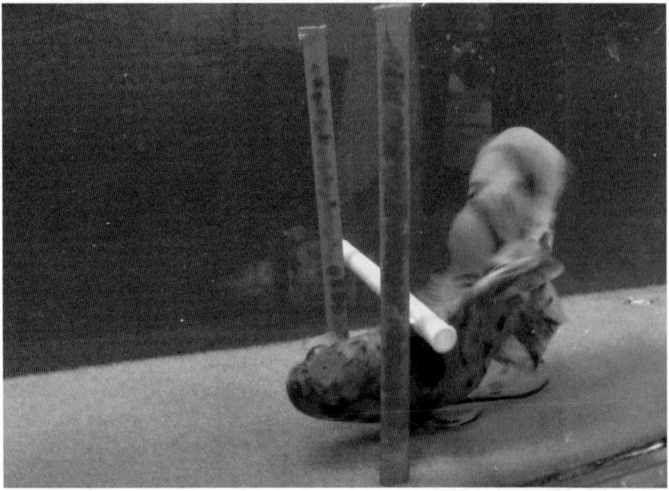

Ein Hindernislauf im Aquarium: kein Problem für Albert, Isaac & Co.

Verkannte Genies: Fische sind gelehrige Haustiere.

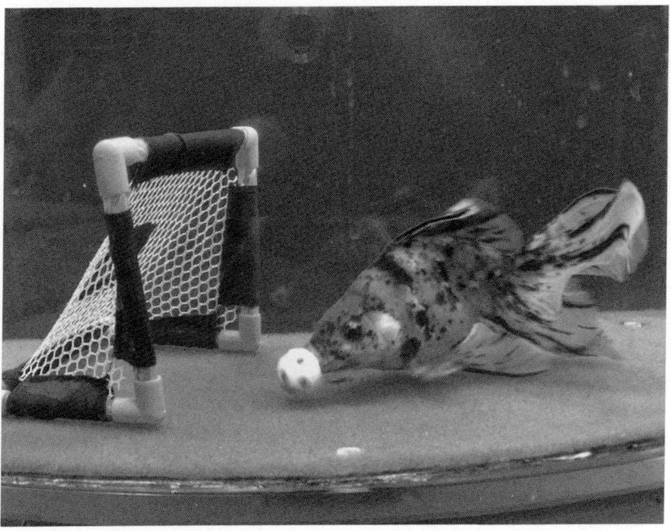

Beckenbauer unter Wasser: Bei dem Goldfisch trifft jeder Ball.

Die Fischdressur beweist es: In dem kleinen Hirn ist jede Menge los.

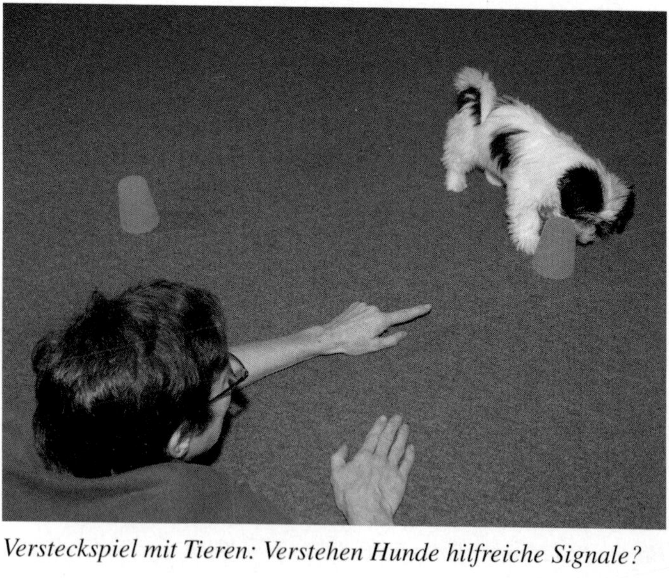

Versteckspiel mit Tieren: Verstehen Hunde hilfreiche Signale?

Wo steckt die Made? Wenn der Schnabel nicht reicht, werden Krähen zum tierischen Handwerker und nehmen Werkzeug zu Hilfe.

Stochern will gelernt sein: Krähen hantieren mit Ästen, Zweigen und Blättern, um ihr Ziel zu erreichen.

Delfinarium Zoo Duisburg: Fitnesstraining für Meeressäuger – Delfindressur im Duisburger Zoo.

Delfinarium Zoo Duisburg: Einstein und Mutter Teresa in einer Person. Wie intelligent sind Delfine wirklich?

bald ihnen das gelungen ist, flüchtet der Seeigel, doch jetzt setzen die großen Drückerfische ihre spezielle Waffe ein: Mit einem kräftigen Wasserstrahl pusten sie ihr Opfer um. Sie legen den Seeigel im wahrsten Sinne des Wortes aufs Kreuz und können ihn dann an der Mundseite packen. Die Stacheln sind dort kürzer, und mit einem kräftigen Biss knackt der Drückerfisch die Schale der Seeigel. Hans Fricke war der Erste, der diese Jagdtechnik beschrieben hat.

Der Biologe ist begeistert von dem Geschick, mit dem die Drückerfische zu Werke gehen. Er wollte herausfinden, ob die Fische nicht noch kompliziertere Aufgaben lösen können, und entwickelte eine Art Intelligenztest: Im Golf von Akaba lebten damals drei Drückerfische, die sich so sehr an den Taucher gewöhnt hatten, dass er mit ihnen experimentieren konnte: die beiden Weibchen Berta und Odonus sowie das Männchen Flip. Vor den Augen der Fische sperrte Fricke einen Seeigel in ein rundes Glasgefäß und deckte das Seeigelgefängnis mit einem Deckel zu. Was haben die Fische getan? Haben sie versucht, den Seeigel durch das Glas hindurch umzublasen? Odonus machte nichts dergleichen. Er schaute sich das Problem einige Sekunden lang an, dann schwamm er eine Schleife und kehrte nach 23 Sekunden wieder zurück: Ohne zu zögern ging der Fisch ans Werk: Er biss den Deckel mit einem kräftigen Ruck herunter. Problem Nummer eins gelöst. Doch der stachelige Geselle hockte immer noch in dem gläsernen Behälter. Die »Befreiungsaktion« dauerte etwas länger, denn Odonus rutschte mit seinen Zähnen immer wieder an dem glatten Glasrand ab. Doch schließlich hatte er es geschafft: Er warf das Gefäß um, der Seeigel fiel heraus und wurde von Odonus umgeblasen und zerbissen.

Auch Berta und Flip lösten das Problem auf dieselbe Weise.

Sie legten eine Denkpause ein, dann gingen sie gezielt ans Werk. Bei Säugern und Vögeln würde man in einem solchen Fall von Einsicht sprechen. Ob es sich auch bei den Fischen darum handelt, kann Fricke nicht belegen, denn »letztlich können sie nicht nachweisen, ob es der Biene unter dem Flügel juckt«. Für Naturwissenschaftler sind solche Fragen schwer zu beantworten. Zumindest hätten die Fische das räumliche Problem verstanden, so der Meeresbiologe[54], sonst würden sie nicht auf anderen Wegen versuchen, ans Ziel zu gelangen.

Ein Fisch mit Charakter

Hans Fricke experimentierte mit unterschiedlich schwierigen Verstecken und konnte dabei sogar bestätigen, was ihm eigentlich schon seit seiner Studienzeit bekannt war: »Auch Fische haben Persönlichkeit.« Einige Tiere gingen voller Elan an jede neue Aufgabe heran, andere Vertreter derselben Art stellten sich vergleichsweise ungeschickt an, und »einige lernten es nie«. Trotz der individuellen Unterschiede gehörten Berta, Odonus und Flip eher zu den talentierteren Drückerfischen. In einem Versuch versteckte Hans Fricke den Seeigel gut sichtbar unter einem Drahtgeflecht. Flip war in diesem Fall der Klassenprimus. Bereits nach sechs Minuten hatte er den Seeigel erbeutet. Berta benötigte dazu über 14 Minuten, also deutlich mehr als doppelt so lange. In den folgenden Durchgängen konnten sich beide Tiere verbessern: »Drückerfische lernen sehr schnell«, sagt Hans Fricke, doch bis zum Schluss behielt Flip die Nase vorn.

Eines Tages triezte Hans Fricke Berta mit einer besonders schweren Aufgabe. »Ich habe sie wirklich ununterbrochen beschäftigt.« Berta kam, sah und siegte. Doch sobald sie einen Seeigel erbeutet hatte, verschwand die Belohnung wieder unter dem nächsten Hindernis. Mit der Zeit wurden die Bewegungen des Fisches hektischer. »Sie hatte regelrecht die Nase voll«, erzählt Fricke. Als er den Seeigel gerade erneut verstecken wollte, attackierte Berta ihren menschlichen Peiniger. Sie verfärbte sich, der blaue Körper wurde bleich und griff an: »Mit der Kamera wehrte ich Bertas Ansturm ab und stieß sie von mir. Schleunigst schwamm ich weg. Berta – ein nur 30 Zentimeter großer Fisch – trieb mich in die Flucht.«[55]

Die Werkstatt im Korallenriff

Manchmal ärgert sich Hans Fricke über die Arroganz der Primatologen, die immer wieder die Leistungen von Schimpanse, Orang-Utan & Co. für einzigartig erklären. Gemeinsam mit seinen Kollegen Redouan Bshary und Wolfgang Wickler hat er deshalb 2002 eine Übersicht über die Fähigkeiten der Fische erstellt. Eine beeindruckende Sammlung: Werkzeuggebrauch, Gedächtnis, räumliches Vorstellungsvermögen, soziales Lernen, Kooperation und Tradition – kaum ein Begriff, den wir mit Intelligenz verbinden, fehlt auf der Liste. Am Ende zogen die drei Professoren ein klares Fazit: »Die meisten Phänomene, die für Primatologen interessant sind, finden sich auch bei Fischen.«[56]

Der Gebrauch von Werkzeugen fällt Fischen schon aus anatomischen Gründen schwer, trotzdem konnte Fricke bereits vor über 30 Jahren Ansätze davon erkennen. Er beobachtete, wie ein Lippfisch hungrig einen Seeigel umkreiste, der schutzlos auf dem sandigen Meeresboden saß. Trotzdem konnte der Fisch nicht zugreifen, denn die Stacheln des Opfers folgten drohend jeder seiner Bewegungen. Seeigel stellen ihre Räuber gleich vor mehrere Probleme: Ihre langen beweglichen Stacheln sind äußerst spitz und bei einigen Arten sogar giftig. Zusätzlich schützt ein hartes Kalkskelett die empfindlichen inneren Organe. Große Drückerfische knacken die Schale mit ihren kräftigen Kiefern einfach auf, kleinere Fische stehen vor dem schmackhaften Inhalt wie der Schimpanse vor der Nuss. Und genau wie die Schimpansen im Tai-Nationalpark hatte auch der Lippfisch eine Lösung für das Problem gefunden. Fricke sah, wie sich der Lippfisch plötzlich seitlich auf den Boden legte. Mit einem kräftigen Kopfstoß warf er den Seeigel um. Dann packte der Räuber seine Beute an der empfindlichen Mundseite und schwamm mit ihr davon. Im Schlepptau der Taucher Hans Fricke. Zielsicher steuerte der Fisch einen glatten Korallenblock an und schlug den Seeigel mehrfach kräftig dagegen. Das Stachelbündel fiel auseinander, und vor den erstaunten Augen des Meeresbiologen verschlang der Lippfisch seine Beute. Mehrfach beobachtete Fricke seither dieselbe Prozedur an ganz bestimmten Stellen des Korallenriffs: »Sie benutzen also einen fremden Gegenstand wie ein Werkzeug, um ihre Beute aufzubereiten.«[57]

Soziale Fische

»Wer sich für soziale und geistige Leistungen von Tieren interessiert, arbeitet nicht mit Fischen«, sagt Redouan Bshary. Erst allmählich beginnt sich das zu ändern. Biologen und Verhaltensforscher entdecken, was Fische alles können. Arbeiten, die Hans Fricke schon vor Jahrzehnten durchgeführt hat, erscheinen plötzlich in neuem Licht. Intensive soziale Beziehungen gibt es nicht nur bei Säugern und Vögeln, sondern auch bei Fischen.

Anemonenfische zum Beispiel leben monogam mit ihren Partnern zusammen. Jeder Eindringling, der sich der Anemone nähert, wird angegriffen. Erkennen die Fische ihren Partner auch in fremder Umgebung, oder verteidigen sie schlicht ihr Revier? In einem Aquarium mit Trennwänden führte Hans Fricke das Experiment durch: Testfisch Herbert schwamm im mittleren Bereich des Aquariums. In den rechten Teil setzte der Forscher dann die Partnerin Luise, in den linken einen fremden Fisch. Ohne zu zögern attackierte Herbert das unbekannte Fischweibchen durch die Glasscheibe hindurch. Woran erkannten sich die Fische? Am Geruch, am Aussehen oder vielleicht nur am Verhalten? Fricke zog Herbert ein grünes Stoffmäntelchen an. Nur die Augen und Flossen blieben frei. So verkleidet, setzte er das Fischmännchen zu seiner Gefährtin ins Aquarium. Luise jedoch war alles andere als begeistert. Den grünen Herbert akzeptierte sie nicht. Sie biss in den Mantel und schleuderte ihren erschrockenen Partner hin und her. »Geruch und Sprache spielen also keine Rolle«, sagt Hans Fricke. Er vermutet, dass die charakteristisch gefärbten Fische einander über das Aussehen identifizieren. Doch woran genau? Um das herauszufinden, zeigte der Experimentator Luise hinter einer Milchglasscheibe zunächst die Schnauze und einen Teil von Herberts Kopf. Die Fischdame startete einen wütenden Angriff. Erst als die weiße Binde am Hinterkopf sichtbar wurde, erkannte sie ihren Partner. Tatsächlich sieht die erste Kopfbinde bei allen Tieren etwas anders aus. »Diese Binde ist wie ein Fingerabdruck«, folgerte Hans Fricke, »die Tiere können sich daran individuell erkennen.«

Haben Fische einen Partner einmal akzeptiert, vergessen sie ihn so schnell nicht mehr. Hans Fricke hat Anemonenfische sozusagen zwangsverheiratet, indem er ein Paar gemeinsam in ein Aquarium setzte. »In den ersten dreißig Sekunden verprügelte das größere Weibchen das Männchen, danach herrschte Ruhe«, beobachtete Fricke. Die beiden schlossen Frieden. Nach zehn Minuten trennte er das frisch vermählte Paar wieder. Wie lange würden sich die Fische aneinander erinnern? »Zum ersten Mal habe ich sie nach acht Stunden wieder zusammengebracht«, erzählt Fricke. Sofort haben sich die Partner erkannt. Der Biologe experimentierte mit verschiedenen Paaren. Schritt für Schritt verlängerte er den Zeitraum: Einen Tag, acht Tage, 14 Tage. »Selbst nach 30 Tagen haben sich die Fische noch erkannt«, berichtet Fricke. Die Grenzen ihres Gedächtnisses konnte er nicht ausloten, denn irgendwann gingen ihm schlicht und einfach die Aquarien für weitere Versuche aus. Bei Guppys haben Forscher der schottischen Universität St. Andrews kürzlich festgestellt, dass Fische ihre Schwarmgenossen selbst nach einer fünfwöchigen Trennung noch wiedererkannt haben.

Die Kinderstube der Fische

Fische können nicht nur treue Partner, sondern auch fürsorgliche Eltern sein. Der Drückerfisch legt seine Eier in selbstgebaute Sandgruben ab. Dann bewacht und befächelt er das Gelege gegen jeden Eindringling – auch gegen menschliche Taucher, was Hans Fricke schmerzhaft feststellen musste, als er den Eiern mit der Filmkamera zu nahe kam. Auch der Seeanemonenfisch bewacht sein Gelege. Er entfernt abgestorbene Eier und fächelt ihnen durch Flossenbewegungen frischen Sauerstoff zu. Raubfische werden verjagt. Bei den meisten Fischen endet die Brutpflege mit dem Schlüpfen der Jungtiere. Einige Spezies jedoch, vor allem Buntbarsche, die in den großen afrikanischen Seen leben, beschützen ihren Nachwuchs noch länger. Manche Maulbrüter bewahren nicht nur die Eier bis zum Schlüpfen in ihrem Maul auf, sie gewähren auch danach den Jungfischen einen sicheren Unterschlupf.

Wie weit die Brutpflege reicht, konnte Konrad Lorenz im Aquarium bei seinen strahlend bunten Juwelenfischen beobachten. Jeden Abend brachten die Eltern ihre Jungen zu Bett, ein Ritual, das mehrere Wochen eingehalten wurde. Die Fischmama stellte sich dazu über das Nest und winkte kräftig mit ihrer blinkenden Rückenflosse. Der Nachwuchs folgte dem Wink, schwamm herbei, ließ sich zu Boden sinken und fiel in tiefen Schlaf. Dabei pressten die Jungfische alle Luft aus ihrer Schwimmblase, so dass sie wie Steinchen am Boden liegen bleiben konnten. Der Vater patrouillierte unterdessen durch das Revier, um verlorengegangene Nachzügler einzusammeln.

Eines Tages trat Konrad Lorenz genau in diesem Moment an sein Aquarium. Er fütterte die Fische mit Stücken vom Regenwurm. Mutter und Kinderschar ließen sich nicht mehr von ihrem Schlafnest weglocken. Der Vater jedoch konnte nicht widerstehen und schnappte nach einem besonders dicken Wurm. Gerade in dem Moment, als er seine Beute herunterschlucken wollte, erblickte er einen Ausreißer. Die folgende Szene hat Lorenz oft beschrieben und mit den Worten kommentiert: »Wenn ich je einen Fisch nachdenken gesehen habe, so war es damals.« Der Juwelenfisch schwamm also hinter dem Kind her und nahm es in seine bereits volle Mundhöhle auf: »Das war spannend! Der Fisch hatte zwei verschiedene Dinge im Maul, von denen eines in den Magen, das andere in die Nestgrube sollte. Was würde geschehen? Ich muss sagen, dass ich in diesem Augenblick keine fünf Kreuzer für das Leben jenes Juwelenfischchens gegeben hätte. Großartig aber, was wirklich geschah! Der Fisch stand starr, mit vollen Backen, aber ohne zu kauen ... Ermisst man, wie merkwürdig es ist, dass ein Fisch in eine echte Konfliktsituation geraten kann und dass sich das Tier darin genau wie ein Mensch verhält, nämlich nach allen Richtungen blockiert, stehen bleibt und weder vor noch zurück kann? Viele Sekunden stand der Juwelenfischvater wie angemauert. Aber man konnte deutlich sehen, wie es in ihm arbeitete, und dann löste er den Konflikt in einer Weise, dass man einfach Hochachtung finden musste. Er spie den ganzen Inhalt des Mundes aus, der Wurm fiel zu Boden, das kleine Juwelenfischchen tat, in der beschriebenen Weise schwer werdend, das Gleiche. Dann wandte sich der alte Juwelenfisch entschlossen dem Wurm zu und fraß ihn ohne Hast auf – aber mit einem Auge auf das gehorsam am Boden liegende Kind. Als er fertig war, inhalierte er es und trug es heim zu Mama.«[58]

Hat der Juwelenfisch in dem Moment wirklich nachgedacht? Eine Frage, die letztlich nicht beantwortet werden kann. Immerhin zeigt die Episode, wie flexibel und angemessen Fische in bestimmten Situationen reagieren können.

Der Quastenflosser – ein lebendes Fossil

Nach seinen ersten Studien im Riff widmete sich Hans Fricke einem ganz besonderen Fisch, dem Quastenflosser. Ein Überlebenskünstler, denn die Spezies existiert bereits seit rund 400 Millionen Jahren auf der Erde. Aufstieg und Niedergang der Dinosaurier haben die Quastenflosser fast unverändert überstanden. Lange Zeit galten sie als ausgestorben. Erst 1938 tauchte plötzlich in einem afrikanischen Fischernetz ein toter Quastenflosser auf. Eine Sensation! Nachdem Hans

Fricke ein Buch über den besondern Fisch gelesen hatte, stand für ihn fest: »Dieses Vieh will ich irgendwann mit eigenen Augen lebend sehen.«[59] Er organisierte verschiedene Tauchexpeditionen, aber erst mit Hilfe eines U-Bootes konnte er in den Lebensraum der Quastenflosser vordringen. Vor den Komoren, in fast 200 Metern Tiefe, gelang Hans Fricke, was noch keinem Forscher zuvor geglückt ist: Er sah und filmte Quastenflosser in ihrem natürlichen Lebensraum. Die Expedition machte ihn weltberühmt, seine Bilder gingen um die Welt.

Für Evolutionsbiologen ist die Wiederentdeckung ein unglaublicher Glücksfall. Der Quastenflosser gilt nämlich nicht nur als lebendes Fossil, er ist quasi der Vorfahre aller Landwirbeltiere. Enge Verwandte der noch heute lebenden Art machten irgendwann den Schritt vom Meer aufs Land. Auffallend beim Quastenflosser sind die ungewöhnlichen Bewegungen. Wie ein Vierfüßer schlägt er wechselweise mit den Flossen. Seit der fossile Fisch wiederaufgetaucht ist, versuchen zahlreiche Forscher sein Geheimnis zu ergründen. Wie konnte eine so uralte Lebensform bis heute überleben? Besondere geistige Leistungen sind nicht sein Erfolgsrezept. Der Quastenflosser verfolgt eine andere Strategie, und die heißt Energiesparen. Tatsächlich hat er den geringsten Ruhestoffwechsel von allen bekannten Wirbeltieren. Das Wort Beschleunigung kommt in seiner Welt nicht vor, er bewegt sich wie in Zeitlupe. »Hektische Manager sollten sich mal ein Beispiel an diesem Fisch nehmen«, sagt Professor Fricke, »das ist gewissermaßen ein meditativer Fisch.«[60]

Jahrelang beschäftigte sich Hans Fricke mit dem Quastenflosser. Jetzt ist er gerade dabei, das Thema abzuschließen. Ihn zieht es zurück in alte Gewässer: Die Intelligenzforschung boomt, und Fische sind plötzlich die neuen Stars.

»Im Alter kehrt man zu seinen Wurzeln zurück«, sagt Hans Fricke und erzählt von seinem neuesten Film, der sich mit der Intelligenz von Fischen beschäftigt. Auch mit seinen alten Freunden, den Drückerfischen, hat er hierfür wieder experimentiert. Das Ergebnis: Die Fische übertreffen teilweise sogar die Fähigkeiten zweijähriger Kinder. Die Kleinen haben nämlich große Schwierigkeiten beim sogenannten »Hütchenspiel«.

Der Film zeigt Professor Fricke bei folgendem Test: Vor ihm stehen zwei identisch aussehende Behälter. In einen von beiden steckt er vor den Augen der Kinder ein Spielzeug. Dann schiebt er die verschlossenen Gefäße hin und her, mehrmals vertauscht er das linke mit dem rechten. Die Kinder verlieren dabei sehr schnell den Überblick. Und wie verfolgen die Drückerfische das versteckte Objekt? Tauchend testet Hans Fricke die Fische. Ein Tier kreuzt hin und her, während der Forscher einen Seeigel in einem von zwei Gefäßen versteckt. Dann schiebt er die Behälter auf dem Meeresboden hin und her. Der Fisch beobachtet das Geschehen und schwimmt dann zielstrebig auf das richtige Gefäß zu. Er beißt in den Deckel, eine kräftige Bewegung mit dem Kopf, und schon hat er den Behälter geöffnet. Wenige Sekunden später verschwindet er mit seiner Beute. Der Drückerfisch hat offenbar keine Probleme, dem unsichtbaren Seeigel in Gedanken zu folgen. Objektpermanenz nennen das die Entwicklungspsychologen. Eine Fähigkeit, die sich bei Kindern erst allmählich entwickelt.

Für den nächsten Durchgang hat Hans Fricke den Schwierigkeitsgrad erhöht. Jetzt sind drei Behälter im Spiel. Der Fisch sieht, wie der Seeigel in einem der Gefäße verschwindet. Kann er seiner Beute gedanklich noch immer folgen? Die Biologen testen verschiedene Fische, und wieder stellt sich heraus, dass jeder Fisch seinen eigenen Kopf hat. »Einige schwimmen weiter auf Anhieb zu dem versteckten Seeigel«, erklärt Hans Fricke, »andere starten immer links und öffnen ein Gefäß nach dem anderen, bis sie ihre Beute gefunden haben.«

Ungewöhnliche Allianzen

Auch mit 66 Jahren ist Hans Fricke noch immer im Meer aktiv. Gemeinsam mit Redouan Bshary, seinem langjährigen Kollegen und Freund aus Seewiesener Zeiten, konnte er im Roten Meer eine unglaubliche Allianz beobachten und filmen: Zwei gefürchtete Räuber, nämlich Zackenbarsche und Muränen, verabredeten sich zur gemeinsamen Jagd. Der Barsch ergriff die Initiative. Er schwamm zur Wohnhöhle der Muräne und animierte seine Partnerin zur Jagd: Zunächst zitterte er nur mit der Rückenflosse hin und her, dann begann er mit dem ganzen Körper zu zucken. »Er kommuniziert mit der Muräne«, erläuterte Fricke, schon das allein ist äußerst ungewöhnlich: Zwei Räuber verständigten sich miteinander. Das ist so ähnlich, als ob sich Löwe und Leopard zur Jagd verabreden würden. Doch die Muräne hatte ihren Partner offenbar verstanden. Sie verließ ihren Bau, und die beiden zogen gemeinsamen los.

Hans Fricke konnte einmalige Szenen filmen, die ihm sonst wohl niemand geglaubt hätte: Der Barsch stand kopfüber im Wasser. Er rüttelte und schüttelte seinen gesamten Körper und schaute dabei starr nach unten. Und wieder verstand die Muräne, was der Waidgenosse signalisiert hat. Sie schlängelte sich nach unten und biss tatsächlich kurze Zeit später zu. Der Barsch ging in diesem Fall leer aus. Trotzdem profitierten im Endeffekt beide von dem Bündnis. Denn die Räuber haben sehr unterschiedliche Fähigkeiten und Strategien. Gemeinsam kreisen sie die Beute quasi ein. Der Barsch jagt im offenen Wasser. Schafft es ein Beutefisch, sich in den Höhlen und Spalten am Riff zu verstecken, übernimmt die Muräne. Sie schlängelt sich durch die schmalen Schlitze und treibt die Beute in die Enge. Flüchtet der Fisch wiederum ins offene Meer, ist der Barsch am Zug. Beide Jäger wissen: Wer zuerst kommt, mahlt zuerst. Geteilt wird nicht, und trotzdem lohnt sich die Jagdgemeinschaft für beide.

Hierarchien in der Fischgesellschaft

Bevor Schimpansen oder Wölfe in den Ring steigen, taxieren sie sorgfältig ihren Gegner. Habe ich überhaupt eine Chance zu gewinnen? Ist der Rivale ein gewaltiger Muskelprotz, bringt sich kein Tier in Gefahr. Schätzen auch Fische das Kampfgewicht ihrer Gegner ein, bevor sie ein Duell wagen? Offenbar sind zumindest einige Arten gewiefte Taktiker und gute Beobachter. Das hat jetzt die Arbeitsgruppe von Logan Grosenick an der kalifornischen Stanford-Universität herausgefunden.

Im ostafrikanischen Tanganjikasee leben über 350 verschiedene Arten von Buntbarschen. Bei den Schwarzkehl-Maulbrütern besetzen die Männchen ein Revier. Ein solches Territorium ist lebensnotwendig, denn bei den Buntbarschen gilt: ohne Revier kein Weibchen und ohne Weibchen keine Nachkommen. Die besten Plätze jedoch sind in der Regel besetzt. Immer wieder müssen sich heimatlose Männchen ein Revier erobern. Sie stehen dann vor einer schweren Entscheidung: Gegen wen steige ich am besten in den Ring?

Siegreiche Kämpfer sind gut zu erkennen. Je mehr Auseinandersetzungen ein Männchen gewonnen hat, umso farbenkräftiger erstrahlt sein Brutkleid. Wie ein erfolgreicher General schmücken sich die Fische mit deutlich sichtbaren Orden. So ausstaffiert, stellt sich die Belohnung in Form von Weibchen und Nachwuchs automatisch ein. Alphamännchen tragen ein kräftiges Blau und Gelb mit schwarzen Streifen, ewige Verlierer hingegen bleiben mausgrau. Die meisten Fische bewegen sich irgendwo dazwischen. Optisch sind sie kaum zu unterscheiden.

Das breite Mittelfeld können revierlose Männchen nur dann einschätzen, wenn sie die Kämpfe der Artgenossen beobachten und daraus ihre Schlüsse ziehen. Eine komplexe Fähigkeit, die von Verhaltensforschern »transitive Inferenz« genannt wird. Hinter dem komplizierten Begriff verbirgt sich die Fähigkeit, logische Schlussfolgerungen zu ziehen, etwa dieser Art: Anja ist größer als Sabine, und Sabine ist größer als Marion. Folglich muss Anja größer sein als Marion. Kindern gelingen solche Rückschlüsse erst im Alter von vier bis fünf Jahren. Primaten und einige besonders kluge Vögel sind ebenfalls dazu in der Lage. Aber Fische? Lange Zeit hätte das den kaltblütigen Tieren kein Forscher zugetraut.

Platzkarten für das Fischduell

Logan Grosenick stellte die Buntbarsche auf die Probe: Durch Glaswände abgetrennt, beobachtete ein Testfisch verschiedene Rangkämpfe. Zuerst kämpfte Fisch A gegen B und gewann, dann trat B gegen C an und gewann, C besiegte D, D siegte gegen E. Am Ende ergab sich eine klare Hierarchie: A > B > C >D > E. In einem ersten Test konnte der Zuschauerfisch wählen, ob er gegen A oder E antreten wollte. Der Testfisch entschied sich eindeutig für den Sparringspartner E. Bei dem schwächsten Artgenossen hatte er nichts zu befürchten. Allerdings war diese Wahl auch relativ einfach. A hatte der Testfisch nur als Sieger erlebt, E dagegen ausschließlich als Verlierer.

Komplizierter war die zweite Entscheidung. Was würde passieren, wenn der Testfisch mit B und D zusammen in ein Aquarium gelassen wird? Die beiden haben zuvor noch nie gegeneinander gekämpft. Folglich hat der Testfisch keinen direkten Vergleich. Außerdem haben beide Kontrahenten vor den Augen des Testfisches je einen Kampf verloren und einen Kampf gewonnen. Trotzdem gibt es eine Hierarchie, denn B hat gegen C gewonnen, D jedoch hat gegen C verloren. Folglich müsste D auch gegen B verlieren. Sind Fische zu derartigen Gedankenspielen in der Lage? Tatsächlich forderte der Testfisch D zum Kampf heraus und mied den stärkeren Konkurrenten B. Er durchschaute die Hackordnung seiner Rivalen. »Fische nutzen die transitive Inferenz. Auch wenn sie nur indirekte Informationen haben, können sie daraus ihre Schlüsse ziehen«[61], schreiben die Forscher im Wissenschaftsmagazin *nature*. In der freien Wildbahn ersparen sich die Fische so unnötige Prügel. Zunächst beobachten sie aus sicherer Entfernung einige Kämpfe, dann suchen sie sich einen möglichst schwachen Gegner aus.

Lange Zeit galten Fische als unsoziale und dumme Gesellen. Eine Fehleinschätzung, die viel mit uns Menschen und wenig mit den Fischen zu tun hat, vermutet Horst Bleckmann, Professor für Zoologie an der Universität Bonn: »Fische haben keinen Gesichtsausdruck«, sagt er. Die Mimik aber sei für uns eine entscheidende Projektionsfläche. Selbstverständlich gestehen wir Hunden oder Affen menschenähnliche Gedanken und Gefühle zu. Die Hundemutter »liebt« ihre Welpen, sie ist »eifersüchtig«, wenn wir Nachbars Fiffi streicheln. Affen »freuen« sich oder sind »verärgert« – all das signalisieren die Tiere vor allem mit ihrem Gesichtsausdruck. Ein Fisch dagegen sieht immer gleich aus. »Der Fisch im Aquarium, der nicht viel mehr tut, als seine Kiemendeckel zu öffnen und zu schließen, wirkt auf uns einfach dumm.« Erst allmählich überwinden die Kognitionsforscher ihre Vorurteile und schauen genauer hin. Und je mehr sie suchen, umso erstaunlichere Leistungen werden sie entdecken.

8 Von Stören und Störchen: Wie finden tierische Orientierungskünstler ihren Weg?

Tierische Weltenbummler

Die Küstenseeschwalbe hält den Rekord: Sie brütet in der Arktis und überwintert in der Antarktis. Jedes Jahr umkreist sie ein Mal den Globus – immerhin 40 000 Kilometer. Punktgenau erreichen Zugvögel immer wieder ihr Ziel. So manche Amsel kehrt jedes Jahr in denselben Garten zurück. Eine Meisterleistung, die den Wissenschaftlern noch immer Rätsel aufgibt.

Doch nicht nur Vögel sind Orientierungskünstler. Aale ziehen von den Flüssen und Bächen Europas zum Teil über 5000 Kilometer bis in die Sargassosee. Wale wandern von den nahrungsreichen Polargewässern zur Fortpflanzung in tropische Gefilde. Und sogar Schmetterlinge können Strecken von mehreren 1000 Kilometern zurücklegen. Mit immer modernerer Technik versuchen Wissenschaftler die Tiere auf ihren Wanderungen zu begleiten.

Allein das Ausmaß ist gigantisch: Schätzungsweise 50 Milliarden Vögel begeben sich jedes Jahr auf Wanderschaft. Wenn zum Beispiel ein Schwarm Blutschnabelweber durch die afrikanische Savanne zieht, verdunkelt sich der Himmel minutenlang. Kleine Vögel wie Fitis und Gartenrotschwanz überqueren die Sahara – das sind immerhin 2000 bis 3000 Kilometer. Allerdings tun sie das nicht im Nonstop-Flug, wie die Ornithologen lange annahmen. Wenn möglich, rasten sie tagsüber in schattigen Oasen. Schnepfenvögel fliegen von

Nordsibirien bis nach Tasmanien und legen dabei bis zu 10000 Kilometer zurück. Selbst der winzige Rubinkolibri schafft es, den Golf von Mexiko zu überqueren.

Wie orientieren sich die Vögel über solche Distanzen hinweg? Für den Menschen wäre das völlig unmöglich. Trotz unseres hochentwickelten Gehirns haben wir oft schon Schwierigkeiten, wenn wir mit dem Auto eine gutbeschilderte Strecke von 100 Kilometern zurücklegen sollen. Langstreckenzieher wie die Rauchschwalben finden nach einem 10000 Kilometer langen Zug problemlos ihren angestammten Bauernhof in der Eifel wieder. Hinzu kommt, dass die Vögel sich nicht nur räumlich hervorragend orientieren können. Der Eifelbauer könnte auch seine Uhr bzw. den Kalender nach ihnen stellen. Fast auf den Tag genau verlassen sie jedes Jahr um die gleiche Zeit ihr Brutgebiet, um einige Monate später – wiederum äußerst pünktlich – zurückzukehren. In den letzten Jahren allerdings gerät der Vogelzug zunehmend durcheinander. Durch den Klimawandel verschieben sich die Zugzeiten. Manche Spezies verzichten sogar vollständig auf die Reise und bleiben das ganze Jahr über hier. Die Winter in Mitteleuropa sind so warm geworden, dass die Vögel auch in der kalten Jahreszeit genug Nahrung finden. In deutschen Städten können mittlerweile selbst tropische Papageien überwintern. Peter Berthold, langjähriger Leiter der Vogelwarte Radolfzell, geht sogar davon aus, dass der Vogelzug in unseren Breiten demnächst ganz verschwinden könnte.

Dem Zugvogel auf der Spur

Die jährliche Wanderung ist nicht nur eine enorme körperliche Leistung der Vögel, sie ist auch ein kognitives Meisterstück. Seit Urzeiten hat der Vogelzug die Menschen fasziniert. Und schon früh haben sie begonnen, ihn systematisch zu erforschen. 1899 streifte der dänische Lehrer Hans Christian Mortensen dem ersten Vogel einen Ring über den Fuß – und löste damit eine Lawine aus, die nie wieder zum Stillstand gekommen ist. Bis heute wurden über 200 Millionen Vögel beringt. Millionen Wiederfunde liefern immer wieder neue Informationen über Zeiten, Strecken und Umfang des Vogelzugs. Lange jedoch blieb ein großer Teil der Wanderungen im wahrsten Sinne des Wortes im Dunkeln. Denn die meisten Vögel ziehen nachts. Die nächtliche Reise bringt viele Vorteile: In der Nacht lauern weniger Feinde, und vor allem im heißen Süden ist es tagsüber viel zu heiß für den kräftezehrenden Flug. Außerdem brauchen viele Vögel die hellen Stunden, um selber Beute zu machen. Regenwürmer und Insekten fängt man besser am Tag.

Mit Radarsignalen können die Ornithologen den nächtlichen Vogelzug seit den 50er Jahren zumindest teilweise sichtbar machen. Vor allem Schwärme von ziehenden Vögeln lassen sich so hervorragend orten. Auch hochempfindliche Wärmebildkameras machen Vögel in der Nacht sichtbar. Am kalten Nachthimmel erscheint der fliegende Vogel mit seiner Körpertemperatur von bis zu 43 Grad Celsius als glühender Ball. Mittlerweile gibt es von vielen Orten jahrzehntelange Beobachtungsreihen. Auf der Felseninsel Helgoland zum Beispiel werden die aktuellen Veränderungen besonders deutlich. Ommo Hüppop, Leiter der Vogelwarte Helgoland, hat festgestellt, dass viele Vogelarten heute knapp zwei Wochen früher aus ihren Winterquartieren zurückkehren als noch vor 40 Jahren.

Die moderne Technik hilft, immer mehr Geheimnisse des Vogelzugs zu lüften. Heute schnallen Ornithologen Zugvögeln winzige Sender auf den Rücken. Satelliten fangen die Signale auf, so dass die Forscher jederzeit bis auf wenige Meter genau sagen können, wo sich »ihr« Vogel gerade befindet. Die Satellitentelemetrie habe eine ganz neue Dimension in der Vogelzugforschung eröffnet, so Peter Berthold, langjähriger Leiter der Vogelwarte Radolfzell. Für ihn wurde damit indirekt ein alter Menschheitstraum wahr: »Wir können quasi auf dem Rücken von Zugvögeln mitwandern, wie dies die schwedische Dichterin Selma Lagerlöf für den kleinen Nils Holgersson und seine Gans beschrieben hat.«[62]

Wie aber vollbringt das winzige Vogelhirn nun diese immense Orientierungsleistung? Trotz aller Forschritte haben die Forscher das noch immer nicht vollständig verstanden.

Wo geht's hier nach Süden?

Im Herbst und im Frühling werden Zugvögel unruhig. Ein genetisches Programm springt an und treibt die Vögel zu ihren Wanderungen. »Zugunruhe« heißt dieses Phänomen, und interessanterweise leben die Vögel ihr Bedürfnis auch in Gefangenschaft aus. Der Vogelzug ist zum großen Teil genetisch festgelegt. Die Leistung ist deshalb nicht weniger erstaunlich. In Jahrtausenden hat die Intelligenz der Evolution den Vogelzug hervorgebracht und die Tiere nach und nach mit einem Set von Navigationsinstrumenten ausgestattet. Doch trotz aller Programme ist das Zugverhalten flexibel geblieben – die aktuellen Veränderungen zeigen das überdeutlich.

Bereits Ende der 40er Jahre hielt der Ornithologe Gustav Kramer am Max-Planck-Institut für Meeresbiologie in Wilhelmshaven Stare in großen Rundkäfigen. Im Frühjahr und

Herbst hüpften und schwirrten die Vögel unruhig im Käfig umher. Kramer fiel auf, dass die Stare bei klarem Himmel eindeutig eine Richtung bevorzugten: Im Herbst zog es die Vögel im Käfig nach Südwesten. Also genau in die Richtung, in der die Winterquartiere der Stare liegen. An bedeckten Tagen jedoch zeigten die Vögel keine Richtungspräferenz. Sie schwirrten einfach unablässig in ihren Käfigen hin und her. Konnte es sein, dass die Vögel die Sonne brauchten, um sich zu orientieren? Der Ornithologe testete seine Vermutung durch einen Versuch: Mit Spiegeln lenkte er das Sonnenlicht so um, dass es von einer anderen Seite in den Käfig fiel. Der Star vertraute der falschen Sonne und änderte dementsprechend seine Zugrichtung. Der Beweis war erbracht: Gustav Kramer hatte im Jahr 1948 den Sonnenkompass entdeckt.

Doch bekanntlich ändert sich der Sonnenstand im Laufe des Tages. Wer die Sonne zur Orientierung nutzt, muss also wissen, wie spät es ist. Mit dem Sonnenkompass hatte Kramer also indirekt auch nachgewiesen, dass Vögel eine innere Uhr mit sich herumtragen. Sie registrieren den Verlauf des Tages. Dieses Phänomen wollte der Ornithologe weiter untersuchen. Im süddeutschen Andechs baute die Max-Planck-Gesellschaft zu diesem Zweck ein eigenes Institut. Den fertigen Neubau hat Kramer jedoch nie gesehen, denn im April 1959 erlitt er einen tödlichen Unfall. In den Bergen Kalabriens suchte er nach Wildtauben-Gelegen und stürzte dabei ab. Das bald darauf fertiggestellte Max-Planck-Institut für Verhaltensphysiologie entwickelte sich in den folgenden Jahren zum Mekka der Chronobiologen. Vor allem der Direktor Jürgen Aschoff wurde durch seine Bunkerexperimente weltberühmt. In Andechs entschlüsselten Forscher die Tag-Nacht-Rhythmen von Mensch und Tier.

So wichtig er ist – der Sonnenkompass nutzt den Vögeln

nur in den Tagstunden. Zwei Drittel aller Arten ziehen jedoch nachts, wenn die Sonne keine Informationen liefert. Schon lange vermuteten Ornithologen, dass sich die Vögel dann an den Sternen orientieren. Doch lange fehlten die Beweise – bis der Ornithologe Sauer Gartengrasmücken zur Zugzeit in ein Planetarium einquartierte. Unter dem künstlichen Sternenhimmel zog es die Vögel im Herbst nach Südwesten, also genau in die Richtung, die sie auch im Freiland wählen würden. In der folgenden Nacht drehten die Forscher den Sternenhimmel jedoch um 180 Grad. Die Vögel reagierten und änderten ihre Zugrichtung im gleichen Maße.

Vögel blicken also tatsächlich in den Sternenhimmel, um sich zu orientieren. Allerdings richten sie sich dabei nicht nach Sternbildern wie dem Großen oder Kleinen Wagen. Sie nehmen die Drehung des Himmels wahr und orientieren sich am Polarstern, dem Mittelpunkt der Gestirne. Im Herbst fliegen sie vom Polarstern weg Richtung Süden. Im Frühjahr dagegen orientieren sie sich zum Polarstern hin und fliegen nordwärts. Ist der Sternenkompass den Vögeln sozusagen ins Nest gelegt? Wissen sie von Geburt an, wie man den Himmel deutet? Lange gingen die Forscher davon aus. Ein Experiment jedoch bewies das Gegenteil: Handaufgezogene Finken, die den Sternenhimmel während ihrer Jugendzeit nie zu sehen bekamen, konnten sich später nicht so orientieren, wie ihre freilebenden Artgenossen. In einer sensiblen Phase lernen Jungvögel, den Sternenkompass zu nutzen. Sie prägen sich das Himmelsbild ein, welches sie in dieser Zeit sehen. Wachsen die Vögel in einem Planetarium unter einem »falschen« Sternenhimmel auf, kann man ihnen vorgaukeln, dass sich der Himmel um einen beliebigen anderen Stern dreht.

Während wir Menschen uns – zumindest theoretisch – ebenfalls an dem Sonnenstand und den Sternen orientieren können, ist uns das wichtigste Orientierungssystem der Vögel ohne technische Hilfsmittel unzugänglich: der Magnetkompass. Alle Vogelarten können das Magnetfeld der Erde wahrnehmen und sich daran orientieren. Wie der dritte Kompass jedoch im Detail funktioniert, wird gerade erst entschlüsselt. Fest steht: Der Magnetkompass muss nicht erlernt werden, er ist das einzige Navigationssystem, das von Geburt an funktioniert. »Jungvögel sind im Gegensatz zu erfahrenen Altvögeln nur mit Kompass und Kalender ausgestattet, nicht jedoch mit einer Karte«, erklärt Wolfgang Wiltschko, der vor rund 50 Jahren den Magnetkompass der Vögel entdeckt hat. »Erst im Laufe der Entwicklung eichen sie allmählich ihre anderen Navigationssysteme.«

In den 50er Jahren erforschten Biologen der Universität Frankfurt das Zugverhalten von Vögeln. Im Keller des Zoologischen Instituts lebten Rotkehlchen, mit denen die Forscher verschiedene Versuche durchführen wollten. Noch heute erinnert sich Professor Wiltschko, wie er an einem Herbstabend im Jahr 1956 als junger Student bemerkte, dass die Vögel unruhig in ihren Käfigen umherflatterten. Die Zugunruhe hatte sich eingestellt, und erstaunlicherweise zog es die Vögel eindeutig Richtung Südwesten. Im Käfig peilten sie offenbar ihr spanisches Winterquartier an. »Wie konnten die Vögel im dunklen Keller die Richtung halten?«, fragte sich der Student Wiltschko. Konnte es sein, dass sich die Vögel im Keller am Magnetfeld der Erde orientierten? Auch in Freiheit wäre das in Nächten mit bedecktem Himmel der einzige Hinweisgeber. Wolfgang Wiltschko wollte das Rätsel lösen und startete umfangreiche Versuche. Schon als Kind hat er sich für den Vogelzug interessiert. Die Beobachtung im Keller des Zoologischen Instituts war für ihn der Beginn einer großen »Vogelkarriere«.

Nächtelang beobachtete er die Rotkehlchen in ihren Käfigen. »In meiner Doktorarbeit habe ich 780 Vogelnächte ausgewertet«, erzählt Professor Wiltschko heute. Zu Anfang setzte er die Vögel in eine Stahlkammer, in der die Tiere weitgehend vom Magnetfeld abgeschirmt waren. Wie erwartet, schwirrten die Vögel plötzlich nur noch orientierungslos hin und her. Eine klare Richtung war nicht mehr zu erkennen. Doch reichte das als Beweis? In einer zweiten Versuchsreihe stellte der Doktorand große Magnetspulen in die Stahlkammer. Jetzt konnte er ein künstliches Magnetfeld erzeugen und beliebig verdrehen. Der Durchbruch erfolgte am 12. Oktober 1963. Professor Wiltschko wird dieses Datum nie vergessen. In dieser Nacht entdeckte der junge Wissenschaftler den Magnetkompass der Vögel. In der Stahlkammer zeigten seine Vögel plötzlich eine klare Zugrichtung. Sie zogen nach Südwesten – so, wie es das künstliche Magnetfeld vorgab. Verlagerte der Forscher den magnetischen Nordpol in den Osten, flatterten die Vögel im Käfig nicht mehr nach Spanien, sondern Richtung England.

Bis heute, also seit über 50 Jahren, erforscht Wolfgang Wiltschko den Magnetkompass der Zugvögel. Erst vor kurzem ist es ihm gemeinsam mit seiner Frau Roswitha gelungen, Hühner auf eine bestimmte Magnetfeldrichtung zu dressieren. Lange hatten die Forscher angenommen, dass so etwas unmöglich sei.

Vögel verfügen also über einen Magnetkompass. Allerdings arbeitet der völlig anders als unser technischer Kompass. Die Vögel unterscheiden nämlich nicht zwischen Norden und Süden, sondern zwischen polwärts und äquatorwärts. Sie bestimmen den Neigungswinkel der Magnetfeldlinien relativ zur Erdoberfläche – die sogenannte Inklination. Fliegen die Vögel vom Äquator aus Richtung Pol, ist dieser Winkel immer kleiner als 90 Grad. Zum Äquator hin ist dieser Winkel jedoch größer als 90 Grad. Der Vogelkompass funktioniert also immer nur auf einer Erdhalbkugel. Wie aber orientieren sich dann Vögel, die bei ihren Wanderungen den Äquator überqueren?

Dieses klassische Rätsel des Vogelzugs wird zurzeit von Forschern der Universität Oldenburg zusammen mit amerikanischen Kollegen untersucht. Am Äquator verlaufen die Magnetfeldlinien genau parallel zur Erdoberfläche. Der Kompass der Vögel wird deshalb zweideutig. Polwärts bedeutet plötzlich gleichzeitig Norden und Süden. Haben die Vögel den Äquator überquert, dreht sich der Kompass: Was früher Norden bedeutete, heißt jetzt Süden. »Dennoch kehrt kein Zugvogel verunsichert um, und es kreisen auch keine verwirrten Vogelschwärme über dem Äquator«[63], so die beiden Forscher Julia Stalleicken und Henrik Mouritsen vom Oldenburger Institut für Biologie und Umweltwissenschaften. Im Gegenteil – völlig problemlos schalten die Vögel von Nord- auf Südhalbkugel um und erreichen ihr angepeiltes Ziel.

Mit einem Freilandversuch sind die Forscher der Lösung des Rätsels näher gekommen: Gemeinsam mit Kollegen der Princeton-University fingen die Oldenburger Biologen im Frühsommer wandernde Catharus-Drosseln. Wie die meisten

Singvögel ziehen diese Drosseln überwiegend bei Nacht. Im Labor können sie alle drei Orientierungssysteme nutzen: Sonnen-, Sternen- und Magnetkompass.

Am Abend nach dem Fang manipulierten die Wissenschaftler das Magnetfeld rund um die Käfige der Drosseln. Mit großen Spulen verschoben die Forscher den Nordpol künstlich nach Osten. Anschließend wurden die Vögel mit einem Radiosender versehen und freigelassen. Die meisten setzten ihren Zug sofort fort – im Schlepptau das deutsch-amerikanische Biologenteam. »Mit unserem 1982er Oldsmobil und einer Richtantenne auf dem Dach konnten wir den Zugweg der Drosseln über 1000 Kilometer weit verfolgen«[64], so die beiden Forscher. Aber wie reagierten die durch die Magnetspulen verwirrten Drosseln? Tatsächlich flogen die Vögel in der ersten Nacht nach Westen statt nach Norden. Erst in der zweiten Nacht kehrten sie wieder zu ihrer ursprünglichen Zugrichtung zurück und flogen nordwärts. Wie ist dieses Verhalten zu erklären?

Tatsächlich orientieren sich die Drosseln hauptsächlich mit dem Magnetkompass, sie nutzen ihn jedoch ganz anders, als man bisher angenommen hatte. »In freier Wildbahn dient der magnetische Pol nicht als starre Referenz für die Zugrichtung«, erklärt Mouritsen. Wäre das so, hätten die freigelassenen Drosseln bereits nach kurzer Zeit wieder auf den rechten Weg zurückkehren müssen. Das taten sie aber nicht, denn die Vögel stellen ihren Magnetkompass nur einmal täglich ein und orientieren sich dabei an der Sonne. Überall auf der Erde geht die Sonne im Osten auf und im Westen unter. Die Drosseln prüfen kurz vor ihrem abendlichen Abflug den Stand der im Westen untergehenden Sonne und eichen ihren Magnetkompass entsprechend ein. Auf diese Weise funktioniert die Orientierung auf der Südhalbkugel genauso gut wie auf der

Nordhalbkugel. Bringen Biologen das System durch ein künstliches Magnetfeld durcheinander, fliegen die Vögel genau eine Nacht in die falsche Richtung. Erst bei der nächsten Eichung am folgenden Abend können die Tiere den Fehler korrigieren. Wenn wir am Abend unseren Wecker falsch einstellen, bemerken wir den Fehler auch erst dann, wenn es für den folgenden Tag bereits zu spät ist.

Wo sitzt das Magnetauge?

Das Auge registriert Lichtquanten, das Ohr Schallwellen – die grundlegenden Mechanismen sind bei Mensch und Vogel dieselben. Für das Magnetfeld der Erde sind wir jedoch taub und blind. Während die Wissenschaftler mittlerweile relativ gut verstanden haben, wie Vögel ihren Magnetkompass zur Orientierung nutzen, ist noch immer nicht vollständig geklärt, wo der sechste Sinn der Vögel eigentlich sitzt und wie er im Detail funktioniert.

Erst im Jahr 2000 konnte der Biophysiker Thorsten Ritz in seiner Doktorarbeit einen Teil des Rätsels lösen. Er entwickelte eine Theorie mit dem kompliziert klingenden Namen »Radikal-Paar-Mechanismus«. Stark vereinfacht besteht der Magnetrezeptor der Vögel demnach aus einem Molekülpaar, das durch Licht aktiviert wird. Nur im aktivierten Zustand ist es in der Lage, die Magnetfeldlinien zu registrieren. Der Rezeptor übersetzt die Richtung der Magnetfeldlinien in chemische Signale – der erste Schritt auf dem Weg zu einem Sinneseindruck. Aber welches Molekül ist hier am Werk?

Und wo sitzt der Magnetkompass des Vogels? Wieder konnte die Arbeitsgruppe von Wolfgang und Roswitha

Wiltschko an der Universität Frankfurt entscheidende Puzzlesteine liefern. Die Vögel selbst gaben die entscheidenden Hinweise: Sitzen Singvögel wie die Gartengrasmücken während der Zugzeit in einem Orientierungskäfig, zeigen die Tiere ein auffälliges Verhalten: Kurz nachdem es abends dunkel geworden ist, dreht der nachts ziehende Vogel seinen Kopf immer wieder von rechts nach links. Erst danach orientiert er sich im Käfig eindeutig in eine bestimmte Richtung – im Herbst zieht es ihn nach Süden, im Frühjahr nach Norden.

Während sich der Vogel umschaut, scannt er anscheinend das Erdmagnetfeld, um die richtige Richtung zu finden. Die Forscher schlossen daraus, dass sich der Magnetsinn im Kopf der Vögel befinden muss. Schalteten die Wissenschaftler das Erdmagnetfeld im Käfig durch Spulen aus, hüpfte der Vogel desorientiert umher und verdreifachte dabei die Suchbewegungen mit dem Kopf. Außerdem konnte das Team von Wolfgang Wiltschko zeigen, dass der Magnetkompass nur dann funktioniert, wenn zumindest ein schwaches blaues oder grünes Licht vorhanden ist und der Vogel auf mindestens einem Auge sehen kann. Waren beide Augen durch eine Klappe abgedeckt, funktionierte der Magnetkompass nicht mehr. Sobald jedoch ein Auge Licht empfängt, nimmt der Vogel das Magnetfeld der Erde wahr. Allmählich wurde klar: Der Magnetsinn muss im Auge sitzen. Und auch dem entscheidenden Protein kamen die Forscher auf die Spur: Von Pflanzen kannten sie bereits Eiweißstoffe, die in ähnlicher Weise auf Licht reagieren: die Cryptochrome. Und tatsächlich fand Mouritsen in der Netzhaut der Gartengrasmücke eine hohe Konzentration von Cryptochromen. Die Proteine sitzen in bestimmten Nervenzellen, und ausgerechnet diese Nervenzellen sind nachts, wenn die Vögel ziehen, hochaktiv.

Bei Zebrafinken dagegen, die nicht ziehen, dösen diese Nervenzellen nachts, und sie enthalten auch fast keine Cryptochrom-Moleküle.

Viele Geheimnisse des Vogelzugs sind heute entschlüsselt: Für die Navigation stehen den Vögeln gleich drei Systeme zur Verfügung – Sonnen-, Sternen- und Magnetkompass.[65] Wenn es darum geht, in vertrautem Gelände das Nest wiederzufinden, nutzen die Vögel zusätzlich Landmarken, das können Baumgruppen oder ein Hochhaus in der Stadt sein. Nachdem grundsätzliche Fakten geklärt sind, werden die Fragen immer spezieller. Zurzeit erkunden die Forscher jene Gehirnregionen, in denen die Informationen aus Magnet- und Sternenkompass verarbeitet werden. Und tatsächlich haben die Neurobiologen bereits einen heißen Kandidaten identifiziert: einen 2,25 Kubikmillimeter großen Bereich im Großhirn der Zugvögel. Cluster N haben sie diese Region genannt, die bei Zugvögeln nachts hochaktiv ist, bei nichtziehenden Zebrafinken oder Kanarienvögeln hingegen gar nicht zu existieren scheint.

Das Navigationsgerät der Zugvögel erfüllt alle Ansprüche an einen modernen Computerchip: Es ist hochkomplex, leistungsfähig und winzig klein. Und es erspart seinem Besitzer jede Menge Arbeit: Vögel, die nicht ziehen, müssen sich nämlich häufig anspruchsvolleren Herausforderungen stellen als jene Kollegen, die in den warmen Süden reisen. Kanadische Wissenschaftler haben kürzlich ziehende und nichtziehende Individuen derselben Art miteinander verglichen. Diejenigen Vögel, die im Winter in Europa blieben, waren flexibler und einfallsreicher bei der Futtersuche. Amseln zum Beispiel hatten gelernt, mit Hilfe von Zweigen den Schnee wegzuschaufeln. Und interessanterweise besaßen die Nichtzieher sogar ein größeres Gehirn. In dem Sinne erfordert das Überwintern im Sommerquartier mehr Intelligenz als die lange Reise nach Afrika.

Eine Weltreise unter Wasser

Nicht weniger spektakulär als die Wanderungen der Vögel sind die Reisen der Fische. Lachs, Stör oder Aal verbringen einen Großteil ihres Lebens auf Reisen. Im Vergleich zu ihren fliegenden Kollegen sind die Navigationsmechanismen der Fische noch weitgehend unbekannt. Über die Routen weiß man mittlerweile relativ gut Bescheid, wie die Fische jedoch ihr Ziel finden, steht noch in den Sternen. Die Fischforscher haben dabei gleich mit mehreren Hürden zu kämpfen: Unter Wasser lassen sich die Tiere schlechter verfolgen als an Land. Lachs, Stör & Co. wandern nicht jährlich zwischen Sommer- und Winterquartier hin und her. Wenn sie ihre Kinderstube verlassen, sind sie oft jahrelang verschwunden, bevor sie irgendwann in den Hochzeitsgewässern wieder auftauchen. Und vor allem lassen sich Fische keine Ringe verpassen – das erste Wundermittel in der Erforschung des Vogelzugs steht also nicht zur Verfügung.

Um die in Europa fast ausgestorbenen Störe wieder anzusiedeln, haben Forscher des Berliner Leibniz-Instituts für Gewässerökologie und Binnenfischerei aus den Eiern des Störs Jungfische herangezogen und im Alter von einem Jahr in geeigneten Nebenflüssen ausgesetzt – eine hervorragende Gelegenheit, um gleichzeitig die Wanderungen der Fische zu erforschen. »Einige der Fische sind mit winzigen Sendern versehen«, erzählt der Biologe Frank Frederich. Lediglich ein halbes Gramm wiegt ein solcher Sender und bis zu drei Wochen signalisiert er den Forschern, wo sich der Proband befindet. Einige der funkenden Fische landeten in Fischernetzen. Drei kamen darin um, die übrigen konnten wieder freigelassen werden. Offenbar sind die Jungstöre grundsätzlich in der Lage, eine solche Prozedur zu überleben, erzählt Frederich, »denn ein Fisch hat das gleich drei Mal mitgemacht«. Rund 20 Kilometer pro Tag legen die Tiere zurück. Bisher sind sie auf diese Weise bis in das an der Flussmündung gelegene Oderhaff gelangt. Dort legen die Jungstöre derzeit eine Pause ein. »Erst wenn die Fische etwas größer geworden sind, werden sie in die salzigere Ostsee weiterziehen«, vermutet Frederich. Bis die Fische jedoch in ihren Heimatfluss zurückkehren, werden mindestens zehn Jahre vergehen. Erst dann wissen die Forscher, ob ihr Projekt erfolgreich war. »Wir hoffen, dass die Prägung gelungen ist«, so der Biologe Frederich.

Von Süßwasserfischen weiß Frederich, dass sich die Tiere über kürzere Strecken auch optisch orientieren. Land- bzw. Wassermarken spielen eine wichtige Rolle. Der Döbel zum Beispiel, ein bis zu 70 Zentimeter großer Fisch, der in starkströmenden Flüssen lebt, wechselt regelmäßig zwischen Tag- und Nachtquartier hin und her. Wassermarken und das Strömungsbild des Flusses weisen dem Fisch den Weg. Nur in der Laichzeit weicht er von seinen eingefahrenen Routen ab und schwimmt zu den feststehenden Hochzeitsplätzen. »Die Tiere stoßen Pheromone aus und locken damit andere Fische an«, erzählt Frederich, der den Döbel ausführlich studiert hat.

Bei Lachsen und Stören dürften solche Wassermarken allerdings nur kurz vor dem Ziel eine Rolle spielen. Höchstwahrscheinlich sind die Fische auf einen bestimmten Ort, zum Beispiel eine geeignete Sandbank, geprägt. Stimmen Umgebung, Wassertiefe und Strömungsgeschwindigkeit, dann sind die Fische bereit zu laichen. Das tun sie auch dann, wenn sie sich eigentlich im »falschen« Fluss befinden. Regelmäßig verschwimmt sich nämlich ein gewisser Prozentsatz der Störe und Lachse bei der Rückreise vom Meer und landet nicht in seinem Heimatfluss.

Häufig tauchen auch Atlantische Störe in der Ostsee auf. Sie haben eine Wanderung von vielen tausend Kilometern hinter sich. Bis die Weibchen der großen Störarten geschlechtsreif werden, vergehen zum Teil bis zu 20 Jahre. Auch das macht die Erforschung des Wanderverhaltens nicht gerade einfacher. Genau umgekehrt wandert zum Beispiel der Aal – ein sogenannter katadromer Wanderfisch, der den Großteil seines Lebens im Süßwasser verbringt und im Salzwasser laicht.

Die Sargassosee sehen – und sterben

Jahrzehntelang haben die Aale den Menschen Rätsel aufgegeben. Wie von Zauberhand dorthin gebracht, tauchten in den europäischen Flüssen plötzlich junge Aale auf. Eier und Larven schien es nicht zu geben. Erst in den 20er Jahren des vergangenen Jahrhunderts haben Wissenschaftler das ungewöhnliche Wanderverhalten der Aale aufgeklärt. Mit Funksendern konnten sie die Aale auf ihrer Hochzeitsreise in die Sargassosee zumindest ein Stück weit verfolgen. Ein äußerst aufwendiges Unternehmen, das sich nur mit einem gutausgerüsteten Forschungsschiff durchführen ließ. Die Tiere ziehen nicht im Schwarm, folglich kann eine Expedition jeweils nur einen einzigen Aal verfolgen. Ganz bis zum Ziel haben es die Forscher nie geschafft – meistens verschwand der mit einem Sender bestückte Aal irgendwann in unerreichbaren Tiefen.

Doch anhand der Eier, die immer wieder an denselben Stellen der Sargassosee auftauchen, konnte der Laichplatz relativ gut eingegrenzt werden. Alle europäischen Flussaale laichen am selben Ort ab. Erst vor wenigen Jahren haben Wissenschaftler herausgefunden, dass die Aale trotzdem keine riesige Fortpflanzungsgemeinschaft bilden. Zwischen den nord- und südeuropäischen Aalen gibt es kleine genetische Unterschiede. Höchstwahrscheinlich treffen die Nord- und Südeuropäer zu unterschiedlichen Zeiten in der Sargassosee ein und pflanzen sich deshalb bevorzugt untereinander fort.

Die Aale laichen in einer Wassertiefe von bis zu 4000 Metern. Von dort steigen die Eier langsam an die Oberfläche. Die schlüpfenden Larven werden wegen ihrer abgeplatteten Form auch Weidenblatt genannt. Etwa drei Jahre brauchen sie, um von der Sargassosee an die europäischen Küsten zu gelangen. Zum Teil schwimmen die Tiere selbst, zum Teil werden sie vom Golfstrom getragen. Obwohl der Aal zu den wichtigsten Speisefischen gehört, ist noch völlig unklar, wie sich die Aale auf ihre jeweiligen Heimatregionen verteilen. Wieso zum Beispiel schwimmen die Nordeuropäer andere Ziele an als die Südländer?

In Küstennähe wandeln sich die Weidenblattlarven zu den durchsichtigen, sieben Zentimeter langen Glasaalen um. Immer im Frühjahr schwimmen sie dann oft in großen Schwärmen die Flüsse hinauf. Steigaale heißen sie jetzt, wegen ihrer Bauchfärbung werden sie auch Gelbaale genannt. Die folgenden Jahre bis zur Geschlechtsreife verbringen die Fische in den Flüssen. Sie fressen und wachsen, wachsen und fressen. Weibchen treten erst mit 12 bis 15 Jahren den Rückweg an. Sie können bis zu anderthalb Meter lang und sechs Kilogramm schwer werden. Die Männchen brechen bereits etwas früher – und leichter – zur Hochzeitsreise auf. Zur Fortpflanzung schwimmen die Tiere dorthin zurück, wo sie geschlüpft sind: in die Sargassosee. Befinden sie sich zu Beginn der Reise in einem geschlossenen Gewässer, schlängeln sich die Aale zur Not auch tagelang durch feuchte Wiesen, um einen geeigneten Fluss zu erreichen. An Land atmen die Aale über die Haut und können so, wenn es sein muss, bis zu sieben Tage lang überleben.

Bei ihrer Reise legen sie teilweise über 5000 Kilometer zurück – und verwandeln sich dabei erneut. Äußerlich erkennbar ist der Prozess daran, dass die Fische silbriggrau werden. Der After bildet sich zurück, die Augen vergrößern sich. Die größte Veränderung vollzieht sich jedoch im Inneren des Fisches. Der Verdauungstrakt schrumpft, so dass die Aale bald keine Nahrung mehr aufnehmen können. Während ihrer langen Reise gegen den Sog des Golfstroms leben die Fische ausschließlich von ihren Fettreserven. In der Leibeshöhle entwickeln sich währenddessen die Geschlechtsorgane. Die Fortpflanzung in den Tiefen der Sargassosee ist der letzte Akt im Leben der Aale: Sie laichen und sterben. Die Eier steigen zur Oberfläche auf, und der Kreislauf beginnt von vorne. Biologen gehen davon aus, dass sich Aale – wie die Vögel – am Magnetfeld der Erde orientieren. Dass sie grundsätzlich in der Lage sind, das Magnetfeld zu registrieren, hat der Aalexperte Friedrich-Wilhelm Tesch in Laborversuchen nachgewiesen. Wo ihr Magnetkompass jedoch sitzt und wie die Fische damit im Freiland navigieren, hat bisher noch niemand entschlüsselt.

IV. Denken und Bewusstsein

9 Von Delfinen und Robben: Hoffnungslos überschätzt oder Superhirne aus dem Meer?

Zwischen Mythos und Realität

»Flipper, Flipper – gleich wird er kommen. Jeder kennt ihn, den klugen Delfin.« Ein Ohrwurm – die Fernsehserie Flipper hat unser Bild von Delfinen geprägt. Der Hauptdarsteller, ein Großer Tümmler, beeindruckt sein Publikum nicht nur durch Saltos und andere Kunststücke. Immer wieder rettet er seine Fernsehfamilie aus brenzligen Situationen. Der Mythos vom allzeit freundlichen, hilfsbereiten und hochintelligenten Delfin ist jedoch älter als alle Fernsehserien. Zum Teil haben die Meeressäuger, die zur Ordnung der Wale gehören, den positiven Ruf ihrem Aussehen zu verdanken. Die glatte Haut und die großen Kinderaugen wirken zwangsläufig freundlich. Dazu kommen die hochgezogenen Mundwinkel. Ob er will oder nicht – Flipper sieht so aus, als ob er ständig lächeln würde. Und tatsächlich verlaufen Begegnungen zwischen Mensch und Delfin nahezu immer friedlich. »Delfine mögen Menschen, und sie lassen sich hervorragend trainieren«, sagt Manuel García Hartmann, Delfinexperte und Tierarzt im Zoo Duisburg.

Auch wissenschaftliche Untersuchungen bestätigten zunächst den Ruf vom klugen Delfin. Der amerikanische Neurophysiologe John Cunningham Lilly war einer der Ersten, der das Gehirn eines Delfins genauer untersuchte. »Oh boy!

This is it«, soll er beim ersten Anblick gesagt haben. Tatsächlich ist das Denkorgan der Delfine größer und stärker gefurcht als das des Menschen. Lilly spezialisierte sich auf Delfine, doch mit der Zeit wurden seine Arbeiten immer merkwürdiger. Der ehemals anerkannte Wissenschaftler versuchte mit den Tieren zu kommunizieren – zunächst auf Englisch. Da er glaubte, dass Delfine intelligenter seien als Menschen, sollte es ihnen leichter fallen, eine fremde Sprache zu erlernen. Die Erfolge blieben jedoch bescheiden, und so versuchte es Lilly über andere Kanäle. Er experimentierte mit LSD und suchte im Rausch einen direkten Kontakt zum Bewusstsein der Tiere. Wissenschaftlich haben diese Arbeiten keine Spuren hinterlassen, doch dem Wirken von John Cunningham Lilly ist es wohl zu verdanken, dass der Delfin bis heute zu den Lieblingstieren der Esoterikbewegung gehört.

Was ist also dran an den Geschichten vom schlauen Flipper? Tatsächlich haben Delfine ein großes Gehirn, aber sind sie deshalb auch so intelligent, wie wir alle glauben? Erst kürzlich schreckte der südafrikanische Neuroethologe Paul Manger die Delfinfreunde in aller Welt mit einer erstaunlichen Meldung auf: Flipper und seine Artgenossen seien eher dumm. Bei vielen tierischen IQ-Tests würden sie von Ratten und manchmal sogar von Goldfischen problemlos geschlagen. Für das riesige Gehirn präsentierte der Forscher eine simple Erklärung: Flippers Denkorgan sei nur deshalb so groß, damit es im kalten Wasser nicht auskühlt. Wie alle Säugetiere sind auch Delfine Warmblüter. Im kalten Wasser müssen sie sich deshalb besonders vor Auskühlung schützen. Von einer dicken und schweren Fettschicht ist nicht nur der Körper umgeben, sondern auch das Gehirn geschützt. Die Isolationsschicht trägt zwar zum Gewicht bei, enthält aber kaum Nervenzellen. Paul Manger spricht von der »thermalen Herausforderung«[66], der sich die Delfine stellen müssen.

Ein Aufschrei ging um die Welt. Die meisten Menschen, die mit Delfinen arbeiten, halten ihre Tiere für hochintelligent. Im Duisburger Zoo schnellen Delphy, Daisy und Pepina auf einen Pfiff ihres Trainers in perfekter Formation aus dem Wasser und springen über einen Stab, der sich in mehreren Metern Höhe befindet. »Gerissen« kommt bei ihnen nicht vor. Die Großen Tümmler berühren Bälle, die an der Decke des Aquariums hängen, apportieren Gegenstände, tanzen auf ihrer Schwanzfluke synchron durch das Wasser und schütteln Besuchern die Hand – beziehungsweise die Flosse. Wie können sie all diese Kunststücke mit einem eher unterentwickelten Gehirn erlernen? Manuel García Hartmann spricht von enormen kognitiven Leistungen, nicht jedoch von Intelligenz im klassischen Sinne.

Wenn es darum geht, Probleme selbständig zu lösen, schneiden Delfine eher schlecht ab. Es dauert lange, bis bei ihnen der Groschen fällt. Zum Beispiel springen sie problemlos mehrere Meter aus dem Wasser – in der freien Natur genauso wie in unzähligen Delfinschauen. Wenn sie jedoch mit einem einzigen Sprung ihr eigenes Leben retten könnten, tun sie nichts dergleichen. Immer wieder werden Delfine mit riesigen Thunfischnetzen eingekreist. Durch einen kleinen Sprung könnten sich die Tiere retten, doch »sie kommen einfach nicht darauf«, so der Delfinexperte Hartmann. Auch in Aquarien lassen sich die Tiere durch Trennwände separieren, die nur 30 Zentimeter aus dem Wasser ragen. Für die Delfine wäre es ein Leichtes, die Absperrung zu überspringen, doch jedes Tier bleibt in seinem Bereich.

Hochintelligent oder eher durchschnittlich begabt – diese Frage beschäftigte auch den Bochumer Neuropsychologen Onur Güntürkün. Als in den 80er Jahren die Flussdelfindame Evita nach über 30 Jahren im Nürnberger Zoo starb, entschlossen sich Güntürkün und sein Kollege Lorenzo von Fersen zu einer Obduktion. Was hat Evita im Kopf? »Ich war sprachlos vor Faszination und Begeisterung. Ich hatte noch nie ein so großes Gehirn gesehen«, erinnert sich Onur Güntürkün. »Es war deutlich voluminöser und stärker gefurcht als das eines Menschen.«[67] Wie John Cunningham Lilly ist auch Professor Güntürkün zunächst beeindruckt.

Masse gleich Klasse – trotz einiger Ausnahmen gilt diese grobe Regel zwischen nahe verwandten Arten: Je größer ein Gehirn, umso klüger der Besitzer. Entscheidender als die absolute Größe ist jedoch das prozentuale Hirngewicht, also die Hirnmasse im Vergleich zum Körpergewicht. Auch hier erzielen Delfine Spitzenwerte: Die relative Hirnmasse der Großen Tümmler liegt zwischen der von Mensch und Schimpanse. Auch die starke Furchung passt zu der Theorie vom Geistesriesen Delfin. Der Mensch ist auf seine tiefen Falten im Gehirn sehr stolz, denn jede Furche vergrößert die Oberfläche unseres Denkorgans. Vereinfacht gesagt: Die Falten verschaffen uns mehr Raum zum Denken. Setzt man die von außen sichtbare Hirnfläche in Relation zu der tatsächlichen, überflügeln Delfine problemlos sogar den Menschen. Während Homo sapiens hier einen Wert von 2,83 erzielt, bringt es der Pazifische Tümmler auf 4,76 und der Atlantische Grindwal sogar auf 5,55.[68] Beeindruckende Zahlen, doch die Begeisterung von Onur Güntürkün legte sich sofort, als er das gewaltige Delfingehirn unter dem Mikroskop betrachtete.

Die Hirnrinde, der sogenannte Cortex, ist der Teil im Gehirn, der bei Säugetieren für anspruchsvolle geistige Leistungen zuständig ist. Doch ausgerechnet dieser fiel bei Evita äußerst dünn und zellarm aus. Güntürkün, Neuropsychologe an der Ruhr-Universität Bochum, machte sich daran, Evitas Nervenzellen auszuzählen. Nach dem ersten Durchgang glaubte er zunächst, sich verzählt zu haben, denn bei Evita fand er in einem bestimmten Abschnitt nur zwischen 25 und 30 Zellen. Doch so oft er auch nachzählte, das Ergebnis blieb gleich. Bereits Anfang der 80er Jahre hatte der Hirnforscher Rockel festgestellt, dass die Zahl der Neuronen in einem sogenannten Quader bei den meisten Säugetieren konstant ist und in etwa bei 108 liegt. Bei dem Flussdelfin schien diese Regel nicht zu gelten. »Bei zwei untersuchten Cortexregionen waren die Zellzahlen nahezu konstant, doch sie lagen bei fast einem Viertel des Wertes, der für Landsäuger erhoben wurde.«[69] Aber vielleicht war ja auch mit Evita etwas nicht in Ordnung. Die Flussdelfindame war schließlich schon alt, vielleicht hatte sie unter einer merkwürdigen Hirnkrankheit gelitten. Mit den Daten von einem einzigen Delfin, noch dazu von einem Flussdelfin, ist in der Wissenschaft nicht viel Staat zu machen.

Zwei Jahre vergingen, bis sich die Gelegenheit zu weiteren Studien ergab. Dieses Mal war im Duisburger Zoo ein Großer Tümmler verstorben. Doch auch sein Gehirn war fast genauso strukturiert wie das von Evita. In den entsprechenden Quadern zählte Güntürkün zwischen 26 und 32 Nervenzellen. Bei einer Ratte finden sich an derselben Stelle rund 100 Neuronen. Dafür gibt es im Vergleich zu anderen Säugetieren im Gehirn der Delfine relativ viele Stützzellen – Glia genannt. Sie produzieren zwar Wärme, tragen jedoch kaum etwas zu den geistigen Leistungen bei. Die Gliazellen allein reichen jedoch nicht aus, um die enorme Größe des Delfinhirns zu erklären.

Mittlerweile haben Wissenschaftler drei weitere Regionen identifiziert, die sich bei Delfinen überproportional vergrößert haben. Alle drei liegen außerhalb der Hirnrinde. Dabei handelt es sich um die Basalganglien und einen Teil des Mittelhirns, der beim Hören eine wichtige Rolle spielt. Bei anderen Tieren, die beim Jagen auf ihr Gehör angewiesen sind, ist diese Region ebenfalls stark vergrößert – wie bei Schleiereulen und Fledermäusen. Mit ihrem Sonar steht den Delfinen tatsächlich ein höchst anspruchsvolles Orientierungssystem zur Verfügung. In völliger Dunkelheit malen sich die Tiere allein mit Hilfe der Echosignale ein dreidimensionales Bild ihrer Umgebung. »Das Auflösungsvermögen liegt bei unter 0,2 Millimeter«, schwärmt Manuel García Hartmann, »das ist mehr als wir technisch erreichen können.« Die Meeressäuger nehmen dabei nicht nur Umrisse wahr, sie sehen auch durch vieles hindurch: »Sie erkennen, ob ein anderer Delfin schwanger ist und ob die Heringe eine lohnende Fettschicht haben.« Neben dem Echolot benutzen Delfine ein anderes Set von Tönen, um sich untereinander zu verständigen. All das erfordert eine enorme Rechen- und Gedächtnisleistung und damit viel Platz im Gehirn. Außerdem ist das Kleinhirn bei Delfinen stark vergrößert, also der Bereich im Gehirn, der für die Steuerung von Bewegungen zuständig ist.

Sollte hier die Erklärung für den Unterschied zwischen Mythos und Wahrheit liegen? Sind die Delfine zwar sensorische Spezialisten und hervorragende Akrobaten, aber eher schlechte Denker?

So mancher Delfintrainer, der schon einmal versucht hat, seinen Tieren abstrakte Aufgaben beizubringen, dürfte diese Einschätzung bestätigen. Doch ganz so einfach ist es trotzdem nicht, denn zumindest einige Delfine können deutlich mehr. Über 30 Jahre lang hat der Meeresbiologe Louis Herman mit Großen Tümmlern auf Hawaii gearbeitet. Bereits 1970 gründete er das Kewalo Basin Marine Mammal Laboratory, ein Forschungszentrum für Meeressäuger. Die Wissenschaftler erforschen wilde Walpopulationen und versuchen gleichzeitig, die kommunikativen und geistigen Fähigkeiten von gefangenen Delfinen zu untersuchen. Leider sind die beiden Stars des Instituts, die bereits betagten Delfindamen Phönix und Akeakamai, vor wenigen Jahren kurz hintereinander gestorben. Beide hatten gelernt, eine Art Zeichensprache zu verstehen. Statt Worte benutzte der Trainer bestimmte Gesten. Wenn er zum Beispiel nacheinander die Zeichen für »Frisbee« und »bring« machte, suchten die Tiere unter den vielen Gegenständen im Becken den gewünschten heraus und brachten ihn an den Beckenrand. 50 bis 60 Gesten konnten die Tiere sicher zuordnen, auch neue Kombinationen verstanden sie auf Anhieb: Eines Tages verknüpfte der Trainer zum ersten Mal die Begriffe für »Surfbrett« und »springe über«. Das Delfinweibchen schwamm daraufhin schnurstracks Richtung Surfbrett, schnellte aus dem Wasser, um auf der anderen Seite des Brettes wieder einzutauchen. Sie kannte die beiden Vokabeln, war jedoch noch nie zuvor über ein Surfbrett gesprungen.

Vor allem Akeakamai konnte noch mehr. Sie war ein Sprachgenie, sozusagen der Kanzi unter den Delfinen. Akeakamai verstand nicht nur die Bedeutung der Gesten, sie hatte auch ihre Grammatik gelernt. »Bringe Surfbrett, Mensch« besteht aus denselben Zeichen wie »Bringe Mensch, Surfbrett«, und trotzdem verstand der Delfin den Unterschied. In dem einen Fall beförderte sie das Surfbrett zu der Person, im zweiten Fall zog sie die Person zu dem Surfbrett.[70] Akeakamai reagierte nahezu fehlerfrei, selbst wenn die Sätze aus bis zu fünf Worten bestanden: »Korb, rechts, Frisbee, links, hinein«, zum Beispiel bedeutete: Nimm die Frisbeescheibe links von dir und lege sie in den Korb auf der rechten Seite. Für die Delfine auf Hawaii war das kein Problem.

Phönix und Akeakamai verstanden die Zeichensprache nicht nur, wenn der Trainer leibhaftig am Beckenrand stand. Sie reagierten auch dann richtig, wenn sie die Botschaft über einen Fernsehmonitor erhielten. Vor ein Unterwasserfenster stellten die Forscher einen Fernseher auf, um so mit den Tieren zu kommunizieren. Auf Anhieb verstanden die Delfine ihren virtuellen Trainer. Menschenaffen müssen sich in der Regel erst an das Fernsehbild gewöhnen. Mit der Zeit lernen auch sie, das Geflimmer richtig zu deuten. Die Delfine dagegen beherrschten das auf Anhieb. Oft genügte es sogar, wenn sie nur die gestikulierenden Arme ihres Trainers sehen konnten. Die Botschaft verstanden sie trotzdem.

Ein Quiz für Delfine

In einem weiteren Punkt schnitten die Delfine ebenfalls besser ab als viele Menschenaffen. Schimpansen haben große Probleme, eine menschliche Zeigegeste zu verstehen. Den Delfinen bereitete das keinerlei Schwierigkeiten. Aus verschiedenen Gegenständen wählten sie genau den aus, auf den ihr Trainer mit dem Finger gezeigt hatte. »Vielleicht haben die Delfine keine Probleme damit, weil sie auf akustischer Ebene etwas ganz Ähnliches tun«[71], vermuten die Forscher. Mit ihrem Ultraschall »zeigen« die Delfine auf Gegenstände in ihrer Umwelt. Das Echo zeichnet ihnen ein genaues Bild. Zudem versteht die Signale nicht nur der rufenden Delfin, höchstwahrscheinlich können auch Artgenossen, die gerade in der Nähe sind, daraus ihre Rückschlüsse ziehen.

Anders als bei den sprachtrainierten Menschenaffen bleibt die Unterhaltung mit den Delfinen ziemlich einseitig. Sie können zwar verstehen, bisher jedoch sprechen sie keine Sprache, die der Mensch entschlüsselt hat. Auf Hawaii konnten die Delfine immerhin Fragen beantworten, indem sie auf zwei unterschiedliche Schalter drückten: der eine bedeutete »Nein«, der andere »Ja«. Zunächst zeigte Louis Herman Akeakamai verschiedene Gegenstände – zum Beispiel einen Ball und eine Frisbeescheibe –, anschließend warf er sie hinter dem Delfin in das Becken. Und los ging das Fragespiel: »Ist ein Korb im Becken?« Ohne sich umzudrehen und ohne zu zögern, berührte die Delfindame mit ihrer langen Schnauze den »Nein«-Schalter. Wurde sie dagegen nach dem Ball gefragt, antwortete sie mit »Ja«. Auf den ersten Blick klingt das nicht besonders schwer, doch dahinter versteckt sich eine bemerkenswerte Leistung.

Der Delfin antwortete nämlich immer dann mit »Ja«, wenn sich ein Ball im Becken befand – ob es ein roter oder ein grüner Ball war, ein großer oder kleiner machte dabei keinen Unterschied. Folglich hatten die Tiere ein Konzept gebildet. Sie konnten generalisieren: Alles, was dreidimensional und rund ist, heißt Ball. Ringe sind zwar ebenfalls rund, dafür aber flach und haben in der Mitte ein Loch. Fehlt dagegen das Loch, dann heißt der Ring Frisbee – ganz schön kompliziert! Auch wenn der Gegenstand gerade nicht vorhanden war, verbanden die Delfine mit der Geste, also dem Wort, ein inneres Bild. Vokabeln, Grammatik und abstrakte Konzepte – die Delfine auf Hawaii hatten viel von dem gelernt, was zu einer Sprache gehört.

Signale aus einer fremden Welt

Die Ergebnisse sind also widersprüchlich. Was stimmt denn nun – ist Flipper der »Mensch unter Wasser« oder kann er gerade mal so weit denken wie ein Schwein, eine Ratte oder eine Taube? Der Verhaltensforscher Guido Dehnhardt kennt die besonderen Fähigkeiten der Delfine auf Hawaii, gibt aber zu bedenken, dass die Forscher jahrelang mit den Meeressäugern geübt hätten. Jeden Tag lösen die Tiere dort komplizierte Aufgaben. Sie sind sozusagen berufsmäßige Kniffler und Tüftler. Er selbst ist bei seinen ersten Experimenten mit Delfinen schlichtweg verzweifelt. Zuvor waren die Tiere nur in Delfinschauen aufgetreten. Die Akrobatik beherrschten sie perfekt, doch jetzt war auf einmal ihr Geist gefordert. Die Delfine sollten lernen, verschiedene Formen optisch zu unterscheiden – zu diskriminieren, wie das im Fachjargon heißt.

Dehnhardt hatte dazu unterschiedlich geformte Gegenstände in das Becken geworfen. Die Tiere sollten bestimmte Dinge auswählen und apportieren. Brachten sie zum Beispiel ein Dreieck zurück, bekamen sie eine Belohnung, für ein Quadrat dagegen gab es nichts – so die einfachste Variante. »Nach Monaten hatte der Delfin das noch nicht gelernt«, sagt Dehnhardt, »ein Goldfisch hätte das innerhalb von zwei Tagen draufgehabt.« Fast ein halbes Jahr dauerte es, bis der Delfin sechs verschiedene Symbole unterscheiden konnte.

»Irgendwann macht es Klick, und dann sind die Delfine plötzlich ziemlich gut. Aber bis dahin ...«, stöhnt Dehnhardt und verdreht die Augen. Die Verzweiflung der unzähligen Trainingsversuche ist ihm Jahre später noch anzusehen.

Einige Zeit danach arbeitete Dehnhardt mit einer kalifornischen Seelöwin. Sie hatte denselben Versuch schon am ersten Tag begriffen. »Seitdem arbeite ich mit Robben«, sagt er und grinst dabei. Trotzdem dürfe man jetzt nicht den Fehler machen, Delfine generell für doof zu erklären. »Vielleicht passen manche Aufgaben einfach nicht zu ihnen«, vermutet Dehnhardt. Im Meer orientieren sich Delfine vor allem mit Hilfe ihres Echolotsystems. Sie hören ihre Welt. Beute jagen sie mit den Ohren. Und tatsächlich schneiden Delfine viel besser ab, wenn es in der Aufgabe darum geht, Töne statt Formen zu unterscheiden. »Sie können auch lernen, optische Signale zu benutzen, aber da müssen sie eben zuerst diese Hürde überwinden.« Den Delfinen geht es nicht anders als den Menschen. Auch bei uns hat das Ergebnis eines Intelligenztests oft mehr mit den gestellten Aufgaben als mit dem Prüfling selbst zu tun. Je weiter eine Spezies von uns entfernt ist, desto größer ist die Herausforderung für den Forscher. »Man muss sich von dem menschlichen Standpunkt ein Stück verabschieden und in die Welt des Delfins eintauchen«, sagt der Verhaltensforscher Dehnhardt. »Wenn wir versuchen, die Welt mit seinen Augen zu sehen, dann werden wir auch auf die richtigen Fragen kommen.«

Genau das versucht die Arbeitsgruppe von Guido Dehnhardt seit einigen Jahren[72] – allerdings haben sich die Verhaltenforscher dafür nicht Delfine, sondern die smarteren Robben ausgesucht. In einer großen Anlage des Kölner Zoos leben neun Seehunde, eine reine Männergang. Die Robben führen zwar keine Kunststücke auf, trotzdem profitieren auch die Besucher von der Arbeit der Wissenschaftler: Täglich können sie den Experimenten zugucken und ein Stück in die Sinneswelt der Seehunde eintauchen.

Die Spur im Wasser

Wie finden Seehunde im trüben Wasser der Nordsee ihre Beute? Sehen können sie da kaum etwas. Und anders als Delfine verfügen Robben auch nicht über ein Echolotsystem. Trotzdem sind die Seehunde hervorragende Jäger. Fünf Kilo Fisch erbeuten sie jeden Tag. Guido Dehnhardt hat herausgefunden, dass die Barthaare, die sogenannten Vibrissen, den hungrigen Tieren ihren Weg weisen.[73] Ein schwimmender Fisch verwirbelt das Wasser, er hinterlässt eine hydrodynamische Spur. »Seehunde sind in der Lage, solche Wasserbewegungsspuren mit Hilfe ihrer Barthaare erst mal wahrzunehmen. Dann klinken sie sich in diese Spur ein und verfolgen sie.« Noch Minuten später »sehen« Seehunde mit ihren Vibrissen, dass an dieser Stelle ein Fisch vorbeigeschwommen ist. Im Kölner Zoo ersetzt ein kleines U-Boot den Fisch. Schnell haben die Seehunde begriffen, worum es geht: Sie sollen das U-Boot unter Wasser suchen. Sobald sie es gefunden haben, gibt es eine Belohnung – meistens einen fetten Fisch.

Tatsächlich gelingt ihnen die U-Boot-Jagd mit verbundenen Augen und Ohren. Henry, der älteste Seehund im Team, liegt auf der Landfläche und lässt sich von einer Studentin eine Strumpfmaske über die Augen ziehen. Anschließend setzt sie ihm noch einen Kopfhörer auf. Technomusik muss der Seehund nicht ertragen, wohl aber ein lautes Rauschen. Während Henry – vorübergehend taub und blind – am Ufer wartet, starten die Forscher das U-Boot. Im Zickzackkurs kurvt es durch das Becken und bleibt dann in einer Ecke stehen. Los geht's: Die Studentin nimmt Henry den Kopfhörer ab, und der Seehund springt ins Wasser. Mit verbundenen Augen taucht er durch das Becken. Sobald er die Spur des U-Bootes kreuzt, schwenkt er darauf ein und folgt dann zielsicher der Zickzackspur. Hat er das Boot erreicht, wird er mit einem Pfiff aus der Trillerpfeife belohnt. »Super, gut gemacht«, bedeutet das. Die akustische Belohnung gibt es sofort, die kulinarische folgt dann etwas später an Land. Ohne die Strumpfmaske über den Augen würde Henry auf direktem Weg zu dem U-Boot schwimmen. Genauso machen es die Seehunde auch in der Nordsee: Bei guter Sicht verlassen sich die Tiere auf ihre Augen. Die Tasthaare nutzten sie bei schlechter Sicht.

Zur Kontrolle schalten die Forscher im nächsten Durchgang auch noch die Barthaare aus. Das ist allerdings nicht ganz so einfach wie die anderen Maßnahmen. Nur äußerst widerwillig lässt sich Henry eine Maske über seine Vibrissen ziehen. Das allein zeigt schon, welche Bedeutung die Tasthaare haben. Ohne seine Barthaare fühlt sich der Seehund hilflos. Schließlich jedoch sitzt die Strumpfmaske. Das U-Boot startet, fährt einen gewunden Kurs und bleibt stehen. Henry springt ins Wasser. Ziellos schwimmt er hin und her. Seine »Beute« findet er dieses Mal höchstens per Zufall. Durch sein ganz spezielles Sinnesorgan hat der »Seehund eine Welt für sich erschlossen, die uns nicht zugänglich ist«, erklärt Guido Dehnhardt. Die Vibrissen sind ein hervorragendes System, um Beute zu orten. Noch bei einer Entfernung von mehr als 40 Metern können die Seehunde die Bewegungsspur eines Fisches wahrnehmen. »Wir haben jetzt ein ganz kleines Fenster geöffnet, um in diese Welt hineinzuschauen. Und das macht die Sache ganz besonders spannend.«

Die Barthaare helfen den Tieren jedoch nicht, wenn es darum geht, bei längeren Wanderungen ihren Weg zu finden. Als Nächstes wollen die Forscher untersuchen, ob sich die Seehunde – ähnlich wie Zugvögel – an den Sternen orientieren können. Um das herauszufinden, haben die Zoologen ihren Tieren ein eigenes Planetarium gebaut. Zum Erstaunen der Biologen lieben die Seehunde die Arbeit in der dunklen Höhle mit den flackernden Lichtern am Himmel. Auch wenn man das zunächst nicht meinen würde: Seehunde haben gute Voraussetzungen, um den Sternenkompass zu lesen. Sie sind kurzsichtig und können deshalb viele der kleinen Sterne gar nicht erkennen. Wo der Mensch in sternenklaren Nächten eine verwirrende Vielfalt an Lichtpunkten wahrnimmt, erkennt der Seehund nur die Sterne, die besonders hell und kräftig leuchten. Am Nachthimmel sehen die Seehunde relativ wenig und haben »damit gleichzeitig sogar einen besseren Zugang zu der Sterneninformation«, vermutet Guido Dehnhardt. Herbst 2007 planen die Forscher, mit ihren Seehunden an die Ostsee umzuziehen. Dort wollen sie überprüfen, ob die Tiere auch unter natürlichen Bedingungen mit Hilfe der Sterne ihren Weg finden können.

Der Delfin – ein Werkzeugnutzer

Fischer haben es zuerst beobachtet. Vor der Küste Westaustraliens tauchte immer wieder ein Delfin mit einem merkwürdigen Tumor auf der Nase auf. Irgendwann wandten sich die Fischer an die dortige Meeresforschungsstation. Die Zoologen glaubten zunächst an Seemannsgarn, doch dann sahen auch sie den merkwürdigen Delfin von Shark Bay: Vor ihnen tauchte er auf – mit einem großen braunroten Klecks auf dem Kopf. Der Delfin verschwand wieder im Wasser, und als er das nächste Mal an die Oberfläche kam, war der vermeintliche Tumor verschwunden. Das Spiel wiederholte sich immer wieder. Jahre vergingen, bis die Forscher das Rätsel lösen konnten: Der Fleck war kein Tumor, sondern ein Schwamm. Offenbar ziehen sich einige Delfine regelmäßig einen Schwamm über die Nase. »Die Schwämme haben die grobe Struktur eines Badeschwammes, sind aber steifer und etwa kegelförmig«, so Rachel Smolker, die zeitweise in Australien geforscht hat. »Die Delfine tragen sie, indem sie ihren Schnabel in die Kegelspitze stecken.«[74] Höchstwahrscheinlich schützt das Nasenpolster die Tiere, wenn sie am Meeresgrund auf Beugefang gehen, vor den Stacheln von Rochen, Skorpionsfischen, Seeigeln und anderem Getier.

Strömung und trübe Wasser sorgen in Shark Bay für schlechte Sicht. Deshalb konnte das bisher noch niemand direkt beobachten. Klar ist jedoch, dass die Schwämme den Tieren einen Vorteil bringen müssen. Zwar gehören nicht alle Delfine der Haifischbucht zu den »Spongern« (»Sponge« engl. »Schwamm«), doch bei über 40 verschiedenen Individuen konnten die Forscher diesen speziellen Werkzeuggebrauch bereits beobachten. Interessanterweise nutzen fast ausschließlich Weibchen die Schwämme. Vor der Küste Westaustraliens hat sich eine einzigartige Delfinkultur entwickelt – vergleichbar mit den nüsseknackenden Schimpansen im Tai-Wald. Zurzeit untersuchen die Zoologen, wie junge Delfine den Schwammgebrauch erlernen. Sie wollen wissen, ob sich die Tradition weiter ausbreitet.

Delfine verwenden Werkzeuge und lernen voneinander. Sie haben ein komplexes Sozialleben und ein hervorragendes

Gedächtnis. Mit etwas Training können sie eine Art Zeichensprache verstehen. Sie beantworten Fragen und führen akrobatische Kunststücke auf. Dumm kann Flipper also nicht sein. »Die Schlussfolgerung, ich habe mir das Gehirn angeguckt, da kann nicht viel hinter stecken, ist unzulässig«, findet auch Guido Dehnhardt, denn ohne Zweifel vollbringen Delfine erstaunliche Dinge. Wie schaffen die Meeressäuger das mit ihrem für hochentwickelte Säuger tatsächlich relativ einfach strukturierten Gehirn? Mit dieser Frage werden sich die Forscher als Nächstes beschäftigen müssen – möglichst, ohne sich dabei vom Mythos Delfin beirren zu lassen.

Delfine sind nicht dumm, sie sind aber auch nicht Einstein und Mutter Theresa in einer Person. Und vor allem ist Delfin nicht gleich Delfin. Rund 40 Arten leben in den Gewässern der Welt – vom Blauwal bis zu den Flussdelfinen. »Die klügsten könnte man, wenn es nach der Funktionsweise des Gehirns geht, mit Menschenaffen vergleichen, die anderen würde man sich an Land eher als Klammer- oder Brüllaffen vorstellen«[75], so Bernd Würsig, Professor für Meeressäugetierkunde in Texas. Alle Spezies sind perfekt an ihren jeweiligen Lebensraum angepasst. Einigen – zum Beispiel den Orcas – hilft mehr Grips beim Überleben. Für andere sind solche geistigen Höhenflüge schlicht nicht nötig.

Orcas – die Intelligenzbestien unter den Delfinen

Schwarz-weißgefleckt, rund sechs Meter lang und ein hochintelligentes Raubtier – das ist der Orca, auch Schwert- oder Killerwal genannt. Was die biologischen Daten angeht, sind sich Mensch und Orca gar nicht so unähnlich. Die Schwertwale werden mit etwa 15 Jahren geschlechtsreif und bringen dann ungefähr alle fünf Jahre Nachwuchs zur Welt. Das Orcababy wird über ein Jahr lang gesäugt, insgesamt bleiben Mutter und Kind mindestens drei Jahre ständig zusammen. Orca-Weibchen können 80 bis 90 Jahre alt werden, ihre letzte Geburt liegt dann bereits mehr als 30 Jahre zurück. Eine so lange Lebenszeit nach der Menopause ist eine absolute Seltenheit unter den Säugetieren. Großmütter gibt es nur bei sehr wenigen Spezies, neben den Orcas zum Beispiel bei Menschen und Schimpansen. Dort erfüllen die erfahrenen Weibchen eine wichtige soziale Funktion: Sie sind eine Art wandelndes Lexikon, von dem nicht nur die Kinder, sondern auch die Enkel lernen können. Die Großväter scheinen dagegen nicht so wichtige Lehrmeister zu sein, denn männliche Orcas werden nur rund 50 Jahre alt. Vielleicht führen sie auch einfach nur ein gefährlicheres – und deshalb kürzeres – Leben.

Orcas besiedeln fast alle Weltmeere und haben – je nach Region – ganz unterschiedliche Traditionen entwickelt. Vor der kanadischen Küste treffen zwei Orcakulturen aufeinander: die sogenannten Sesshaften und die Nomaden. Die sesshaften Tiere halten sich den größten Teil des Jahres in den Gewässern vor British Columbia auf. Von der Küste aus kann man die Tiere bei ihren Spielen beobachten, zum Beispiel bei einer Massagestunde am Kieselstrand. Mütter mit ihrem Nachwuchs bilden die kleinste Einheit, häufig schließen sich die Tiere zu Gruppen von bis zu 25 Tieren zusammen. Die Sesshaften jagen vor allem Lachse und andere Fische. Niemals kämen sie auf die Idee, sich an Delfinen oder Robben zu vergreifen. Jungen Wale, die in diesen Gruppen aufwachsen, lernen von ihren Müttern, welche Beute in Frage kommt, und bleiben dann dabei. Während sie jagen und spielen, stehen die Orcas in regem Austausch. Sie kommunizieren unter Wasser durch eine Vielzahl von Quietsch- und Pfeiflauten.

Ganz anders benehmen sich die Nomaden – meistens ziehen sie schweigend die Küste entlang. Zwischen ihnen und den Ortsansässigen gibt es keinen Kontakt. Das Schweigen macht Sinn, denn die Nomaden haben es auf andere Beutetiere abgesehen: Sie ernähren sich von Walen, vor allem von kleinen Schweinswalen und Robben, also von Tieren, die hervorragend hören können. Interessanterweise können sogar die Seehunde an der Westküste Nordamerikas die beiden Gruppen unterscheiden. In der Nähe der sesshaften Orcas bleiben sie cool und gelassen. An ihr Pfeifkonzert haben sie sich gewöhnt. Hören oder sehen sie jedoch die Nomaden, droht Gefahr. Sofort ergreifen die Seehunde die Flucht. Die wandernden Orcas können im Team sogar einen jungen Grauwal erlegen. Ein Team der BBC hat eine solche Gruppenjagd mit der Kamera eingefangen: Stundenlang folgten die Killerwale der Grauwalmutter mit ihrem Kind. Immer wieder drängten sich die Orcas zwischen die beiden Wale. Sie versuchten, das Kind zu isolieren. Schließlich gelang es den Angreifern, den jungen Grauwal unter Wasser zu drücken und zu ertränken. Die Mutter, ein Bartenwal, der sich ausschließlich von Plankton ernährt, konnte gegen die Übermacht nichts ausrichten. Ein einziger Killerwal hätte keine Chance gegen die riesige Grauwalmutter – gemeinsam jedoch können die Orcas selbst Beutetiere erlegen, die größer sind als sie selbst.

Auch vor der norwegischen Küste jagen Orcas im Team. Zum Teil folgen über 600 Orcas den riesigen Heringsschwärmen. Für die Jagd schließen sie sich zu kleineren Gruppen zusammen. Sie kreisen den Schwarm ein und ziehen den Gürtel immer enger – ständig kommunizieren sie dabei untereinander durch verschiedene Pfeiflaute. Der zuvor langgezogene Schwarm sieht am Ende aus wie ein Ball. Die

Orcas treiben die Heringe Richtung Wasseroberfläche. Sie drücken diese quasi gegen die Wand, denn nach oben gibt es für die Fische kein Entkommen. Und dann ist es so weit: Mit kräftigen Schlägen ihrer Schwanzfluken schlagen die Schwertwale die Heringe bewusstlos. In kürzester Zeit treiben zahllose tote und verletzte Fische an der Oberfläche: Das Buffet ist eröffnet.

Fast jede Orcagemeinschaft entwickelt eine eigene Esskultur. Im Mittelmeer hat sich eine kleine Gruppe auf Fischdiebstahl spezialisiert. Jedes Jahr im Juni und Juli jagen die Wale dort Thunfisch, indem sie ihre Beute am liebsten von den Leinen der Fischer schnappen. In der Nähe der Shetlandinseln sind die Räuber bescheidener: Sie verfolgen die Fischtrawler und warten, bis der Beifang über Bord geht. In Sachen Vielfalt und Einfallsreichtum sind die Orcas kaum zu überbieten.

Die Sprache der Orcas

Bereits in den 70er Jahren haben Meeresbiologen festgestellt, dass man die Orcas sicher an der Form ihrer Schwerter unterscheiden kann. Mittlerweile erkennen Orcaforscher einige Tiere nicht nur am Aussehen, sondern auch an ihren Rufen. Mit Unterwassermikrofonen haben Zoologen die Tiere jahrelang belauscht und dabei eine unglaubliche Vielfalt an Tönen aufgezeichnet. Bei der Jagd und beim Spiel »unterhalten« sich die Tiere rege miteinander. Abstrakte Gespräche führen die Orcas dabei wohl nicht. »Wir müssen uns von den Analogien zur menschlichen Sprache verabschieden«, sagt der Meeresbiologe Frank Thomsen. Die Tiere teilen sich ihren Gemütszustand mit und halten untereinander Kontakt. Im

Wasser ist das besonders wichtig, denn anders als Landtiere mit einem ausgeprägten Sozialleben können sich die Orcas nicht über Mimik und Körpersprache verständigen. Bei Wölfen oder Schimpansen spielt die nonverbale Kommunikation hingegen eine große Rolle.

Orcaforscher haben mittlerweile herausgefunden, dass Tiere, die in verschiedenen Gruppen leben, ganz unterschiedliche Dialekte sprechen. Je weiter die Lebensräume voneinander entfernt sind, umso schlechter können die Tiere miteinander kommunizieren. Die Töne der kanadischen Schwertwale unterscheiden sich von den Rufen der Artgenossen vor Neuseeland so stark wie das Deutsche vom Japanischen. Jungtiere lernen den ortsüblichen Dialekt von ihren Müttern. Treffen verschiedene Gruppen aufeinander, scheinen die fremden Töne oft anziehend zu wirken. Immer wieder locken Männchen durch bestimmte Pfiffe Weibchen aus fremden Gruppen an. Eine Strategie, die hilft, Inzucht zu vermeiden. Die einzige Ausnahme bilden die Sesshaften und die Nomaden vor der kanadischen Küste. Die beiden Gruppen ignorieren sich komplett. Sie paaren sich nicht miteinander, sie grüßen sich noch nicht einmal. Einige Forscher vermuten deshalb, dass sich die Tiere mit der Zeit in zwei verschiedene Arten aufspalten werden.

Die Orcaschule im Meer

Aktiver Unterricht ist eine Spezialität des Menschen – davon sind viele Psychologen und Biologen bis heute überzeugt. Zwar lernen zahlreiche Spezies von ihren Artgenossen, das Lehren kommt jedoch nicht vor. Vereinzelte Berichte, nach denen Schimpansenmütter ihren Kindern das Nüsseknacken beibringen sollen, werden noch intensiv diskutiert. Auf jeden Fall handelt es sich dabei um äußerst seltene Ausnahmen – auch Schimpansenkinder lernen hauptsächlich, indem sie die erwachsenen Tiere beobachten. Anders sieht es bei einigen Orcagruppen aus. Vor Alaska und auf den Crozetinseln haben sich die Schwertwale darauf spezialisiert, Seelöwen und junge See-Elefanten zu erbeuten. Die Orcas schwimmen nahe an die Küste heran und werfen sich dann plötzlich an den Strand. Der Überraschungsangriff kommt so unerwartet, dass die Robben oft keine Chance haben zu entkommen. Doch das Unternehmen ist auch für die Orcas riskant. Normalerweise lassen sie sich von der nächsten Welle wieder ins Wasser ziehen. Springen sie jedoch zu weit, kommen sie nicht mehr zurück und bleiben am Strand liegen.

Mütter und Großmütter passen deshalb genau auf, wenn ihre Kinder und Enkelkinder diese Jagdtechnik zum ersten Mal ausprobieren. Ende der 90er Jahre ist es einem Kamerateam gelungen, das einzigartige Geschehen zu filmen: Eine Orcamutter schubst ihr Kleines an Land. Und tatsächlich gelingt es dem jungen Schwertwal, einen ebenfalls jungen Seelöwen zu erbeuten. Dann jedoch hängt der Jäger hilflos auf dem Sand fest. Rettung kommt von der Mutter: Sie schwimmt heran und schiebt ihren Nachwuchs zurück in die Wellen. Jahrelang üben die Mütter mit ihren Kindern, bis die schließlich gelernt haben, wie man ohne Risiko für das eigene Leben Seelöwen erbeutet. Vor der argentinischen Halbinsel Valdéz haben die Orcas eine regelrechte Schule eröffnet. An einem geschützten Meerwasserkanal versammeln sich gleich mehrere Walmütter mit ihren Kindern. Neben einem erwachsenen Tier schwimmt jeweils ein Junges. So aufgereiht, werfen sich alle zusammen immer wieder an den Strand.

Auch vor der Küste Neuseelands unterrichten Orcamütter

ihre Kinder. Allerdings steht hier eine andere Lektion auf dem Stundenplan. In den flachen Küstengewässern haben es die Schwertwale vor allem auf Haie und Rochen abgesehen. Der Stich von einem Stachelrochen kann jedoch schnell gefährlich werden. Die Mütter greifen deshalb den Beutefisch an, ohne ihn zu töten, und überlassen ihn dann ihrem Kind. So können die jungen Orcas üben, wie die gefährliche Beute zu behandeln ist. »Genau wie Menschen lernen auch Orcas ein Leben lang«, sagt die Meeresbiologin Ingrid Visser, »je mehr Übung ein Tier hat, umso besser wird es bei der Jagd.«[76]

Wenn es bei Tieren überhaupt so etwas wie Kultur gibt, dann gehören die Orcas sicher zu den Kulturwesen – gemeinsam mit Bonobos, Schimpansen und Raben. Orcas haben ein komplexes Sozialleben. Sie unterrichten ihre Kinder, und die Vielfalt ihrer Traditionen, Bräuche und Dialekte ist einzigartig. Noch einen weiteren klassischen Intelligenztest bestehen die Orcas: Sie erkennen sich selbst im Spiegel. Sie verfügen also über Selbsterkenntnis, eventuell auch über Selbstbewusstsein. Mitte der 90er Jahre experimentierte die französische Verhaltensforscherin Fabienne Delfour mit gefangenen Orcas. Sie markierte einige Tiere mit Farbe, andere ließ sie unverändert. Dann stellte sie einen Spiegel in das Becken der Tiere und filmte ihr Verhalten. Mindestens ein weibliches Tier erkannte sich selbst. Etwas später haben andere Wissenschaftler nachgewiesen, dass sich auch Große Tümmler im Spiegel erkennen können.

Für den amerikanischen Psychologen Gordon Gallup, den Erfinder des Spiegeltests, steckt mehr dahinter als eine reine Wahrnehmungsleistung, denn nur, wer sich selbst erkennt, kann sich auch in andere hineinversetzen. »Demzufolge sollten Tiere, die ihr Spiegelbild nicht erkennen, auch nicht dazu fähig sein, im sozialen Kontext etwa Mitgefühl, Einfühlungsvermögen, Unterstellung, absichtliche Täuschung, Neid, Dankbarkeit, Vorstellung, Rollenspiel oder Trauer einzusetzen – Strategien, die Selbstbeobachtung verlangen«[77], so Gallup. Und tatsächlich erkennen bisher nur solche Spezies ihr eigenes Spiegelbild, die in großen Gruppen leben – Menschenaffen, Raben und Delfine zum Beispiel. Die Individuen kennen sich individuell. Sie unterhalten eine große Vielfalt an Freundschafts-, Paar- und Verwandtschaftsbeziehungen. Tiere in solchen Gemeinschaften brauchen eine hohe soziale Intelligenz. Erst im vergangenen Jahr haben im Bronx Zoo von New York auch Elefanten den Spiegeltest bestanden: Vor einem riesigen Spiegel stehend, tastete die Elefantendame Happy immer wieder mit ihrem Rüssel nach einem weißen Kreuz, das ihr die Forscher über das rechte Auge gemalt hatten. Über dem linken Auge trug Happy ebenfalls ein Kreuz. Da es mit transparenter Farbe gemalt war, blieb es jedoch unsichtbar und wurde von Happy auch nicht weiter beachtet. Nicht ohne Grund hatten die Wissenschaftler Elefanten für diesen Versuch ausgewählt – auch bei ihnen handelt es sich um äußerst soziale Tiere.

10. Von Krähen und Raben: Haben Vögel Selbstbewusstsein?

IQ-Test für Vögel

In einem idyllischen Alpental im Salzkammergut liegt die 2000-Seelen-Gemeinde Grünau – umringt von Bergen, Wiesen und Tannen. Bei Biologen in aller Welt hat dieses Örtchen einen klingenden Namen, denn 1973 gründete Konrad Lorenz hier die nach ihm benannte Forschungsstelle. Den größten Teil seiner wissenschaftlichen Karriere hatte der Vater der Verhaltensforschung damals schon hinter sich. Nach seiner Pensionierung als Direktor des Max-Planck-Instituts für Verhaltensphysiologie in Seewiesen zog es Lorenz zurück nach Österreich. Doch auch im Alter konnte er nicht ohne den Kontakt zu seinen Tieren leben. In Grünau richtete Lorenz eine Forschungsstation ein und siedelte eine Gruppe von über 100 Graugänsen an. Zunächst hatte er wenig Zeit, sich in Grünau aufzuhalten, denn im selben Jahr erhielt Konrad Lorenz gemeinsam mit Karl von Frisch und Nikolaas Tinbergen den Nobelpreis. Später jedoch verbrachte er regelmäßig die Sommer in Grünau. Er beobachtete das Verhalten der Graugänse und veröffentlichte 1988, ein Jahr vor seinem Tod, das Buch *Hier bin ich, wo bist du? – eine Bilanz aus über 60 Jahren Gänseforschung.*

Mit wildem Geschnatter werden die Besucher in Grünau auch heute noch begrüßt. Ein großer Trupp Graugänse lebt rund um die Forschungsstelle und dient noch immer den wissenschaftlichen Studien. Auch nach über 70 Jahren intensiver

Beschäftigung mit dieser Spezies sei die Graugans noch nicht »ausgeforscht«, sagt Professor Kurt Kotrschal, der Nachfolger von Konrad Lorenz in Grünau und Leiter der Forschungsstelle. Die Wissenschaftler können alle Vögel individuell unterscheiden und kennen die Verwandtschaftsbeziehungen seit 1973. Wer ist mit wem befreundet oder verpaart? Wie beeinflussen Verwandtschaftsbande Kooperation und Konkurrenz? Gerade für soziobiologische Forschungen haben die Grünauer Gänse einen besonderen Wert. Außerdem untersuchen die Wissenschaftler derzeit, wie sich Sexualhormone auf Hierarchie und Verhalten der Graugänse auswirken.

Die eigentlichen Stars der Forschungsstelle jedoch bewohnen zwei große Volieren: Es sind Kolkraben – bis zu 60 Zentimeter große, glänzend-schwarze Gesellen. Schon immer haben Raben die Menschen fasziniert. Götter und Könige sollen ihre Weisheit genutzt haben. Viele Indianervölker verehren Raben als Schöpfer der Welt. In der Bibel wurden sie vom Götter- zum Todesvogel. Geliebt oder gehasst – kaltgelassen haben sie die Menschen nie. Und über die Jahrhunderte hinweg war man sich einig: Der Rabe ist ein besonders schlauer Vogel. Wie intelligent er wirklich ist, das wollen die Forscher in Grünau herausfinden.

Ein paar hundert Meter von der Forschungsstelle entfernt, im Wildpark Grünau, bewohnen acht Raben eine riesige Voliere. Direkt am Haus residieren die beiden Youngster Conny und Cassandros. »Hallo, ihr beiden, wollen wir etwas tun?« Thomas Bugnyar läuft über eine kleine Wiese auf die Voliere mit den beiden Raben zu – die langen schwarzen Haare zu einem Zopf zusammengebunden. Die Vögel antworten mit einem lauten »Kraah, Kraah«. Bugnyar ist Verhaltensforscher und Leiter des Rabenprogramms in Grünau. Er kennt jeden

Vogel in der Voliere persönlich, und – was noch wichtiger ist – die Tiere kennen ihn. »Raben sind ausgesprochen neophob«, erklärt Bugnar. »Sie fürchten sich vor allem, was neu ist.«

Rabenakrobatik

Am Anfang – sozusagen zum Aufwärmen – steht eine Turnübung auf dem Programm. Bugnyar befestigt ein Stück Fleisch an einer etwa anderthalb Meter langen Schnur und knotet den Leckerbissen an einen Ast. Das Fleisch pendelt in der Luft, auf dem Ast darüber sitzt Cassandros und beäugt die Szene. Er soll die Beute zu sich heraufziehen. Was so einfach klingt, ist tatsächlich alles andere als leicht. Erfolg hat der Vogel nur, wenn er Schnabel und Fuß in genau der richtigen Art und Weise koordiniert. Schritt für Schritt muss er die Schnur nach oben ziehen. Junge Raben, die zum ersten Mal vor diesem Problem stehen, probieren dabei allerlei Tricks aus. Sie versuchen, das Fleischstückchen im Flug zu schnappen. Sie springen vom Boden aus in die Höhe oder picken auf den Ast ein. Alles vergeblich! Erst nach etlichen Versuchen hat ein unerfahrener Rabe den Trick raus: Er greift mit dem Schnabel nach unten und zieht die Schnur ein Stück hoch – das Fleisch hängt immer noch in unerreichbarer Tiefe. Jetzt sind Köpfchen und Geschick gefragt, denn sobald er die Schnur loslässt, saust der Leckerbissen wieder nach unten. Was also tun? Der Vogel muss mit einem Fuß auf die Kordel steigen, um sie festzuhalten, und dann mit dem Schnabel nachfassen. Je nach Länge der Schnur sind bis zu acht Durchgänge nötig. Ohne Ausdauer geht hier gar nichts.

Ältere Raben haben offenbar mehr Durchblick. Auch wenn

sie den Versuchsaufbau noch nie gesehen haben, müssen sie nicht herumprobieren. Sie gucken sich das Problem eine Zeit lang an, und dann lösen sie es. Meist klappt es direkt beim ersten Mal ohne Fehler. »Entweder haben die Vögel das Problem tatsächlich durchschaut«, erklärt Kurt Kotrschal, Leiter der Konrad-Lorenz-Forschungsstelle. »Das würden wir als Einsicht bezeichnen.« Oder sie spielen die verschiedenen Lösungsmöglichkeiten im Kopf durch – sie probieren quasi vor dem inneren Auge. Beides wären sehr anspruchsvolle Formen, ein Problem zu lösen. Selbst die am höchsten stehenden Primaten – Schimpanse und Mensch zum Beispiel – gehen komplizierte Aufgaben nicht immer so systematisch an. »Jeder, der schon mal einen Videorekorder in Betrieb genommen hat, kann das bestätigen«, sagt Kotrschal.

Der Rabe Cassandros kennt die Aufgabe bereits. Geschickt zieht er die Schnur Stück für Stück nach oben, verzehrt seinen Leckerbissen und schaut Thomas Bugnyar dann abwartend an: »Und, was kommt jetzt«, scheint der Vogel zu fragen. Die technische Intelligenz der Raben ist beeindruckend. Noch erstaunlicher aber sind ihre sozialen Fähigkeiten, ihre soziale Intelligenz. Neben den Papageien gelten sie als die schlauesten Vögel überhaupt.

In der freien Natur leben Raben in komplexen Familienclans zusammen. Paare bleiben einander oft ein ganzes Leben lang treu, und das können immerhin 40 Jahre sein. Bei der Nahrungssuche sind Raben äußerst flexibel. Sie bevorzugen Aas, fressen aber auch Sämereien sowie gelegentlich Eier und Küken anderer Vögel. Wenn sie am Aas Unterstützung gegen Wölfe oder andere Raubtiere brauchen, rufen sie ihre Artgenossen zu Hilfe. Das hindert die Raben jedoch nicht daran, wenig später erbittert um die besten Leckerbissen zu konkurrieren. Wenn es ums Futter geht, werden auch enge

Verwandte ausgetrickst. Kooperation und Betrug – beides gehört zum Rabenleben dazu.

Ich sehe was, was du nicht siehst

Wie funktioniert das komplexe Sozialleben der Vögel? Hat ein Rabe zum Beispiel eine Vorstellung davon, was im Kopf seiner Artgenossen vorgeht? Die Fähigkeit, sich in andere hineinzuversetzen, ist eine äußerst komplexe geistige Fähigkeit. Entwicklungspsychologen bezeichnen sie als »Theory of Mind«.

Für uns ist das ganz selbstverständlich, wir differenzieren zwischen uns und anderen: Unsere Kollegin kann traurig sein, während wir selber glücklich sind. Und natürlich weiß die Nachbarin nicht, was ich gestern Abend gemacht habe – es sei denn, ich erzähle ihr davon. Kleine Kinder jedoch müssen diesen Unterschied erst begreifen. Sie trennen noch nicht zwischen sich und anderen. Das wird immer wieder deutlich, wenn ein Kind die Augen schließt und fordert: »Such mich. Ich bin weg.« Weil sie selber nichts mehr sehen, gehen sie davon aus, dass sie auch für andere nicht sichtbar sind. Erst im Alter von vier bis fünf Jahren lernen Kinder, sich in andere hineinzuversetzen. Sie entwickeln eine »Theory of Mind«.

Lange Zeit gingen Biologen und Psychologen davon aus, dass nur der Mensch darüber verfügt. Allenfalls Menschenaffen – so der wissenschaftliche Konsens – seien zu so komplexen sozialen Leistungen in der Lage. Aber Vögel mit ihrem sprichwörtlichen Spatzenhirn? Die meisten Forscher hielten das für völlig unmöglich – bis Thomas Bugnyar anfing, mit seinen Raben Verstecken zu spielen[78]. »Raben lieben es, Dinge zu verstecken«, sagt Bugnyar. Doch sie tun das nicht starr wie ein Eichhörnchen. Sie gehen dabei äußerst geschickt und flexibel vor.

Versteckspiel mit Raben

In der Voliere versteckt Thomas Bugnyar Futter, drei Raben dürfen ihm dabei zusehen. Hugin, Munin und Conny sitzen nebeneinander und können sich gegenseitig gut sehen. Auch nach vorne haben zunächst alle drei einen ungestörten Blick in die Arena. Dann jedoch blockiert der Biologe Connys Sicht durch eine Klappe – jetzt gibt es also zwei sehende und einen »blinden« Zuschauer. Bugnyar versteckt den Leckerbissen unter einem kräftigen Stein und lässt dann jeweils zwei Vögel gemeinsam in die Arena. Was wird passieren?

Öffnet sich die Käfigtür bei Hugin und Munin, beeilen sich beide, zu dem Versteck zu kommen. Beide wissen, wo es etwas zu holen gibt, und deshalb gilt in diesem Fall: Wer zuerst kommt, mahlt zuerst. Interessant ist jedoch der zweite Fall: Was passiert, wenn die unwissende Conny zusammen mit einem der beiden Zuschauer in die Arena gelassen wird? »Wenn der Zuschauer weiß, dass sein Kollege keine Ahnung hat, wo das Futter ist, dann müsste er sich eigentlich nicht beeilen«, erklärt Bugnyar. Und genauso verhalten sich die Vögel. Die Tür geht auf, und die beiden Raben hüpfen in die Manege. Scheinbar desinteressiert spaziert Munin umher. Erst als Conny am anderen Ende des Geheges angekommen ist, schnappt er sich die Beute. Ausgetrickst! Genauso clever verhalten sich auch die anderen Raben in Grünau. Bei jedem Durchgang reagieren sie spontan und flexibel: Wissen beide Vögel, wo das Futter ist, liefern sie sich einen Wettlauf. Ist der Artgenosse hingegen ahnungslos, lässt sich auch der eingeweihte Rabe Zeit. Er wartet, bis sein Kollege möglichst weit von dem begehrten Futter entfernt ist. Erst dann plündert er das Versteck und streicht die Beute für sich ein. Für Thomas Bugnyar ist klar: »Raben wissen sehr viel darüber, was andere wissen.«

Zumindest in diesem Punkt sind sie weiter als kleine Kinder, denn die müssen das erst lernen. Ein kleines Experiment macht deutlich, worum es geht: Lea und Paul sind drei Jahre alt. Im Kindergarten spielen sie mit ihrer Betreuerin Marion ein einfaches Spiel. Vor Marion stehen zwei Schachteln – die eine blau, die andere rot. Beide Kinder schauen zu, wie Marion in der roten Schachtel eine Tüte Gummibärchen versteckt. Jetzt muss Paul das Zimmer verlassen. Während er draußen ist, ändern Marion und Lea das Versteck: Die Gummibärchen wandern in die blaue Schachtel. Bevor Paul wieder rein darf, fragt Marion die kleine Lea, wo Paul wohl nach den Gummibärchen suchen wird. »In der blauen Schachtel«, antwortet Lea. Ihr ist nicht bewusst, dass sie über eine Information verfügt, die Paul nicht hat. Erst im Alter von vier bis fünf Jahren begreifen Kinder diesen Unterschied. Sie entwickeln eine »Theory of Mind« – ähnlich wie Schimpansen und Raben.

Können Vögel lügen?

Einige Forscherkollegen jedoch bleiben nach wie vor skeptisch. Könnte es nicht sein, dass die Vögel den Experimentator hinters Licht führen? Vielleicht versetzen sich die Raben gar nicht in ihre Artgenossen hinein, sondern lösen die Aufgabe anders, indem sie beispielsweise auf ganz subtile Signale der anderen Raben reagieren? Um das auszuschließen, wandeln die Verhaltensforscher den Versuch immer wieder ab. Doch egal, wie der Test aufgebaut wird – das Ergebnis bleibt dasselbe: Die Raben können sich hervorragend in ihre Artgenossen hineinversetzen. Und manchmal versuchen sie sogar gezielt, die Kollegen hinters Licht zu führen.

Dieses Mal versteckt der Rabe Hugin selbst das Futter. Munin beobachtet ihn von seinem Käfig am Rand der Voliere aus. Allerdings kann Munin durch eine Barriere nur die Hälfte der Arena einsehen. Hugin ist das offenbar völlig klar – er versteckt das Futter nur in dem Teil der Voliere, der den Blicken des Artgenossen verborgen bleibt. Kann der Konkurrent das gesamte Feld überblicken, vergräbt Hugin das Futter zwar auch, bleibt danach aber ständig auf der Hut. Sobald er die Chance bekommt, seine Leckerbissen unbeobachtet von Munins Blicken zu deponieren, gräbt er das Futter wieder aus und bringt es in einem neuen Versteck in Sicherheit. In einem zweiten Test blockieren die Forscher Munins Sicht so, dass er die Arena überhaupt nicht mehr einsehen kann. Sofort reagiert Hugin auf diese Veränderung: Jetzt nutzt er den gesamten Bereich für seine Verstecke. »Die Vögel halten selektiv Informationen zurück«, sagt der Biologe, »und das ist der Beginn einer Lüge.« Zum ersten Mal konnten die Verhaltensforscher in Grünau nachweisen, dass Vögel in der Lage sind, ihre Artgenossen »taktisch zu täuschen«[79] – auch das ist eine Fähigkeit, die nur wenige Spezies beherrschen. Nur intelligente Tiere können lügen.

Ein Schimpanse mit Flügeln

Mittlerweile ist klar: Raben sind die Schimpansen unter den Vögeln. Sie stoßen unsere Vettern nicht unbedingt vom

Thron, aber sie sitzen direkt neben ihnen auf dem Podest. »Es gibt erstaunlich viele Parallelen zwischen Raben und Menschenaffen«, sagt Thomas Bugnyar. Das gilt aus der Sicht der Zoologen sowohl in positiver wie auch in negativer Hinsicht. Raben sind nämlich nicht nur hochintelligent, sie sind auch ausgesprochen launisch und langweilen sich sehr schnell. »Wenn man dieselbe Aufgabe zu oft wiederholt, machen sie nach kurzer Zeit nur noch Blödsinn«, erzählt Thomas Bugnyar. Wie Kinder und Schimpansen fordern die Vögel einen abwechslungsreichen Trainingsplan – sonst verweigern sie die Leistung. Der Forscher muss sein eigenes Köpfchen anstrengen, um die Tiere bei Laune zu halten.

Warum aber hat sich gerade bei Schimpansen und Rabenvögeln ein solches Superhirn entwickelt? Wieso verfügen die Vögel über Fähigkeiten, die lange Zeit als typisch menschlich galten? Bei den Menschenaffen wundert uns das weniger. Schließlich sind sie unsere engsten Verwandten, wir haben eine lange gemeinsame Entwicklung hinter uns. Der letzte Vorfahre von Mensch und Schimpanse lebte vor rund fünf Millionen Jahren und verfügte höchstwahrscheinlich bereits über grundlegende soziale und kognitive Fähigkeiten.

Ganz anders sieht es bei den Vögeln aus. Die Stammesgeschichte von Vögeln und Säugetieren hat sich bereits vor über 320 Millionen Jahren getrennt. Der letzte gemeinsame Verwandte war höchstwahrscheinlich ein wenig kluges und eher unsoziales Reptil. Parallel haben sich Vögel und Säuger zu dem entwickelt, was sie heute sind. Die Intelligenzbestien der beiden Gruppen sehen zwar äußerst unterschiedlich aus, sind aber zu erstaunlich ähnlichen Leistungen in der Lage. Die Wissenschaftler haben dafür zwei Erklärungen: Einerseits wurden Säuger und Vögel mit der gleichen Basis ins Rennen geschickt, denn beide besitzen dieselbe Hardware:

das Wirbeltiergehirn. Zum anderen stellt das Leben gerade an Schimpansen und Raben sehr ähnliche Anforderungen: Beide leben in komplexen sozialen Gruppen. Schimpansen und Raben können ihre Artgenossen individuell erkennen und unterscheiden. Genau wie im Schimpansenclan gibt es auch bei den Raben langjährige Freundschaften, es gibt Verwandte, Paarbeziehungen und Rivalen. Wer in einer Schimpansenhorde bestehen will, braucht ein cleveres Köpfchen – genau wie der Rabe in seinem Trupp.

Ein komplexes Sozialleben verlangt ein leistungsfähiges Hirn. Beides hat sich deshalb gleichzeitig entwickelt. Davon gehen Evolutionsbiologen und Kognitionsforscher heute aus. Es ist kein Zufall, dass diejenigen Tiere, die als hochintelligent gelten, auch besonders sozial leben: Raben, Delfine, Elefanten und Primaten zum Beispiel. Unter den tierischen Intelligenzbestien gibt es keine Einzelgänger. Auch der Mensch bildet da keine Ausnahme. Wir sind hochsoziale Lebewesen. Nichts fordert unseren Geist so sehr wie die lieben Mitmenschen. Wie viel Zeit verbringen wir damit, herauszufinden, was unsere Nachbarn denken, wissen oder besitzen? Mit welcher Akribie analysieren wir Sympathien und Antipathien in der Firma? Ständig müssen wir entscheiden: Kooperation oder Konkurrenz? Altruismus oder Egoismus? Wer das soziale Spiel beherrscht, kann davon immens profitieren.

Machos leben gefährlich

Wir kooperieren und verschaffen uns dadurch Vorteile. Aus demselben Grund gehen Schimpansen gemeinsam auf die Jagd, und Raben unterstützen einander bei der Futtersuche.

Doch die Zusammenarbeit ist eine zweischneidige Sache. »Wenn man wilde Raben beobachtet, wird das Dilemma sofort deutlich«, erzählt Thomas Bugnyar. Anschauungsmaterial gibt es jeden Winter im nahe gelegenen Wildpark. Wie in Kanada oder Alaska konkurrieren die Raben hier mit Wölfen ums Futter. Sobald die Wölfe mit frischen Fleischstücken gefüttert werden, sind auch die Raben zur Stelle. Die Vögel versuchen, so viel wie möglich abzubekommen. Teamwork und ein gutes Gefühl für Geschwindigkeit und Distanz sind jetzt entscheidend. Ein gefährliches Spiel – Wolfsschnauze und Federvieh sind oft nur wenige Zentimeter voneinander entfernt. Jedes Jahr kommen dabei einige Raben ums Leben. Kurt Kotrschal hat untersucht, wen es besonders häufig trifft: Alle Todesfälle ereigneten sich im ersten Lebensjahr, fast immer waren unerfahrene Männchen betroffen. »Junge Machos riskieren zu viel«, sagt Kotrschal, »das ist vergleichbar mit jungen Motorradfahrern, die auf der Straße verunglücken.«

Ein einzelner Rabe hat gegen die Wölfe keine Chance. Nur in der Gruppe können sie Beute machen. Wer jedoch gemeinsam jagt, muss anschließend teilen. »Und das mögen die Raben nicht mehr so gerne«, sagt Bugnyar. Die Tiere haben eine interessante Strategie entwickelt, wie sie möglichst viel für sich abzweigen können. »Direkt am Futterplatz fressen sie kaum etwas«, erzählt Thomas Bugnyar. Die Vögel packen sich Schnabel und Kehlsack so voll sie können und fliegen davon, um das Futter zu verstecken. Dabei passen sie genau auf, dass kein Artgenosse sie beobachtet. Denn manche Raben, die bei der Futterjagd nicht so geschickt sind, haben sich darauf spezialisiert, andere zu bespitzeln. Möglichst unauffällig folgen sie dem erfolgreichen Raben. Sobald der wieder in Richtung Kadaver davonfliegt, plündern sie das heimliche

Lager. In Kanada oder Alaska braucht ein Trupp Raben nur ein bis zwei Tage, um einen gewaltigen Hirsch abzuräumen. Der größte Teil der Beute wird versteckt. Noch Tage später finden die Tiere ihre Vorräte wieder – und zwar sowohl der Vogel, der das Versteck angelegt hat, als auch der potenzielle Plünderer.

Andere Vögel haben nicht so ein gutes Gedächtnis: Meisen zum Beispiel verstecken ebenfalls Futter, doch selbst wenn ein Artgenosse dabei zuschaut, ist er kurze Zeit später nicht mehr in der Lage, die Stelle wiederzufinden. Meisen leben offenbar nach dem Motto: aus den Augen, aus dem Sinn. Sie verhalten sich genau wie sehr kleine Kinder. Und wenn sich der vier Monate alte Tom noch so sehr für Mamas Fotoapparat interessiert – sobald die Kamera in der Schublade verschwunden ist, scheint sie quasi nicht mehr zu existieren. Erst ab etwa einem halben Jahr beginnen Kinder, nach einem versteckten Gegenstand zu suchen. Sie haben ein inneres Bild für Dinge, die sie nicht sehen können. Der Schweizer Entwicklungspsychologe Jean Piaget prägte dafür den Begriff »Objektpermanenz« und definierte verschiedene Stufen, die Kinder im Laufe ihrer Entwicklung erreichen. In dem Sinne verfügen Meisen über eine geringere Objektpermanenz als Rabenvögel.

Geistige Leistungen wachsen also nicht nur mit der individuellen Entwicklung, also auf dem Weg vom Kind zum Erwachsenen, sondern auch mit der Stammesgeschichte der Tiere. Die höchste Stufe der Objektpermanenz erreichen bei Säugern nur Mensch, Menschenaffe und Hund, bei Vögeln nur Rabenvögel und Papageien. Diese Tiere könnten zum Beispiel erfolgreich »Hütchen spielen«. Der größte Gedächtniskünstler unter den Rabenvögel ist der Tannenhäher. Im Laufe des Jahres versteckt er über 30000 Nüsse und Sämereien für den Winter. Die meisten davon findet er wieder – zum Teil über ein halbes Jahr später und unter einer dicken Schneedecke. Je intensiver die Biologen das Verhalten der Rabenvögel erforschen, umso erstaunlichere Leistungen kommen zum Vorschein.

Lebensmittelwissenschaftler

An der Universität Cambridge treibt Nicola Clayton das Versteckspiel noch einen Schritt weiter. Wissen die Vögel nicht nur WO sie etwas versteckt haben? Können sie sich auch merken, WANN und WAS sie beiseitegeschafft haben?

Die Biologin arbeitet mit Western Scrub Jays, einer amerikanischen Häherart, die ebenfalls zu den Rabenvögeln gehört. In der Natur verstecken die Vögel viele verschiedene Futtersorten. Darunter sind sowohl Sämereien, die lange genießbar bleiben, als auch schnell verderbliche Insektenlarven. Kennen die Vögel das Haltbarkeitsdatum ihrer Nahrungsmittel?

Als Versteck bieten die Forscher den Vögeln mit Sand gefüllte Eiswürfelbehälter an. Eifrig verscharren die Häher ihre Schätze: Wachsmotten und Erdnussstückchen. Wachsmotten sind die Lieblingsspeise der Vögel. Sie haben nur einen Nachteil, sie verderben relativ rasch. Die wesentlich unbeliebteren Erdnüsse dagegen halten beinahe ewig. Ist die Arbeit getan, nehmen die Wissenschaftler die Eiswürfelbehälter wieder aus dem Gehege.

Zu unterschiedlichen Zeiten geben sie den Vögeln ihre Vorräte zurück. Dürfen die Häher am nächsten Tag nach dem Futter suchen, graben sie ausschließlich die heiß geliebten Insektenlarven aus. Sind bereits einige Tage verstrichen, würdigen sie die Verstecke, in denen das mittlerweile verdorbene Fleisch liegt, keines Blickes. Die Häher bergen dann ausschließlich die haltbaren Erdnüsse. Lange suchen müssen sie in keinem Fall – ganz egal, wie viel Zeit vergangen ist: Die Vögel wissen noch genau, wo ihre Vorräte liegen. Auch im Fach Lebensmittelkunde bekommen sie eine Eins – eine wichtige Fähigkeit für das Überleben in freier Natur, denn sonst würde den Vögeln ein großer Teil ihrer Reserven verderben. Doch jeder Häher weiß ganz genau, welches Futter er wann an welcher Stelle versteckt hat. Er hat das, was Psychologen ein »episodisches Gedächtnis«[80] nennen – dazu gehört eine Vorstellung davon, was Zeit bedeutet. Der Vogel kennt Vergangenheit, Gegenwart und Zukunft.

Klein, aber oho: das »Spatzenhirn«

All das schaffen Vögel mit einem Gehirn, das sich – je nach Art – in der Größenordnung zwischen Erbse und Walnuss bewegt. Zudem findet sich im Denkorgan der Vögel nichts, was an die gefaltete Struktur unserer Großhirnrinde erinnert. »Offenbar ist die Faltung, auf die wir alle so stolz sind, nicht so wichtig«, sagt dazu Onur Güntürkün, Professor für Biopsychologie an der Ruhr-Universität Bochum. Die andersartige Gestalt hat dazu geführt, dass die Vögel jahrzehntelang unterschätzt wurden. Begonnen hat das bereits vor über 100 Jahren. Der Deutsche Ludwig Edinger war damals ein weltweit führender Neuroanatom. Er hat unzählige Gehirne von unterschiedlichsten Spezies analysiert und schließlich eine Evolutionstheorie des Wirbeltiergehirns entworfen. Edinger glaubte daran, dass sich die Wirbeltiere kontinuierlich höher entwickelt haben – von den primitiven Fischen über Amphibien, Reptilien und Vögel zu den am weitesten entwickelten Säugern.

Jede neue Klasse – so die Idee von Edinger – bekam ein neues und modernes Hirnstück dazu. »Man muss sich das vorstellen wie die Schalen einer Zwiebel«, erklärt Güntürkün. »Primitive Wirbeltierklassen haben nur die frühen und primitiven Hirnstrukturen.« Erst die Säugetiere konnten nach dieser Theorie einen Hirnmantel haben, das sogenannte Pallium. Die entsprechenden Strukturen im Gehirn der Vögel interpretierte Edinger deshalb als Basalganglien und taufte sie auf den Namen Striatum. Basalganglien sind in Edingers System die letzte Stufe vor dem Pallium, Hirnteile, die vor allem für unbewusst ablaufende Prozesse zuständig sind. Je mehr die Wissenschaftler aber über die erstaunlichen Leistungen von Raben, Papageien und anderen Vögeln erfuhren, umso zweifelhafter wurde das Konzept. All das sollten die Vögel mit den relativ primitiven Basalganglien bewerkstelligen? »Unmöglich«, urteilt Onur Güntürkün. Jetzt könnte man ja glauben, Namen seien nichts als Schall und Rauch, doch bei Vergleichen zwischen Vögeln und Säugern führten die falschen Bezeichnungen immer wieder zu Verwirrung.

Neue Namen für ein altes Hirn

Onur Güntürkün war mit dieser Überzeugung nicht allein, und so trafen sich 2002 an der amerikanischen Duke-Universität 29 Hirnforscher, um das sprichwörtliche Spatzenhirn von seinem schlechten Ruf zu befreien. Vier Tage und vier Nächte brüteten und diskutierten die Forscher über alten Büchern, Bildern und unzähligen Präparaten von Vogel- und Säugergehirnen. Schritt für Schritt tauften die Forscher das

Vogelhirn um. Was früher auf die Endung »Striatum« hörte, bekam jetzt den Namen »Pallium«[81]. »Unsere Vorschläge wurden sofort akzeptiert«, freut sich Güntürkün.

Tatsächlich gibt es enorme Parallelen zwischen dem Großhirn der Säuger und Teilen des Vogelhirns. Und auch bei den Vögeln gilt: Je schlauer eine Spezies, umso größer ist ihr Gehirn im Vergleich zum Körpergewicht. »Intelligenz lässt sich manchmal ganz schlicht mit einer Waage messen«, sagt Onur Güntürkün. Bei Raben und Papageien, den Intelligenzbestien unter den Vögeln, ist das Gehirn überproportional gewachsen – genau wie bei Menschen und Menschenaffen. Im Verhältnis zu ihrer Körpergröße haben Raben kein kleineres Gehirn als Schimpansen.

Insofern ist es eigentlich nicht erstaunlich, dass Raben all das können, was Schimpansen auch beherrschen. Verwunderlich ist eher, dass wir ihre Leistungen so lange unterschätzt haben. »Vögel sind fast 100 Millionen Jahre später entstanden als Säugetiere«, sagt Güntürkün und grinst dabei: »Wir vergessen immer, dass Vögel die eigentlich modernen Viecher unter den Wirbeltieren sind.«

Neukaledonische Krähen – ein Volk von Werkzeugmachern

Die Pilgerstätte der Kognitionsforscher liegt derzeit auf einer gebirgigen Insel östlich von Australien. Hier leben keine besonderen Affen, sondern Rabenvögel, und zwar eine Art, die es nirgendwo anders gibt: die Neukaledonische Krähe. Lange Zeit waren die Vögel nur wenigen Ornithologen bekannt. Mittlerweile kennen Verhaltensforscher in aller Welt diese Vögel. Zu verdanken haben die Krähen das Betty. Sie hat die ganze Art berühmt gemacht. Dabei lebt Betty schon lange nicht mehr in ihrer neukaledonischen Heimat, sondern im renommierten Cambridge. Dort überraschte sie ihren Besitzer, den Zoologen und Verhaltensforscher Alex Weir, immer wieder durch ihren unglaublichen Erfindungsreichtum. Eines Tages konfrontierte Weir Betty mit einer komplizierten Aufgabe: Er versenkte einen kleinen Eimer mit Mehlwürmern in einer Röhre – unerreichbar für die Krähe. Doch an dem Eimer befand sich ein Henkel, und dazu legte Weir einen geraden Draht. Betty nahm das Problem in Augenschein und ging dann ohne zu zögern ans Werk: Sie klemmte das eine Drahtende unter ihrem Fuß fest und bog dann mit dem Schnabel das andere Ende zu einem Haken. Schon hatte sie, was sie brauchte. Mit dem Haken zog sie den Eimer an seinem Henkel aus der Röhre. Betty hatte mal eben ein Werkzeug hergestellt. Eine Sensation!

Die Schimpansenforscherin Jane Goodall hat bereits in den 60er Jahren beschrieben, dass Tiere Werkzeuge benutzen. Dass sie jedoch selbst welche herstellen, kommt äußerst selten vor. Und noch nie ist ein Vogel spontan und in einem Versuchslabor unter die Werkzeugmacher gegangen. Alex Weir veröffentlichte seine Untersuchung in dem renommierten Wissenschaftsmagazin *Science*[82], und weltweit berichteten Zeitungen und Fernsehsender über die kluge Betty.

Seitdem reisen Kognitionsforscher aus aller Welt nach Neukaledonien – in das Land der klugen Krähen. Die Ornithologen Gavin Hunt und Russell Gray von der Universität von Auckland wundern sich über den plötzlichen Boom. Sie selber erforschen bereits seit Jahren Bettys wilde Verwandten und wissen daher: Der Vogel an der Cambridge-Universität ist keine Ausnahme. Die Neukaledonischen Krähen sind auch im täglichen Leben ein Volk von Werkzeugmachern. Die Vögel essen quasi mit Messer und Gabel. Am liebsten mögen sie Insekten – dicke Raupen und Maden zum Beispiel. Doch häufig versteckt sich die Beute in Astlöchern oder unter der Rinde von Bäumen. Kein Problem für die Krähen, denn in den Wäldern Neukaledoniens ist die Schraubenpalme weit verbreitet. Die sogenannte Pandanus hat lange, gezackte Blätter, und daraus lassen sich hervorragende Angelwerkzeuge herstellen. Die Krähen haben unterschiedliche Techniken entwickelt. Entweder stochern sie vorsichtig mit dem dünnen Blattstiel in dem Astloch herum. Wenn sie das geschickt anstellen, beißt die Made an, und die Krähe kann den Leckerbissen herausziehen. Die Vögel können aber auch Insekten erbeuten, die nicht anbeißen. Dazu stellen sie Blattstreifen mit Widerhaken her. Ein komplizierter Prozess, denn das Blatt muss sich nach vorne verjüngen, damit es in die kleinen Astlöcher passt. Es darf aber auch nicht zu dünn sein, sonst bricht es beim Stochern ab. Die Krähen schneiden sich ihr Werkzeug so zurecht, wie sie es brauchen.

Rechtshänder und Linksfüßer

Auf der ganzen Insel haben Russel Gray und Gavin Hunt die Überreste der Insektenangeln eingesammelt. Über 5000 Blattreste von 21 Sammelplätzen haben sie vermessen und analysiert. Das Ergebnis: Es haben sich lokale Traditionen herausgebildet. In zwei Regionen ist die technische Evolution noch nicht so weit fortgeschritten. In anderen Gegenden dagegen schneiden sich die Krähen in mehren Stufen komplizierte Stocherwerkzeuge zurecht. Die Forscher gehen davon aus, dass sich die Jungvögel die Technik von ihren Eltern abgucken. Und offenbar bevorzugen die Vögel dabei, wie wir Menschen, eine bestimmte »Hand« beziehungsweise eine bestimmte Seite. Sie sind Rechtshänder – genauer gesagt Rechtsfüßer – wie die meisten Menschen. Die Vögel reißen ihr Stocherwerkzeug vom linken Blattrand ab. Sie benutzten dafür die rechte Seite ihres Schnabels und kontrollierten den Prozess mit dem rechten Auge. »In der Struktur der Pflanze gibt es keine Erklärung für diese Präferenz«[83], sagt Gavin Hunt.

Beim Menschen spiegelt sich die Händigkeit auch im Gehirn wider. Die linke Hemisphäre kontrolliert die rechte Hand und ist deshalb bei Rechtshändern in den entsprechenden Bereichen stärker entwickelt. Die Forscher wollen jetzt untersuchen, ob auch das Gehirn der Krähen asymmetrisch aufgebaut ist. Sollte das der Fall sein, wären die Neukaledonischen Krähen die ersten Tiere, bei denen eine solche Spezialisierung des Gehirns nachgewiesen werden konnte.

Schimpansen nämlich benutzen ihre Werkzeuge mal rechts und mal links. Eine klare Präferenz gibt es bei ihnen nicht. Professor Güntürkün hat sich ausführlich mit der Händig- und Füßigkeit von verschiedenen Spezies beschäftigt. Er vermutet, dass eine relativ einfache Erklärung dahintersteckt: Die meisten Tätigkeiten sind nicht sehr anspruchsvoll – greifen, halten, oder sich gegenseitig das Fell kraulen zum Beispiel. Folglich muss sich das Gehirn auch nicht spezialisieren. Je stärker Mensch oder Tier aber unter die Feinmechaniker gehen, umso eher lohnt es sich, bestimmte Aufgaben einer speziellen Hirnhälfte zuzuweisen. Bei den Krähen ist das offenbar der Fall, und auch Schimpansen, die in Gefangenschaft komplizierte Übungen mit ihren Händen lösen müssen, tun das meist mit der rechten Hand.

Sobald Hansi oder Peterle in den Spiegel schauen, attackieren sie wütend den vermeintlichen Rivalen. Auch nach Jahren merken Wellensittiche nicht, dass es ihr eigenes Spiegelbild ist, auf das sie so wütend einhacken. Die Vögel sind keine Ausnahme – viele Tiere reagieren so. Selbst Rhesusaffen und andere Primaten rebellieren gegen einen gläsernen Konkurrenten. Nur Menschenaffen erkennen sich selbst im Spiegel. Sie wissen: Der, der da so komisch guckt, das bin ich. Menschenaffen haben zumindest Ansätze von Selbsterkenntnis und Selbstbewusstsein.

Herausgefunden hat das der amerikanische Psychologe Gordon Gallup bereits in den 70er Jahren. Der geniale Einfall mit weitreichenden Folgen soll ihm morgens beim Rasieren gekommen sein. Wie würden wohl andere Spezies auf ihren eigenen Anblick reagieren, fragte sich Gallup beim Blick in den Spiegel. Bei der Idee blieb es nicht: Der junge Psychologe markierte narkotisierte Schimpansen an Körperstellen, die sie selbst nicht sehen können. Zum Beispiel malte er den Tieren mit geruchloser Farbe einen roten Punkt auf die Stirn. Als die Schimpansen wieder zu Bewusstsein kamen, beobachtete Gallup das Verhalten der Tiere – und zwar mit und ohne Spiegel. Der Unterschied war nicht zu übersehen: Vor dem Spiegel inspizierten die Tiere intensiv den roten Fleck. Immer wieder fassten sie sich gezielt an die Stirn. Wenn kein Spiegel im Gehege war, taten sie nichts dergleichen. Sie berührten ihre Stirn – und damit den Punkt – nicht häufiger als irgendeine andere Körperstelle. Beim Blick in den Spiegel wussten sie offenbar: Das bin ich, und auf meiner Stirn ist ein Fleck, der da nicht hingehört.

Aber sind Schimpansen, Gorilla & Co. wirklich die einzigen Tiere mit Selbstbewusstsein? Wie sieht es mit den üblichen Verdächtigen bei den Vögeln aus? Außer dem Spiegeltest gibt es kaum etwas, was Raben nicht können. Sie haben ein komplexes Sozialverhalten und erkennen ihre Artgenossen individuell. Sie können lügen, und sie haben eine Idee von Vergangenheit, Gegenwart und Zukunft. Vögel benutzen Werkzeuge und stellen selbst welche her. Aber haben sie auch Selbstbewusstsein?

Die schlaue Elster

Die Arbeitsgruppe von Onur Güntürkün an der Ruhr-Universität Bochum wollte herausfinden, ob sich Rabenvögel auch in diesem Punkt von ihrer gefiederten Verwandtschaft unterscheiden. Für ihren Versuch wählten sie Elstern aus – ebenfalls Mitglieder aus der Familie der Rabenvögel. Anders als die in Deutschland äußerst seltenen Kolkraben sind Elstern echte Kulturfolger. Wo es Menschen gibt, leben auch Elstern. Seit einigen Jahrzehnten erobern sie die Innenstädte. Der Tisch ist dort immer reich gedeckt. In gemähten Gärten und Grünanlagen sind Insekten und Würmer leicht zu erbeuten, an Straßen hält die Elster nach überfahrenen Tieren Ausschau. Außerdem liebt sie Eier und räubert die Nester von Amsel, Spatz oder Fink aus. Geschickt führt sie andere Singvögel hinters Licht. Hochflexibel passen sich die schwarz-weißen Vögel an die unterschiedlichsten Umgebungen an. All das geht nur mit einem schlauen Kopf. Nach genau so einem Versuchstier haben die Wissenschaftler Ausschau gehalten. Und die Elstern haben noch einen Vorteil: Allein auf dem Gelände der Bochumer Universität brüten zahlreiche Paare. Mit behördlicher Genehmigung nahmen die Forscher aus zwei Nestern insgesamt acht kleine Elstern. Von jetzt an waren sie »Vogeleltern«, und zwar rund um die Uhr. Wochenlang hieß es füttern und forschen im Schichtdienst. Jeder Entwicklungsschritt wurde genau beobachtet und dokumentiert.

Und irgendwann – die Elstern waren längst flügge – stellten sie ihnen die Gretchenfrage: Weißt du, wer du bist? Zunächst wollten die Forscher wissen, wie sich die Tiere überhaupt vor dem Spiegel verhalten. Würden sie ihr Spiegelbild attackieren? Würden sie es ignorieren? Oder würden sie sich ausgiebig im Spiegel betrachten? Tatsächlich reagierten die Elstern äußerst neugierig und interessiert. Sie liefen vor dem Spiegel auf und ab und inspizierten das merkwürdige Ding genau. Schließlich nahmen sie verschiedene Gegenstände in den Schnabel und betrachteten sich damit im Spiegel. Einerseits schienen die Elstern zu wissen, wer sie da aus dem Spiegel heraus anguckte. »Andererseits präsentieren Vögel auch im sozialen Kontext häufig Federn und Zweige.«[84] Die Forscher blieben unsicher. Weitere Tests sollten Klarheit bringen.

Zunächst stellten die Wissenschaftler hinter dem Spiegel eine Schachtel auf – und zwar so, dass die Vögel den Inhalt nur im Spiegel erkennen konnten. Offenbar hatten die Elstern begriffen, wie ein Spiegel funktioniert. Nur wenn in der Schachtel attraktive Gegenstände zu sehen waren – Futter zum Beispiel oder ein glänzender Ring –, drehten sie sich um und liefen ohne zu suchen auf die Schachtel zu. War das nicht der Fall, ließ die Elster Schachtel Schachtel sein und betrachtete sich lieber weiter im Spiegel.

Den letzten Beweis sollte der Markierungstest liefern. Die Forscher malten den Vögeln einen farbigen Fleck auf die Kehle. Der Punkt saß direkt unter dem Schnabel, an einer Stelle, die Vögel mit bloßem Auge nicht erkennen können.

Die handaufgezogenen Tiere waren an Menschen gewöhnt und brauchten für diese Prozedur nicht extra betäubt zu werden. Jedes Tier musste zwei Versuche über sich ergehen lassen. Einmal malten die Forscher dem Vogel einen roten Punkt auf die Kehle, zur Kontrolle wählten sie beim nächsten Mal schwarze Farbe, denn die ist auf dem ebenfalls schwarzen Federkleid der Vögel unsichtbar.

Die so geschminkten Vögel setzten sie in den Versuchskäfig und protokollierten genau, was geschah. Das Ergebnis war eindeutig: Die Tiere mit der schwarzen Markierung taten das, was Elstern so tun. Sie schauten in den Spiegel, pickten mal hier und mal dort, zeigten aber keinerlei auffälliges Verhalten. Wenn die Elstern mit dem roten Fleck vor dem Spiegel standen, haben sie sofort versucht, sich an der Stelle zu kratzen und zu putzen. »Der Fleck muss doch abgehen«, schienen sie zu denken. Einige Elstern entwickelten echte akrobatische Fähigkeiten, denn die Kehle ist weder für den Schnabel noch für den Fuß leicht zu erreichen.

Jeder »normale« Beobachter wäre mit dem Ergebnis zufrieden gewesen. Wissenschaftler jedoch sind von Natur aus skeptisch. Könnte es nicht sein, dass sich Elstern immer putzen, wenn sie einem Vogel mit rotem Kehlfleck gegenüberstehen? »Putzen kann bei Vögeln auch Folge erhöhter Erregung sein«[85], erklärt der Biopsychologe. Also noch ein Kontrollversuch: Dieses Mal stellten die Forscher statt des Spiegels eine durchsichtige Glasscheibe in den Käfig. Dahinter zeigten sie dem Versuchstier verschiedene Elstern mit und ohne rotem Kehlfleck. Interessante Spiele für die neugierigen Vögel! Mit ihrem eigenen roten Fleck auf der Kehle beschäftigten sie sich jedoch nur dann, wenn sie vor einem Spiegel standen. Heißt das nun, dass Elstern eine Vorstellung von sich selbst haben? Verfügen sie über Selbsterkenntnis und übertreffen darin sogar viele Affen? Onur Güntürkün drückt es vorsichtiger aus: »Elstern reagieren vor dem Spiegel ähnlich wie Schimpansen und Orang-Utans. Und bei diesen Menschenaffen wurde das als Hinweis auf Selbsterkennen interpretiert.«

11

Von Schimpanse, Orang-Utan & Co.: Wie schlau sind Menschenaffen?

Affenkulturen zwischen Leipzig und Afrika

Wenn Christophe Boesch durch das hochmoderne Max-Planck-Institut für Evolutionäre Anthropologie in Leipzig läuft, wirkt es immer ein bisschen so, als sei er gerade zu Besuch in einer fremden Welt. Dabei ist der Professor mit dem graubraunen Lockenkopf einer der fünf Direktoren des Instituts. Doch Christophe Boesch hat noch einen zweiten Arbeitsplatz, und der liegt mitten im afrikanischen Regenwald.

Seit 1979 erforscht der Biologe wilde Schimpansen im Tai-Nationalpark an der westafrikanischen Elfenbeinküste. Über zwölf Jahre hat der Forscher mit den Tieren im Urwald gelebt – begleitet von seiner Frau Hedwige Boesch-Achermann. Seitdem ist er überzeugt, dass Schimpansen über mehr Köpfchen verfügen, als wir ihnen oft zutrauen. »Nur in ihrer natürlichen Umgebung zeigen die Tiere, was sie wirklich können«, sagt Christophe Boesch und eckt damit bei seinen Leipziger Kollegen manchmal an.

Ein Teil der EVA-Forscher, so das Institutskürzel, arbeitet nämlich nicht mit wilden Schimpansen, sondern studiert die Menschenaffen im sogenannten Pongoland des Leipziger Zoos. Zwei sehr unterschiedliche Ansätze, die immer wieder für produktiven Sprengstoff sorgen. Tatsächlich sind die meisten der erstaunlichen Fähigkeiten der Menschenaffen zuerst im Regenwald entdeckt worden. Wie der Gebrauch von Werkzeugen, ein Spezialgebiet von Christophe Boesch. Jahrhundertelang gingen Biologen und Anthropologen davon aus, dass nur der Mensch Werkzeuge nutzt. Doch dann kam Jane Goodall. 1960 ging die junge Britin nach Afrika, um wilde Schimpansen zu beobachten. Eines Tages beobachtete sie, wie der Schimpanse, den sie David Greybeard getauft hatte, von einem Busch einen Ast abbrach. Sorgfältig entfernte er die Blätter und steckte seine »Angel« dann in den engen Eingang eines Termitenhügels. Als er sie wieder herauszog, hatten sich zahlreiche Ameisen darin verbissen. Genüsslich streifte sich der Schimpanse die Insekten in den Mund. Eine sensationelle Entdeckung! David Greybeard hatte nicht nur ein Werkzeug benutzt, er hatte selbst eines hergestellt. Eine Beobachtung, die Goodall sofort ihrem Mentor Louis Leakey telegrafierte. Seine Antwort kam prompt: »Entweder müssen wir Werkzeug neu definieren, den Menschen neu definieren oder die Schimpansen zu den Menschen zählen.«[86]

Nussknacker im Tai-Wald

Jane Goodall hat Pionierarbeit geleistet, genauso wie ihre Kollegin Dian Fossey, die sich den Gorillas widmete und 1985 auf tragische Weise ermordet wurde. Bei beiden hat Christophe Boesch gelernt. Bereits 1973 verbrachte er als Biologiestudent fünf Monate in der Forschungsstation von Dian Fossey in Ruanda. Er studierte Berggorillas und lernte, ihre Spuren zu lesen. Zurück in seiner Schweizer Heimat, ließen ihn merkwürdige Meldungen über die Schimpansen im westafrikanischen Tai-Nationalpark nicht mehr los. Die Tiere sollten in der Lage sein, mit Hammer und Amboss Nüsse zu knacken. Die wissenschaftliche Welt blieb skeptisch – niemand wusste, ob an den Geschichten tatsächlich etwas dran ist. Christophe Boesch wollte es herausfinden.

Gemeinsam mit seiner Frau Hedwige reiste er 1976 in den Tai-Nationalpark. Während der ersten Wochen und Monate bekamen die Boeschs nicht einen einzigen Schimpansen zu Gesicht. Sie konnten die Tiere hören und fanden ihre Spuren – doch die Menschenaffen selbst waren immer ein bisschen schneller. »Im Schnitt dauert es fünf Jahre, bis sich wilde Schimpansen an die Anwesenheit von Menschen gewöhnen«, erzählt Boesch. Manchmal sogar noch wesentlich länger – vor allem wenn in dem Gebiet gejagt wird, sind die Tiere äußerst ängstlich und vorsichtig. An der Geschichte vom Nussknacker war jedoch offensichtlich etwas dran, denn immer wieder fanden die Forscher leere Nussschalen sowie Stöcke und Steine, die höchstwahrscheinlich als Werkzeug gedient hatten. Manchmal waren sie den Tieren so nah, dass sie die Klopfgeräusche hören konnten – gesehen haben sie die Schimpansen trotzdem nicht.

Die Boeschs gaben nicht auf, und irgendwann war es dann so weit: Die wilden Schimpansen hatten sich an die Anwesenheit der merkwürdigen Zweibeiner gewöhnt. Christophe Boesch konnte den Tieren folgen und beobachtete, was noch kein Forscher vor ihm gesehen hatte. Zum Beispiel die Schimpansin Héra und ihren Sohn Haschisch: »Sie saßen zusammen unter einem Baum, und jeder hat mit einem Stein Nüsse aufgeschlagen – sechs Stunden lang.«[87] Handwerker bei der Arbeit – bis heute ist Boesch fasziniert von der ungeheuren Ausdauer und Präzision der Tiere.

Der Schimpanse – ein Kulturwesen?

Die Menschenaffen im Tai-Nationalpark haben offenbar eine ganz eigene Tradition entwickelt, die von Generation zu Generation weitergegeben wird. »Eine Kultur«, wie Christophe Boesch sagt. Ein Begriff, der noch längst nicht von allen Forschern akzeptiert ist. Die Grundvoraussetzungen erfüllen die Schimpansen. Kultur ist danach die nichtgenetische Weitergabe von Informationen – sozusagen eine geistige Vererbung. Etwas, das nur bei sehr wenigen Spezies existiert. Bei den meisten Arten geraten Erfindungen in Vergessenheit, sobald der ursprüngliche Entdecker stirbt. Es gibt keine lokal unterschiedlichen Bräuche und Sitten. Der Mensch dagegen hat sich zu einem wahren Kulturwesen entwickelt. Die kulturelle Evolution überholt die biologische. Wo stehen unsere tierischen Vettern in dieser Entwicklung? Wie entwickeln sich bei ihnen Traditionen?

Wer solche Fragen untersuchen will, hat mit den Nussknackern im Tai-Nationalpark ein hervorragendes Studienobjekt gefunden. Bei ihrer Arbeit gehen die Tiere äußerst systematisch vor. Als Amboss benutzen sie entweder einen flachen Stein oder eine breite Wurzel, am liebsten ein Wurzelsystem mit einer kleinen Mulde. Auf einen praktikablen Arbeitsplatz greifen die Schimpansen viele Jahre zurück. In die Mulde plazieren sie die Nüsse. Den Hammer schleppen sie zum Teil aus einer Entfernung von mehreren 100 Metern heran. Für die harten Pandanüsse eignet sich ein Gerät aus Stein am besten, die weicheren Kolanüsse lassen sich auch mit einem Holzhammer knacken. Haben sie alle Instrumente zusammen, sind Ausdauer, Kraft und Geschick gefragt. »Wie lernen kleine Schimpansen eine so komplizierte Technik?« Das hat sich Christophe Boesch bereits bei seinen ersten Beobachtungen vor über 20 Jahren gefragt. Heute widmet sich eine seiner Doktorandinnen genau diesem Problem. »Die Mütter spielen die entscheidende Rolle«, so viel hat Yasmin Möbius bereits herausgefunden. »Die Kinder sind immer in ihrer Nähe und beobachten genau, was Mama macht.«

Die Schule im Dschungel

Monatelang ist die Biologin den Schimpansen im Regenwald gefolgt. Mehrere Gruppen haben sich mittlerweile an Menschen gewöhnt. Die Arbeit mit den sogenannten habituierten Gruppen macht den Forschern das Leben wesentlich leichter. Doch Christophe Boesch achtet darauf, dass strenge Regeln eingehalten werden. Die Tiere sollen so wenig wie möglich gestört werden. »Wir sind bei ihnen nur zu Gast.« In der Praxis bedeutet das: Die Wissenschaftler folgen den Tieren wie ein Schatten, aber sie nehmen keinen Kontakt zu ihnen auf. Zu enge Beziehungen könnten die Ergebnisse verfälschen. Und es gibt noch einen Grund für die Zurückhaltung. »Die Tiere sollen nicht merken, dass wir schwächer sind als sie«, erklärt Möbius. »Manchmal glaube ich, dass sie uns für stärker halten, weil wir größer sind als sie.«

Der Tag in der Forschungsstation beginnt um fünf Uhr morgens, manchmal früher. Von ihrem Camp aus laufen die Wissenschaftler zunächst zum Nachtlager der Schimpansen. Gegen halb sieben wachen die Tiere auf und verlassen ihre Schlafnester hoch oben in den Bäumen. Wenn die Biologen dann nicht rechtzeitig zur Stelle sind, finden sie die Tiere später im Wald nicht wieder. Jeden Morgen heftet sich Yasmin Möbius einem ganz bestimmten Mutter-Kind-Paar an die Fersen und beobachtet, was den Tag über geschieht. Außer den technischen Hilfsmitteln hat sich seit den Zeiten von Jane Goodall und Dian Fossey nicht viel geändert. Statt Papier und Bleistift nutzen die Forscher heute kleine Handcomputer. Die Videokamera ersetzt Zeichenbrett und Fotoapparat.

Später im Lager oder zu Hause in Leipzig analysiert die Forscherin ihre Aufnahmen Bild für Bild. Auf dem Monitor erscheinen die Schimpansin Venus und ihre Tochter Volta beim Ameisendippen. Geschickt steckt Venus ihr Werkzeug in das Ameisennest und leckt die Angel dann sofort ab. »Treiberameisen können schmerzhaft zubeißen«, erklärt Möbius. Die Schimpansen bleiben deshalb möglichst weit vom Nest weg und fassen die Ameisen nicht an. Volta ist noch zu klein, um selber zu angeln, aber sie beobachtet aufmerksam, was ihre Mutter tut. Bald wird auch sie anfangen zu üben. Yasmin Möbius spult das Band ein Stück vor, und man sieht einen kleinen Schimpansenjungen, der sich mit einem gewaltigen Stein abplagt. »Der Stein wiegt bestimmt drei bis vier Kilo«, sagt die Biologin, »das ist viel zu schwer für ihn.« Neben dem Kind knackt seine Mutter routiniert Pandanüsse, eine besonders harte Nussart. Der Kleine ist erfinderisch: Wenn er den Stein nicht auf die Nuss heben kann, dann könnte er ja vielleicht die Nuss unter den Stein schieben. Aber auch das haut nicht wirklich hin. »Jetzt wirft er alles durcheinander«, kommentiert Möbius, »er haut die Nuss auf den Stein und beißt zwischendurch immer wieder in die Schale.« Die jedoch ist noch immer genauso unbezwingbar wie zu Anfang. Frustriert bedient sich der Kleine schließlich bei seiner Mutter. Bereitwillig teilt sie ihre Nüsse mit ihm. Schimpansenmütter sind äußerst tolerant zu ihren Kindern. »Das motiviert die Jungen durchzuhalten«, glaubt Christophe Boesch. Auch bei den älteren Geschwistern dürfen die Kleinen ab und zu naschen. »Tolerierten Diebstahl« nennen das die Forscher.

Hauptsächlich lernen die Schimpansen durchs Zugucken, doch zwei Mal konnte Christophe Boesch schon beobachten, dass eine Schimpansin ihr Kind regelrecht unterrichtete: Salomé knackte Nüsse, ihr Sohn Sartre versuchte erfolglos, es ihr gleichzutun. Irgendwann schnappte sich der Kleine eine bereits angebrochene Nuss, plazierte sie jedoch sehr ungeschickt auf dem Amboss. Daraufhin »nahm Salomé das Stück Nuss in die Hand, wischte den Amboss ab und legte das Stück sorgfältig und in der richtigen Position darauf«[88]. Mit dieser Unterstützung gelang es Sartre, die Nuss zu öffnen, und er verspeiste den Kern. Eine Sensation, denn aktiver Unterricht ist im Tierreich eine absolute Rarität. Viele Forscher bezweifeln sogar, dass es so etwas überhaupt gibt. Tiere lernen, sie lehren nicht.

Schimpansen aber offenbar schon, denn bei einer anderen Gelegenheit konnte Boesch eine Schulstunde im Dschungel beobachten. Die kleine Nina hantierte mit einem ungleichmäßig geformten Hammer herum. Sie drehte das Werkzeug hin und her, wechselte immer wieder die Stellung und war offensichtlich frustriert. Nach einigen Minuten kam ihre Mutter Ricci zu Hilfe. Ricci nahm den Hammer und drehte ihn auffällig langsam in die beste Stellung. Sie knackte ein paar Nüsse und gab den Hammer dann zurück. Jetzt hielt Nina das Werkzeug genau so, wie ihre Mutter es vorgemacht hatte, und tatsächlich sprang die harte Nussschale mit den nächsten Schlägen auf. Für Christophe Boesch war das ein besonders eindrucksvolles Beispiel: »Als die Mutter sah, was ihre Tochter für Schwierigkeiten hatte, korrigierte sie einen Fehler in Ninas Verhalten auf höchst auffällige Weise, und dann zeigte sie, wie man die Sache richtig anpackt.«[89] Christophe Boesch ist der erste Forscher, der aktiven Unterricht bei einem Tier beobachtet hat. Auch wenn solche Beobachtungen eine Seltenheit bleiben – die Kluft zwischen Mensch und Tier schrumpft immer weiter.

Bis aus den Lehrlingen im Nüsseknacken echte Meister werden, vergeht viel Zeit. Im Alter von zwei bis drei Jahren unternehmen die Schimpansen ihre ersten Versuche in der Nusswerkstatt. Zu Anfang machen sie dabei jede Menge Fehler – genau wie kleine Kinder, die lernen, mit Messer und Gabel zu essen. Oft dauert es ein Jahr, bis sie das erste Mal Erfolg haben. »Die Ausdauer der Schimpansen ist wirklich bewundernswert«, sagt Yasmin Möbius, »manchmal hauen kleine Kinder 50 Mal auf dieselbe Nuss, obwohl nichts passiert.« Die Mühe zahlt sich aus: Das Nüsseknacken bringt den Schimpansen bis zu 3500 Kilokalorien pro Tag. »Es ist viel Arbeit, aber auch viel Gewinn«, sagt Christophe Boesch. Umso erstaunlicher, dass nur die Schimpansen im Tai-Nationalpark Nüsse knacken. Der Sassandra-Fluss bildet die Grenze zwischen den Handwerkern im Westen und ihren unkundigen Brüdern und Schwestern. Obwohl östlich des Flusses identische Lebensbedingungen herrschen, wurden dort nie Nussschalen oder Werkstätten gefunden. Der Fluss ist offenbar eine Kulturscheide. Irgendwann jedoch könnte auch im Osten ein Affe auf die Idee kommen, harte Nussschalen mit Steinwerkzeugen zu bearbeiten. »Höchstwahrscheinlich wird es eine Entdeckerin sein«, vermutet Christophe Boesch, denn zumindest im Tai-Nationalpark sind Frauen die geschickteren Handwerker.

Im Tai-Nationalpark hat sich das Handwerk des Nüsseknackens höchstwahrscheinlich bereits vor über 100 Jahren entwickelt. Um mehr über die Entstehung herauszufinden, haben Forscher erstmals mit archäologischen Methoden die Geschichte einer nichtmenschlichen Spezies untersucht. Gemeinsam mit seiner Kollegin Melissa Panger und dem US-amerikanischen Archäologen Julio Mercader konnte Christophe Boesch vor einigen Jahren eine 100 Jahre alte Nussknackerwerkstatt der Schimpansen ausgraben. Ihre Steinhämmer hinterlassen Spuren, denn regelmäßig splittern beim Schlagen unterschiedlich große Stücke ab. Insgesamt fanden die Wissenschaftler 479 Steinstücke, einige davon steckten bis zu 21 Zentimeter tief im Boden.

Besonders interessant war die Ausgrabungsstätte »Panda 100« in der Nähe eines riesigen, längst abgestorbenen Pandanussbaumes. Offenbar haben die Schimpansen seine Wurzeln jahrzehntelang als Werkstatt benutzt. Das Team aus Archäologen und Biologen konnte unter dem Baum mehr als vier Kilogramm Steinstücke und beinahe 40 Kilogramm Nussschalen ausgraben. Äußerst fasziniert waren die Forscher von Aussehen und Gestalt der Funde: Die Größe der Steine, die Form der Abschlagsplitter und die vielen kleinen Trümmer ähneln den Steinen, die unsere frühen Vorfahren in der Olduvai-Schlucht in Ostafrika hinterlassen haben. Bis zu 2,5 Millionen Jahre sind diese ersten menschlichen Steinwerkzeuge alt. Auch die Zahl der Steine pro Quadratmeter und die Größe der Steinhaufen gleichen einigen Sammlungen aus dieser Epoche. Für Christophe Boesch ist das nur ein weiteres Indiz dafür, wie nah uns die Schimpansen sind und wie viel sie uns über unsere eigene Geschichte erzählen können.

Wissenschaftler haben mittlerweile mehr als 30 verschiedene Verhaltensweisen beschrieben, die das Etikett »kulturell« verdienen. Sie variieren von Gruppe zu Gruppe, werden nicht genetisch weitergegeben und können nicht durch voneinander abweichende Lebensbedingungen erklärt werden. Letzteres trifft zum Beispiel auf die unterschiedlichen Schlafnester der Schimpansen zu. Für sie gibt es eine offensichtliche Erklärung: Dort, wo Leoparden oder Löwen leben, schlagen die Schimpansen ihr Nachtlager auf Bäumen auf. Droht keine Gefahr von Raubkatzen, schlafen sie am Boden. Trotz dieser Einschränkungen sind die kulturellen Differenzen zwischen den Schimpansengruppen so groß, dass Experten die Tiere eindeutig zuordnen können. In etwa so, wie es auch bei uns Menschen möglich ist: Wer mit Stäbchen isst, kommt aus Asien, und wenn wir auf Männer in bunten Röcken treffen, haben wir es höchstwahrscheinlich mit Schotten zu tun.

Durch dieselbe Kulturbrille betrachten Primatenforscher die Schimpansen: Wenn ein Schimpanse mit einem langen Zweig Termiten angelt und sich die Insekten anschließend mit der Hand in den Mund schiebt, kommt er aus Gombe in Tansania. Lutschen die Schimpansen dagegen ihre Ameisenangel ab wie ein Eis am Stil, dann stammen sie aus Westafrika. »Man kann heute nicht mehr von den Schimpansen sprechen«, sagt Christophe Boesch, »man sollte von Tai-Schimpansen sprechen, von Gombe- oder Mahale-Schimpansen« – ähnlich wie wir von Europäern, Afrikanern oder Asiaten reden.

Aber nicht nur Schimpansen können Traditionen entwickeln. Auf Sumatra entfernen Orang-Utans mit kurzen Stöcken die Stacheln von den energiereichen Früchten des

Neesia-Baumes. Stunden können sie mit dieser Tätigkeit zubringen. Kapuzineraffen graben mit Zweigen nach Nahrung. In Trinidad konnte Kimberly Phillips vom Hiram College in Ohio beobachten, dass die Affen Blätter als Schwämme verwenden. Mit deren Hilfe träufeln sich die Tiere Wasser in den Mund. Inzwischen berühmt geworden sind die Japanmakaken auf der Insel Koshima. Die Affen leben in Gruppen von 20 bis 30 Tieren. Eine dieser Gruppen wird von Primatologen bereits seit über 50 Jahren unter die Lupe genommen. Um die Tiere aus dem Wald zu locken, haben die Forscher angefangen, sie mit Süßkartoffeln zu füttern. Irgendwann begann das Weibchen Imo damit, die Kartoffeln im Wasser zu waschen. Schnell übernahmen ihre Spielgefährten und Nachkommen dieses Ritual. Nur die älteren Männchen stellten sich nicht auf die neue Vorgehensweise um. Alte Männer lernen nicht gerne von jungen Frauen – ein Phänomen, das es bei mehreren Spezies gibt. Mittlerweile waschen fast alle Affen auf Koshima ihre Kartoffeln. Und der Brauch hat sich noch weiterentwickelt, denn eines Tages kam ein Tier auf die Idee, die Kartoffeln nicht mehr im Süß-, sondern im Meerwasser zu waschen. Die Japanmakaken auf Koshima hatten das Salzen erfunden.

»Menschen neigen dazu, die Einzigartigkeit ihrer Kultur zu überschätzen«, sagt einer der wohl bekanntesten Primatologen weltweit. Frans de Waal provoziert seine Artgenossen, denn schließlich bildet sich der Mensch auf seine Kultur eine Menge ein. Und tatsächlich ist die Vielfalt der menschlichen Kultur ohne Vergleich. Sie reicht von Bauwerken wie dem Kölner Dom über Beethovens Neunte bis zu den Verpackungskünsten eines Christo. Einzigartig sei aber nur das Ausmaß unserer Kultur. »Die Frage, ob Tiere eine Kultur haben, ist etwa so, als fragte man, ob Hühner fliegen können«, so de Waal, »verglichen mit einem Albatros oder einem Falken können sie es vielleicht nicht, aber Hühner haben Flügel, sie schlagen mit ihnen, und sie gelangen damit auf Bäume.«[90]

Selbst in die sogenannte Hochkultur, wie die Malerei, dringen Tiere ein. Desmond Morris, Autor des inzwischen zum Klassiker gewordenen Buches *Der nackte Affe,* brachte regelmäßig einen Schimpansen mit in seine Fernsehshow. Congo war berühmt für seine abstrakte Malerei. »Seine Kunst wurde in Komposition und Kühnheit als über dem Niveau eines Kindes liegend eingestuft«[91], schreibt de Waal. Sogar Picasso soll sich einen Congo an die Wand gehängt haben. Noch im vergangenen Jahr wurden in England drei Werke des längst verstorbenen Schimpansen für über 14 000 Pfund versteigert. Wiederholt ist es Kunstkritikern nicht gelungen, äffische Werke von menschlichen zu unterscheiden. Umgekehrt jedoch können selbst Tauben lernen, Kunstwerke von Picasso und Monet zuverlässig auseinanderzuhalten. Und die Leistungen der Tauben gehen noch einen Schritt weiter. Auch Werke unbekannter Maler ordnen sie einer der beiden bekannten Stilrichtungen zu.

Jagdgemeinschaften

Bereits 1960 hat Jane Goodall entdeckt, dass Schimpansen gelegentlich Fleisch fressen und dafür gemeinsam auf die Jagd gehen. Tierisches Eiweiß macht zwar nur zwei Prozent ihres Speiseplans aus, doch es ist bei den Menschenaffen äußerst beliebt. Bereits während ihres ersten Jahres in Gombe konnte Goodall mehrere Jagden beobachten. Häufig entscheiden sich die Schimpansen spontan zur Treibjagd. Die Tiere ziehen durch den Wald, und plötzlich hören sie über sich die Geräusche von anderen Affen, zum Beispiel vom Roten Colobus, ihrer Lieblingsbeute. »Die Jäger tun dann meist so, als hätten sie nichts bemerkt«[92], erzählt Jane Goodall. Nur die steil aufgestellten Haare verraten ihre Erregung. Wie zufällig nähern sich die Schimpansen dem Baum, auf dem ihre Beute herumturnt. Und plötzlich geht es los. Die Schimpansen rennen los, einige klettern auf die Bäume, andere versperren den Colobus-Affen den Rückweg. Die Treiber hetzen die Affen so lange, bis einer der Schimpansen zugreifen kann. Nur selten finden die Gejagten ein Schlupfloch, durch das sie entkommen können.

Ab und zu verabreden sich Schimpansen auch gezielt zur Jagd. Ohne dass irgendwo Beute zu sehen wäre, gibt einer das Zeichen zum Aufbruch. Wie sich die Tiere verständigen, ist bis heute nicht klar. Doch offenbar wissen die anderen genau, worum es geht, und folgen dem Anführer. In hoher Anspannung und möglichst leise zieht die ganze Gruppe durch den Wald. Immer wieder bleiben die Tiere stehen und lauschen. Suchend blicken sie sich um. Haben sie dann andere Affen oder ein Buschschwein erblickt, ist es mit der Ruhe vorbei, und die Hetze beginnt.

Die Arbeitsteilung zwischen Treibern und Fängern ist äußerst effektiv. Bei der Jagd auf Rote Colobus-Affen haben die Schimpansen in 40 Prozent aller Fälle Erfolg. Die Quote bei Buschschweinen liegt sogar bei fast 70 Prozent. Für Jane Goodall ist das ein Zeichen für die »hohe Intelligenz des Schimpansen, seine strategische Planung und Geschicklichkeit«[93]. Im Vergleich dazu gelingt es afrikanischen Löwen nur in 20 Prozent aller Fälle, Beute zu machen.

Nach der Jagd teilen die Tiere ihren Fang – eine große Ausnahme in der Schimpansengesellschaft. Oft betteln die

Treiber mit ausgestreckter Hand um ihren Anteil. Diejenigen, die das Fleisch haben, reißen dann Stücke ab und reichen sie den Waidgenossen. Die Schimpansen wissen dabei ganz genau, wer mitgeholfen hat und wer nicht: Männer, die erst nach getaner Arbeit auftauchen, bekommen wenig oder gar nichts ab. Die Weibchen dagegen erhalten fast immer einen Anteil, auch wenn sie nur zugeschaut haben.

Wie bei alten Jäger- und Sammlervölkern gibt es unter den Menschenaffen eine klare Rollenteilung: Die Männchen gehen zur Jagd, die Weibchen agieren überwiegend als Sammlerinnen. Eine sinnvolle Aufteilung, denn sehr häufig sind Schimpansinnen entweder schwanger oder tragen ein Baby mit sich herum. Eine wilde Hetzjagd durch die Bäume wäre für den Nachwuchs viel zu gefährlich. Ihren Anteil an der Jagdbeute bekommen sie trotzdem. Zusätzlich decken sie ihren Proteinbedarf, indem sie Käfer, Raupen und andere Insekten fressen. Sie angeln häufiger Termiten und knacken Nüsse. Bei den Schimpansen sind deshalb die Frauen die erfolgreicheren Handwerker.

Familientreffen im Pongoland

Im Experimentierraum des Leipziger Zoos sind der ehrwürdige Orang-Mann Bimbo und die Dame Pini mit ihrem Kind durch ein Gitter voneinander getrennt. Die beiden können sich sehen, aber sie können nicht zueinander. Während das Orang-Kind unter der Zimmerdecke herumturnt, beschäftigen sich die beiden Erwachsenen mit merkwürdigen Gegenständen, die in ihrem Käfig liegen. Beiläufig reicht der Orang-Mann ein Plastikförmchen durch das Gitter. Offenbar hat Pini genau darauf gewartet, denn ohne zu zögern bringt sie es der menschlichen Betreuerin und bekommt zur Belohnung ein Stück Obst. Ohne Bimbo hätte der Handel nicht funktioniert. Wird sie im Gegenzug das Futter mit ihm teilen? Nein, wird sie nicht – die Belohnung verschwindet in Pinis Mund. Unter welchen Umständen kooperieren Primaten miteinander? Wie entstehen Konkurrenz und Kooperation? Solche und ähnliche Fragen untersuchen die Forscher des Max-Planck-Instituts für Evolutionäre Anthropologie im Leipziger Zoo.

Jeden Morgen um 8.30 Uhr beginnt der Arbeitstag für die Menschenaffen im sogenannten Pongoland. In großen Freigehegen und der Tropenhalle mit ihren Testräumen leben alle vier großen Menschenaffenarten: Orang-Utan, Gorilla, Schimpanse und Bonobo. Der Ansatz in Leipzig ist weltweit einmalig. Nur hier können die Wissenschaftler die großen Menschenaffen studieren und miteinander vergleichen. Was sind die Spezialitäten jeder einzelnen Art? Und welche Verhaltensweisen teilen alle Hominiden, so dass diese als gemeinsames Erbe von Mensch und Menschenaffe angesehen werden können? Geistige Fähigkeiten bleiben nicht in Form von versteinerten Fossilien erhalten. Unsere lebenden Verwandten sind deshalb die einzige Möglichkeit, die Evolution der menschlichen Intelligenz zu untersuchen. Die Forscher wollen herausfinden, ob es so etwas gibt wie einen Stammbaum der Primatenintelligenz. Zoobesucher können durch ein Fenster im Tropenhaus bei den Experimenten zusehen. Nur manchmal – wenn sich die Tiere zu leicht ablenken lassen – schließen die Forscher das Schaufenster und lassen die Rollläden herunter.

Kooperation …

Immer wieder sind die Forscher erstaunt, dass Schimpansen relativ schlecht abschneiden, wenn sie Aufgaben gemeinsam lösen sollen. »Wir Menschen kooperieren hervorragend«, sagt Michael Tomasello, einer der Direktoren des EVA-Instituts. Wir bauen zusammen Häuser und Autos, wir singen im Chor und gehen miteinander auf die Jagd. Die gesamte menschliche Gemeinschaft beruht auf Kooperation. Mit einem einzigen Blick signalisieren wir einem Teamkollegen, wo es langgeht. Der Mensch ist ein Meister darin, verbale und nonverbale Signale zu verstehen.

Schimpansen tun sich schon bei einem einfachen Test äußerst schwer. Der Menschenaffe kommt in einen Raum, in dem zwei Eimer stehen. In einem der beiden befindet sich etwas zu fressen. Die Frage ist nur, in welchem. Das Futter kann er weder sehen noch riechen. Jetzt gibt der Mensch dem Tier ein Signal: Er zeigt mit dem Finger auf den richtigen Behälter oder guckt übertrieben auffällig dorthin. Doch der Schimpanse ignoriert den Hinweis. Es hängt vom Zufall ab, ob er das Futter findet oder nicht. Lange standen die Forscher vor einem Rätsel. Wieso verstehen die intelligenten Tiere ein so einfaches Zeichen nicht?

… und Konkurrenz

Schließlich hat Brian Hare die entscheidende Idee: »Wie wäre es, wenn wir den Kontext umdrehen?«, fragt der Anthropologe. Statt zu kooperieren, soll der Experimentator mit dem Schimpansen konkurrieren. Der Versuchsaufbau bleibt weitestgehend derselbe – doch dieses Mal gibt der Mensch dem Schimpansen kein hilfreiches Zeichen. Stattdessen tut er so, als wollte er das Futter selbst haben. Der Wissenschaftler streckt den Arm aus, um nach dem Eimer zu greifen. Doch leider ist der Arm zu kurz. Plötzlich versteht der Schimpanse das Signal und wählt den richtigen Eimer. Die Tiere scheinen so etwas zu denken wie: »Es muss ja einen Grund geben, warum der Mensch da unbedingt hinwill.« Der zweite Versuch entspricht viel eher dem Verhalten der Schimpansen. In der Natur kommt es schlicht nicht vor, dass ein Tier dem anderen zeigt, wo Futter versteckt ist. Im Gegenteil: Wenn einer etwas zu fressen findet, bemüht er sich, den Leckerbissen möglichst schnell in den Mund zu stecken. Wenn es ums Fressen geht, spielt Konkurrenz in der Schimpansenwelt eine größere Rolle als Kooperation. Die Leipziger Forscher sind mittlerweile überzeugt: Höchstwahrscheinlich verstehen die Schimpansen das freundliche Signal sehr wohl, sie können damit nur nichts anfangen.

Immer wieder merken die Wissenschaftler, wie sehr der konkrete Aufbau eines Tests das Ergebnis beeinflusst. »Wir können eigentlich nie sagen, der Affe kann etwas nicht«, sagt Forschungskoordinator Daniel Haunus, »wir können immer nur sagen: Das konnten wir nicht nachweisen.« Damit ein Versuch funktioniert, muss er möglichst gut in die Welt der jeweiligen Spezies passen. Das macht Vergleiche in der Praxis manchmal schwerer als ursprünglich gedacht. Denn die vier Arten sind eben doch relativ verschieden. Bei den Orang-Utans zum Beispiel funktioniert das ganze Zeigeexperiment nicht sehr gut. Ob die Tiere konkurrieren oder kooperieren sollen, macht dabei keinen großen Unterschied. Beides ist im Leben der Orangs nicht sehr wichtig. »Die Tiere leben überwiegend als Einzelgänger«, erklärt Haunus, »die müssen nicht besonders gut darin sein, soziale Signale von anderen zu verstehen.« Andererseits gibt es aber Experimente, bei denen die Orang-Utans unschlagbar sind und sogar Schimpansen und Bonobos übertreffen.

Geduldige Orang-Utans

Erst überlegen, dann handeln – das ist offenbar sowohl für Menschen als auch für Schimpansen manchmal ein Problem. Die Leipziger Forscher haben Kinder und Menschenaffen vor dieselbe Aufgabe gestellt. In einem Raum befinden sich zwei durchsichtige Türen. Direkt hinter der einen Tür liegt ein Schatz – Futter bei den Affenversuchen, Spielzeug bei den Experimenten mit Kindern. Die Belohnung ist nah und fern zugleich, denn sobald Kind oder Affe den direkten Weg nehmen, schiebt die Tür das Futter oder das Spielzeug einfach weg. Das begehrte Objekt rutscht eine Schräge hinab und ist nicht mehr zu erreichen.

»Schimpansen machen das zehn, zwanzig, dreißig Mal hintereinander«, erzählt Daniel Haunus. »Sie ärgern sich zu Tode, aber sie geben immer wieder dem ersten Impuls nach und versuchen, das Futter zu greifen.« Und genauso agieren auch dreijährige Kinder. Sie sehen das Spielzeug und wollen es haben. Die Enttäuschung ist groß, wenn der begehrte Gegenstand immer wieder vor ihren Augen verschwindet. Erst mit vier oder fünf Jahren sind die Kinder in der Lage, innerlich einen Schritt zurückzutreten. »Sie erweitern sozusagen ihren Aufmerksamkeitsfokus und merken dann: Okay, da ist ja noch 'ne andere Tür, die kann man ja auch mal probieren.« Und genau so lässt sich das Problem lösen: Das Kind öffnet die andere Tür und bekommt sein Spielzeug.

Weder Schimpansen noch Bonobos finden die Lösung,

obwohl die zweite Tür ja nur 20 Zentimeter entfernt ist. Sie begreifen zwar nach wenigen Versuchen, dass das Futter immer wieder verschwindet, doch sie können das begehrte Objekt nicht aus den Augen lassen. Statt den Umweg zu nehmen, probieren sie es weiter auf dem direkten Weg, allerdings gehen sie mit der Zeit langsamer vor, sie warten und öffnen die Tür besonders vorsichtig. Trotzdem bleiben sie erfolglos. Unter den Menschenaffen geht bei diesem Versuch nur den bedächtigen Orang-Utans irgendwann ein Licht auf. »Die Orangs sind immer dann sehr gut, wenn Geduld gefragt ist«, erklärt Haunus, »wenn man seinen ersten Handlungsimpuls auch mal unterdrücken muss.« Die verschiedenen Menschenaffen unterscheiden sich nicht so sehr in ihrer Intelligenz, sie haben jedoch ein anderes Temperament. Vor allem davon hängt es ab, wer ein Problem am besten löst. Schimpansen sind oft hochmotiviert, allerdings nicht immer sehr geduldig. Die Gorillas machen es den Forschern am schwersten. Oft haben sie einfach keine Lust, sich für ein Stückchen Banane besonders anzustrengen.

Schimpansenphysik

Vor einem fünfjährigen Kind stehen zwei identische Gläser, beide sind bis zum Rand mit Orangensaft gefüllt. Jetzt nimmt der Experimentator eines der Gläser und schüttet den Inhalt in ein hohes, dünnes Glas. »In welchem Glas ist mehr Saft«, fragt er. Ohne zu zögern zeigt das Kind auf das lange und dünne Glas. Fünfjährige lassen sich durch die hohe Flüssigkeitssäule täuschen. Erst mit sechs bis sieben Jahren können Kinder die Menge richtig einschätzen. Wie schneiden Schimpansen bei dem Test ab? Haben sie ein Verständnis von alltäglicher Physik? Josep Call vom Leipziger EVA-Institut macht den Test. Er bietet den Tieren Orangensaft in unterschiedlich großen und unterschiedlich geformten Gläsern an. Bei jedem Durchgang dürfen sich die Tiere eines von zwei Gläsern aussuchen. »Die Schimpansen wählen meistens die größere Menge, unabhängig davon, in welcher Form sie angeboten wird«[94], sagt Call. Offenbar haben sie ein gewisses Verständnis für abstrakte Mengen. Auch Orang-Utans lassen sich von der Form der Gläser nicht so leicht hinters Licht führen.

Schimpansen begreifen, wie eine Balkenwaage funktioniert. Das hat Daniel Haunus bei seinen Tests herausgefunden. Auf jede der beiden Seiten stellt Haunus einen Becher, aber nur in einem der Gefäße befindet sich Futter. Die Schimpansen beobachten das Geschehen, dann dürfen sie wählen. Fast immer gehen sie zu der Seite, die sich weiter nach unten neigt. »Schimpansen scheinen ein angeborenes Verständnis zu haben«, erklärt Haunus. »Sie wissen: Futter wiegt etwas, und deshalb bewegt sich die Waage nach unten.« Allerdings könnten die Schimpansen diesen Zusammenhang auch einfach gelernt haben. Falls sie zufällig beim ersten Versuch den richtigen Behälter gewählt haben, bleiben sie in Zukunft dabei. Um diese Vermutung zu überprüfen, konstruiert Haunus eine gezinkte Waage. Jetzt bewegt sich die Seite nach oben, auf der sich das Futter befindet. »Den Schimpansen fällt es viel schwerer, diesen unnatürlichen Zusammenhang zu lernen«, sagt Daniel Haunus. Offenbar gibt es so etwas wie einen gesunden Schimpansenverstand, und der sagt den Tieren, dass Gewicht eine Waage nach unten drückt.

Auch Affen verstehen, was Marktwirtschaft bedeutet. Das hat Frans de Waal kürzlich am Beispiel von Kapuzineraffen gezeigt[95]. Seit 1990 arbeitet der in den Niederlanden geborene Verhaltensforscher an der Emory-Universität in Atlanta. Auf dem Gelände der Uni lebt eine Kolonie von Kapuzineraffen. Die in Süd- und Mittelamerika heimischen Tiere sind bei Biologen besonders beliebt, denn sie gelten als hochintelligent. Gemeinsam mit seiner Kollegin Sarah Brosnan brachte Frans de Waal den Kapuzineräffchen ein relativ einfaches Spiel bei. Zwei Affen sitzen nebeneinander in getrennten Gehegen, können sich aber gut sehen. Beide bekommen von den Wissenschaftlern kleine Steine. Sehr schnell lernen die Kapuziner, die Steine zurückzugeben, denn im Tausch erhalten sie jedes Mal ein Stück Gurke. »Das machen die problemlos 25 Mal hintereinander«, erzählt de Waal.

»Stein gegen Gurke« ist bei den Kapuzinern ein beliebter Handel. Plötzlich jedoch ändern die Forscher die Währung – allerdings nur für einen der beiden Kapuzineraffen. Während der erste Affe weiterhin für jedes Steinchen ein Stück Gurke erhält, bekommt der Zweite nun eine Weintraube. »Derjenige, der die Traube bekommt, hat natürlich kein Problem damit«, sagt de Waal. Der andere Affe jedoch verweigert nach kurzer Zeit das Experiment. Fast alle getesteten Affen verhielten sich so. »Die schmeißen mit den Steinchen nach uns, die werfen die Gurken weg und machen einfach nicht mehr mit.« Die Affen treten in den Streik, weil ihr Gerechtigkeitssinn verletzt ist. Das vermuten zumindest Sarah Brosnan und Frans de Waal. Rein rational betrachtet sei der Boykott nämlich keine sehr vernünftige Reaktion, erklärt Professor de Waal. Immerhin verweigern die Affen Futter, das kurz zuvor noch gut genug war. Unter anderen Umständen würden die Tiere nie freiwillig auf eine Leckerei verzichten, so die Forscher. Doch genau wie die Affen verhalten sich auch die meisten Menschen: Wenn die kleine Schwester ein Stück Kuchen bekommt, mag man selbst kein Butterbrot mehr essen. Wird der Kollege für dieselbe Arbeit besser bezahlt, ist der Betriebsfrieden dahin. Mensch und Kapuzineraffe zeigen eine ähnliche Abneigung gegen Ungerechtigkeiten. Frans de Waal vermutet deshalb, dass sich ein solcher Gerechtigkeitssinn bereits sehr früh in der Evolution entwickelt hat.

Sollte das der Fall sein, müssten auch unsere nächsten Verwandten, die Menschenaffen, ähnlich reagieren. Am Living Links Center in der Nähe von Atlanta haben die Forscher das Experiment mit einigen der dort lebenden Schimpansen wiederholt. »Mit genau demselben Ergebnis«, erzählt Frans de Waal. Allerdings hängt die Reaktion bei den Schimpansen noch davon ab, mit welchem Partner sie in den Wettstreit getreten sind. Eine der getesteten Schimpansengruppen lebt bereits seit 30 Jahren zusammen, und viele Tiere pflegen enge Beziehungen zueinander. »Wenn sich die Schimpansen sehr gut kennen, reagieren sie nicht so empfindlich auf die Ungerechtigkeit«, erklärt Frans de Waal. Und auch das ist bei uns Menschen ganz genauso. Wird ein enger Freund bevorzugt, sind wir eher bereit, das zu tolerieren, als wenn uns dasselbe mit einem Fremden widerfährt.

Frans de Waal baut immer wieder Brücken zwischen tierischem und menschlichem Verhalten. Er ist überzeugt: Ansätze von Moral, Kultur und Politik gibt es auch bei unseren engsten Verwandten, den Menschenaffen. Wenn im Fernsehen Politiker debattieren, schaltet der Verhaltensforscher häufig den Ton ab. Er konzentriert sich auf Mimik, Körpersprache und Gestik. »Ich sehe, wie sie größer werden, wenn sie es einem Gegner gegeben haben, oder dass sie unangenehme Informationen unterdrücken, was man daran erkennt, dass sie ihre Augen für den Bruchteil einer Sekunde zu lange geschlossen halten. Was dabei abläuft, ist jedem unmittelbar vertraut, der beobachtet hat, wie Schimpansenmänner nach Dominanz streben.«[96] Frans de Waal sieht nicht nur menschliches Verhalten im Tierreich. Er sucht und findet auch die Natur in uns.

Ich schau dir in die Augen, Kleines

Gesichter sind so unterschiedlich wie die dazugehörigen Charaktere. Mühelos ordnen wir Fotos von bekannten Personen den richtigen Namen zu. Schimpansen dagegen haben Probleme, Gesichter zu erkennen. Das haben Wissenschaftler bereits vor Jahren festgestellt, und seitdem gilt die Gesichtserkennung als eine typisch menschliche Fähigkeit.

Mittlerweile muss man sagen »galt«, denn Frans de Waal hat seine Schimpansen in Atlanta erneut getestet. Auf einem Computermonitor präsentiert er den Tieren jeweils zwei Schimpansengesichter – ein Mitglied der eigenen Gruppe und ein unbekanntes Tier. Problemlos wählen die Schimpansen das ihnen vertraute Gesicht aus. Die Tiere sind in der Lage, alle Gruppenmitglieder am Gesichtsausdruck zu unterscheiden. Bei Menschenaffen, die in so komplexen sozialen Gemeinschaften leben, ist das eigentlich nicht erstaunlich. Wieso aber hatten die früheren Experimente zu einem völlig anderen Ergebnis geführt? Für Frans de Waal ist die Erklärung einfach, denn damals haben die Forscher den Schimpansen menschliche Gesichter gezeigt. Man sei davon ausgegangen, dass Menschengesichter so verschieden sind, dass der Test sehr einfach ist. »Schimpansen jedoch interessieren sich nicht besonders für Menschengesichter«, erklärt Frans de Waal. »Sie sind gut darin, ihre Artgenossen zu unterscheiden.« Uns geht es da nicht anders. Menschliche Gesichter erkennen wir auf Anhieb, Schimpansengesichter dagegen bereiten zumindest dem ungeübten Auge erhebliche Schwierigkeiten. Höchstwahrscheinlich kennen Schimpansen ihre Artgenossen sogar besser als wir die unsrigen, denn in einem weiteren Versuch zeigen die Forscher den Schimpansen nicht nur das Gesicht eines bekannten Tieres, sondern dazu auch zwei Hinterteile – das eine passt zu dem Gesicht, das andere nicht. Problemlos ordnen sie die Körperteile zu. Wenn Schimpansen Pässe hätten, wären darin vielleicht Fotos ihrer Hinterteile zu sehen.

»Ganz der Papa« oder »du siehst ja genauso aus wie dein großer Bruder« – selbst beim Blättern in fremden Familienalben können wir meistens sehen, wer mit wem verwandt ist. Sind auch Schimpansen dazu in der Lage? Dieses Mal zeigen die Forscher den Schimpansen drei Gesichter: Schimpansin A ist sozusagen das Original. Dazu werden zwei weitere Gesichter präsentiert: die Schwester von A und ein fremdes Gesicht. »Der Schimpanse hat gelernt, immer das Bild zu wählen, das dem Original am ähnlichsten ist«, erklärt de Waal. Das Ergebnis hat auch die Forscher überrascht: Mit einer hohen Trefferquote erkennen die Schimpansen, ob ihre Artgenossen miteinander verwandt sind oder nicht.

Kleine Affen, wie zum Beispiel Kapuziner, schneiden bei derartigen Tests sehr schlecht ab. Nur Mensch und Menschenaffe können aus dem Gesichtsausdruck der eigenen Artgenossen so umfangreiche Schlüsse ziehen.

Kamasutra-Affe, Friedlicher Menschenaffe, Zwergschimpanse – der Bonobo hat viele Namen und viele Besonderheiten. Am meisten fällt jedoch auf, dass er seriöse Wissenschaftler dazu bringt, in eine völlig unwissenschaftliche Schwärmerei zu verfallen. »Zweifellos gibt es Genies unter den Menschenaffen, und Prinz Chim scheint ein intellektuelles Genie zu sein«[97], schrieb Robert Yerkes bereits 1925 in seinem Buch *Almost Human.* Der Pionier der US-amerikanischen Primatenforschung schwärmt von Chims Zielstrebigkeit und Konzentrationsfähigkeit. Er ist davon überzeugt, dass der Bonobo nachdenkt, bevor er seine Aufgaben löst. »Ich benutze diesen Begriff (…) ohne Rechtfertigung, und zwar aus einem einfachen Grund: Wäre Chim kein Schimpanse, sondern ein Kind, würden wir das Wort ohne Zögern anwenden, und wir wären sicher, dass jeder intelligente Leser weiß, was damit gemeint ist.«[98] Nachdem Yerkes ein halbes Jahr mit Prinz Chim zusammengelebt hat, vermutet er, dass es sich bei ihm nicht um einen normalen Schimpansen handelt. Er sollte recht behalten, denn bei einer späteren Untersuchung stellt sich heraus, dass Prinz Chim kein Schimpanse, sondern ein Bonobo war.

Die Wissenschaft entdeckte die Bonobos erst ein paar Jahre später, nämlich 1928 in einem belgischen Museum. Forscher erkannten, dass es sich bei einem Schädel, den man bislang einem jungen Schimpansen zugeordnet hatte, um eine eigenständige Art handelte. Bis heute führt der Bonobo – im Vergleich zu den übrigen Menschenaffen – ein wenigbeachtetes Schattendasein, was vielleicht auch an seinem versteckten Lebensraum im Süden des Kongo liegt. Im Münchener Tierpark Hellabrunn lebten bereits in den 30er Jahren einige Exemplare: »Der Bonobo ist ein ungemein empfindsames, zartes Geschöpf, weit entfernt von der dämonischen Urkraft des erwachsenen Schimpansen«[99], so die Zoologen Eduard Tratz und Heinz Heck, die offenbar ebenfalls von dem Bonobovirus befallen waren.

Ihre Sensibilität sollte den Münchener Tieren zum Verhängnis werden. Eine besonders schlimme Bombennacht des Zweiten Weltkriegs versetzte sie so in Angst und Schrecken, dass sie an Herzversagen starben. Die Schimpansen im Nachbargehege überstanden die Bombennächte unversehrt. Bonobos sind nicht nur sensibel, sie sind auch hochintelligent: Wie die anderen Menschenaffen auch erkennen sie sich selbst im Spiegel. In Gefangenschaft benutzen sie äußerst geschickt Werkzeuge, und wenn es um die Kommunikation mit dem Menschen geht, hat es keiner so weit gebracht wie die Bonobos. Sue Savage-Rumbaugh, die seit Jahrzehnten mit sprachtrainierten Menschenaffen arbeitet, beschreibt den »geradezu unheimlichen Widerhall des Menschlichen bei den Bonobos«. Beim Sprachtraining seien die Schimpansen immer ein wenig hinter den Bonobos zurückgeblieben. Kanzi – der wohl berühmteste Menschenaffe der Welt – und seine Schwester Panbanisha beeindrucken nicht nur durch ihr Sprachtalent, sie benutzen Werkzeuge und schließen zum Beispiel mit einem Schlüssel eine Tür auf. Sie können eine Kerze anzünden und wieder ausblasen. Beide musizieren auf dem Keyboard und haben spontan eine Vorliebe für Oktaven entwickelt. »Musik zu machen war Kommunikation zwischen den Spezies«[100], schreibt der Rock-Star Peter Gabriel, nachdem er in Atlanta gemeinsam mit den beiden Bonobos musiziert hat.

Auch Frans de Waal, der heutige Leiter des Living Links Center in Atlanta, trägt das Bonobovirus in sich. Bei ihm war es Liebe auf den ersten Blick. Nachdem er bereits jahrelang mit Schimpansen und anderen Primaten gearbeitet hat, sah er 1978 zum ersten Mal lebende Bonobos: »Seit diesem Tag war ich auf der Suche nach einer Möglichkeit, diese Spezies zu studieren, und sammelte zwischenzeitlich jegliche Literatur, die ich ergattern konnte.« Im Zoo von San Diego hat de Waal mittlerweile die Chance bekommen. Intensiv studiert und vergleicht der Primatologe das Sozialleben von Schimpansen und Bonobos, unseren beiden engsten Verwandten. Manchmal geht es ihm dabei wie einem Familienvater, der beim Abendessen seine Kinder betrachtet und sich wundert, wie verschieden sie doch sind. »Der eine ist ein bärbeißiger, in Aggressionsbewältigungsangelegenheiten ambitionierter Geselle«, schreibt de Waal, »der andere ein egalitärer Anhänger eines lockeren Lebenswandels.«[101] Genetisch sind die Unterschiede zwischen Schimpansen und Bonobos minimal. Beobachtet man jedoch das Verhalten – zum Beispiel die Rolle von Mann und Frau –, könnten die Differenzen kaum größer sein. »Der machthungrige und brutale Schimpanse ist das Gegenteil des friedfertigen und erotischen Bonobo – etwa so, wie Dr. Jekyll und Mr. Hyde.«[102]

Wer etwas über die soziale Intelligenz von Primaten lernen will, der wird bei den Bonobos fündig. Komplizierte Experimente sind da nicht vonnöten, einfaches Zusehen reicht. Von seinem Beobachtungsturm aus blickt Frans de Waal auf die Bonobokolonie im Zoo von San Diego – und was er da zu sehen bekommt, ist oft spannender als jedes Fernsehprogramm. Machtfragen zum Beispiel werden nicht im Kampf, sondern durch Sex gelöst. In großen Gruppen leben die Bonobos weitaus friedlicher und harmonischer miteinander als Schimpansen. Die Hierarchien sind flach, und den Ton geben meistens die Frauen an. Beobachten lässt sich das in jedem Zoo, in dem Bonobos leben: Bei der Fütterung teilen die Weibchen die besten Leckerbissen untereinander auf. Die Männer müssen betteln, wenn sie etwas abbekommen wollen. Möglich macht das eine »große Solidarität zwischen den Frauen«, so de Waal, denn auch bei den Bonobos seien die Männer etwas größer und stärker.

In der Vergangenheit haben sich Biologen und Psychologen vor allem darauf konzentriert, Aggressions- und Konfliktverhalten zu untersuchen. Blutige Auseinandersetzungen galten als unsere wilde Seite, die nur mühsam gezähmt werden konnte. Die Beobachtung, dass auch Schimpansen Kriege führen können, schien diese Sichtweise zu bestätigen. Frans de Waal blickt in die entgegengesetzte Richtung. Bei den Bonobos findet er vor allem Harmonie und Kooperation. »Die Hippies unter den Menschenaffen zeigen uns, dass Krieg nur eine von zwei Optionen ist.«[103]

Was das bedeutet, wird deutlich, wenn sich zwei Bonoboclans im Wald begegnen. Nach anfänglichen Drohgebärden »begannen die weiblichen Mitglieder der unterschiedlichen Gruppen nach und nach mit sexuellen Spielen und kraulten einander sogar«. Am Ende schlossen auch die Männer Frieden. Bei Schimpansen wäre so etwas undenkbar. Friedliche Beziehungen gibt es nur innerhalb der eigenen Gemeinschaft. Wir selbst kennen beides und können uns entscheiden, glaubt Frans de Waal. »Was die Beziehungen zwischen Gruppen angeht, übertreffen wir unsere nächsten Verwandten sowohl am positiven wie auch am negativen Ende der Skala.«[104]

12

Von Menschen und Tieren: Was ist das Besondere am nackten Affen?

Bei unserer Reise durch das Tierreich haben wir viele erstaunliche Fähigkeiten entdeckt, die lange Zeit als typisch menschlich galten. Die Mauer zwischen Mensch und Tier ist mittlerweile löchrig wie ein Schweizer Käse.

Schimpansen, Krähen und Delfine benutzen Werkzeuge. Menschenaffen behandeln sich bei Beschwerden mit speziellen Heilkräutern. Fische erweisen sich als fähige Geschäftsleute, und Affen besitzen einen Sinn für Gerechtigkeit. Es gibt wohl kaum eine Intelligenzleistung des Menschen, über die nicht auch mindestens eine Tierart verfügt. Doch die einzelnen Intelligenzmodule treten selten zusammen auf, und das Ausmaß ist in jedem Fall höchst verschieden: Menschenaffen bauen weder Brücken noch Hochhäuser. Schimpansen führen keine Operationen aus. Fische leiten keine Unternehmen mit Hunderten von Angestellten, und noch nie hat eine Affengesellschaft so etwas wie eine Renten- oder Krankenversicherung geschaffen.

Der Unterschied ist immens, doch er ist nicht grundsätzlicher Natur. Es ist eine Frage der Quantität. Der Versuch, eine radikale Grenze zwischen Mensch und Tier zu ziehen, gleicht einem endlosen Rückzugsgefecht. Zuerst galt der Gebrauch von Werkzeugen als typisch menschlich. Dann entdeckte Jane Goodall, dass auch der Schimpanse zu den Handwerkern gehört. Prompt wurde die Anforderung eine Stufe höher geschraubt. Jetzt hieß es: Nur der Mensch kann Werkzeuge fertigen. Spätestens die Neukaledonischen Krähen haben auch diese Überzeugung zunichtegemacht. Die nächste Stufe – den Gebrauch von Werkzeugen zur Werkzeugherstellung – erreicht zumindest ein Menschenaffe: der Bonobo Kanzi.

Je konkreter eine Definition gefasst wird, umso mehr Eigenschaften fallen plötzlich in die Rubrik »typisch menschlich«. Man könne auch »essen« durch den Gebrauch von Messer und Gabel festlegen, so Frans de Waal. Viel Sinn machen solche Spielchen nicht. Vielleicht sollten wir einfach anerkennen, dass wir in einer Reihe mit den anderen Bewohnern dieses Planeten stehen. Wie können Tiere bloße Automaten sein, wo wir doch von ihnen abstammen? Bereits Charles Darwin stellte solche Fragen. Für den Evolutionspsychologen Marc Hauser hat sich der entscheidende Punkt in den letzten Jahrzehnten jedoch verändert. Früher ging es darum herauszufinden, was uns von den Tieren trennt. Heute will man wissen: »Was verraten Tiere über die Bausteine unserer kognitiven Fähigkeiten?«[105]

Mit Schimpansen und Bonobos teilen wir über 98 Prozent unseres Erbguts. Der letzte gemeinsame Vorfahre von Mensch und Schimpanse lebte vor rund fünf Millionen Jahren. Evolutiv ist das nicht viel mehr als ein Atemzug, und dennoch muss in dieser Zeitspanne etwas Entscheidendes passiert sein. Denn auch wenn es sich nur um graduelle Unterschiede handelt: Die Sprünge, die der Mensch in seiner Entwicklung durchlaufen hat, sind einfach nicht zu übersehen. Kein anderes Lebewesen hat die Welt so tiefgreifend verändert wie der Mensch.

Während unsere engsten Verwandten, die Menschenaffen, vom Aussterben bedroht sind, hat sich Homo sapiens in nahezu alle Winkel der Erde ausgebreitet. Selbst im ewigen Eis der Antarktis gibt es menschliche Siedlungen. Die Menschenaffen dagegen leben in vergleichsweise winzigen Refugien.

Knapp 200 000 Schimpansen streifen heute noch durch die afrikanischen Wälder – das sind weniger als die Einwohner einer mittelgroßen deutschen Stadt, wie zum Beispiel Münster oder Rostock. Die Zahl der Gorillas, Bonobos und Orang-Utans ist noch weit stärker geschrumpft. Verantwortlich dafür ist der Mensch – das vorläufige Endprodukt jener Entwicklungslinie, die sich vor mindestens zwölf Millionen Jahren vom gemeinsamen Stamm aller Menschenaffen abgezweigt hat. Heute gibt es sechs Milliarden Menschen auf der Erde – Tendenz steigend. Worin besteht das Geheimnis ihres beispiellosen Erfolgs?

Guck mal da!

Michael Tomasello, einer der Direktoren am Leipziger Max-Planck-Institut für Evolutionäre Anthropologie, hat tatsächlich eine Eigenschaft entdeckt, die für uns so selbstverständlich ist, dass wir gar nicht weiter darüber nachdenken. Und doch taucht sie bei keiner anderen Tierart auf. »Papa, guck mal, ein Vogel«, sagt die kleine Lisa und zeigt mit dem Finger in die Luft. Der Papa schaut dem Vogel hinterher und nickt. Mehr passiert nicht. Die beiden teilen eine Erfahrung und sind zufrieden. Lisa ging es nicht darum, dass ihr Vater den Vogel fängt, sie wollte auch nichts über ihn wissen, sondern lediglich ihre Beobachtung teilen. Alle Kinder – und alle Erwachsenen – haben dieses Bedürfnis. Nie jedoch kommt etwas Vergleichbares bei Menschenaffen vor.

Menschenaffen nutzen in der Natur und in Gefangenschaft vielfältige Gesten. Sie betteln um Futter, sie fordern ihre Artgenossen zu verschiedenen Aktivitäten auf – zum Spielen oder zum Sex zum Beispiel. Die Gesten sind zwar relativ variabel, es geht dabei aber immer um ein unmittelbares Ziel: Der eine will, dass der andere etwas tut. Er hat ein Bedürfnis, das befriedigt werden muss. Trotz Tausender Beobachtungsstunden »gibt es nicht eine einzige verlässliche Beobachtung, dass ein Menschenaffe jemals einem Artgenossen irgendetwas gezeigt hätte«[106], so Michael Tomasello. Die dafür grundlegende Fähigkeit – das Gestikulieren – beherrschen nur Mensch und Menschenaffe. Die übrigen Affen können das nicht. Einige Forscher vermuten deshalb, dass Gesten am Anfang der menschlichen Sprachentwicklung standen. Noch ist das jedoch nur eine Theorie.

Menschenaffen gestikulieren also, aber sie zeigen einander nichts. Dazu passt die Beobachtung, dass Schimpanse, Gorilla & Co. umgekehrt auch nicht verstehen, wenn *ihnen* etwas gezeigt wird. Deutet der Experimentator zum Beispiel mit dem Finger auf eines von zwei verdeckten Gefäßen, weil sich Futter darin befindet, wählt der Schimpanse nur zufällig den richtigen Behälter aus. Kleine Kinder kapieren den Fingerzeig sofort. Nur in einer Konkurrenzsituation begreifen plötzlich auch die Tiere, wo das Futter ist. Bemüht sich der Experimentator um ein Gefäß, kann es aber nicht erreichen, greifen die Schimpansen sofort zu. Menschenaffen reagieren also durchaus auf ihr Gegenüber und deuten seine Absichten. Auch wenn sich der Mensch auf einmal umdreht und konzentriert in eine bestimmte Richtung schaut, tut der Menschenaffe genau dasselbe. Er folgt der Blickrichtung. Wie passen diese scheinbar widersprüchlichen Beobachtungen zusammen?

Lange glaubte der Entwicklungspsychologe Michael Tomasello, dass sich ein Schimpanse nicht in andere hineinversetzen kann. Verschiedene Versuche im Leipziger Pongoland hatten ihn zu dieser Überzeugung kommen lassen. Zum Beispiel bettelten die Schimpansen einen Menschen auch dann an, wenn der sich einen Eimer über den Kopf gestülpt hatte. Begriff das Tier nicht, dass die Person mit verdeckten Augen nichts sehen konnte? Andererseits ist Homo sapiens zu vielen Dingen in der Lage, die Schimpansen merkwürdig und unerklärlich vorkommen müssen. Menschen gehen durch Türen, die den Tieren verschlossen bleiben, sie bedienen Kamera und Fernsehgerät, und sie scheinen immer zu wissen, wo es Futter gibt. Vielleicht haben sie ja auch einen Weg gefunden, durch einen Eimer zu blicken. Der Versuch ist kein eindeutiger Beweis dafür, dass Menschenaffen nicht über die vielbeschworene »Theory of Mind« verfügen.

Schließlich gelang es den Forschern doch noch, sich einen Versuch auszudenken, der deutlich machte, dass sich Schimpansen sehr wohl vorstellen können und berücksichtigen, was ihr Gegenüber weiß:

In zwei Käfigen sitzen sich jeweils ein Schimpanse gegenüber – ein dominantes und ein subdominantes Tier. Zwischen beiden befindet sich eine Arena, ein separater Bereich mit verschiedenen Futterstücken. Werden die Tiere zusammen in die Arena gelassen, überlässt das in der Hierarchie untenstehende Tier dem dominanten Affen die Leckerbissen – so ist es unter Schimpansen üblich. Befindet sich jedoch eines der Futterstücke hinter einer Barriere, so dass es nur der subdominante Schimpanse sehen kann, dann greift dieser zu. »Was er nicht weiß, macht ihn nicht heiß«, scheint er zu denken. Die Einsicht des Schimpansen in das Innenleben seines Artgenossen reicht sogar noch ein Stückchen weiter. Der Versuchsaufbau ist derselbe: Wieder kann der Dominante das Futter nicht sehen. Das unterlegene Männchen weiß aber, dass sein Chef zugeguckt hat, als der Experimentator einige Zeit zuvor das Futter in der Arena versteckte. In dem Fall traut sich das subdominante Männchen nicht an den Leckerbissen heran.

Der Versuch überzeugte auch Michael Tomasello – er korrigierte seine Meinung: »Zumindest bis zu einem gewissen Grad können sich auch Menschenaffen in andere hineinversetzen – die Frage ist nur, in welchem Ausmaß?«[107] In der oben geschilderten Konkurrenzsituation zwischen Mensch und Tier tut der Schimpanse genau das – er deutet das Verhalten des Menschen, etwa in der Art: »Wenn er dieses Gefäß unbedingt haben will, dann wird darin wohl das Futter versteckt sein.« Dasselbe trifft zu, wenn der Schimpanse dem Blick seines Pflegers folgt: »Wenn er so angestrengt in diese Richtung guckt, dann wird es da wohl etwas Interessantes zu sehen geben. Mal schauen, was es ist.« In beiden Fällen »liest« der Schimpanse sozusagen die Gedanken des anderen und stellt sich dabei sehr geschickt an.

Mit Kommunikation hat das jedoch nichts zu tun, denn der Gegenüber hatte schließlich nicht die Absicht, jemanden zu informieren. Es gibt einen Empfänger, aber keinen Sender. Und genau an dieser Stelle liegt der Unterschied zwischen Mensch und Tier. Der Schimpanse begreife nicht die kommunikative Absicht einer Geste, so Tomasello. »Er versteht nicht, dass Mensch quasi für mich in eine bestimmte Richtung zeigt.«[108] Im natürlichen Lebensraum der Schimpansen kommt genau das nämlich nicht vor. Entweder weiß ein Tier, wo es Futter gibt, oder es muss sich die Information wie ein Spion beschaffen. Artgenossen verraten allenfalls unfreiwillig durch ihr Verhalten, wo es etwas zu holen gibt. Keinesfalls jedoch geben sie solche Informationen freiwillig preis.

In der Natur kennen Menschenaffen weder zweckfreies noch zielgerichtetes Zeigen. Primaten, die in engem Kontakt zu Menschen aufwachsen, können jedoch lernen, auf Gegenstände zu deuten, die sie haben wollen. Sie strecken die Hand aus und sagen auf diese Art und Weise: »Gib mir die Banane dort!« Ein rein informatives Zeigen, so, wie es alle kleinen Kinder etwa ab dem ersten Geburtstag machen, kommt jedoch bei Schimpansen auch in Gefangenschaft nie vor. »Der Unterschied hat nichts mit der Motorik und auch nicht direkt etwas mit der Kognition zu tun«, so Tomasello. »Der Unterschied liegt ausschließlich in der Motivation.«[109]

Aber welche Motivation steckt dahinter – warum zeigen Kinder? Um das herauszufinden, haben Wissenschaftler in einem Versuch ganz unterschiedlich auf die Geste reagiert. Zum Beispiel hat der Experimentator den gezeigten Gegenstand ignoriert, sich aber intensiv dem Kind zugewandt, oder er hat nur neutral in die angegebene Richtung geguckt. In beiden Fällen war das Kind nicht zufrieden – es deutete immer weiter auf seine Entdeckung. Nur wenn der Erwachsene zu dem Gegenstand hingeguckt und dem Kind anschließend bestätigend zugenickt hat, waren die Kleinen zufrieden. Genau das hatten sie offensichtlich beabsichtigt. Sie zeigen, um mit dem Gegenüber eine Erfahrung zu teilen. Aus demselben Grund heben kleine Kinder Gegenstände hoch und bringen sie ihren Eltern: »Guck mal, eine Blume!«, oder: »Ist das nicht ein schöner Stein?« Auch so etwas kommt bei Affen nicht vor: »Menschenaffen nehmen niemals Dinge in die Hand, um sie einem Artgenossen zu zeigen«[110], schreibt Tomasello. Nur Menschenkinder haben das starke Bedürfnis, mit anderen Erfahrungen und Informationen zu teilen – ganz unabhängig von irgendeinem Nutzen. Auch Menschenaffen sind soziale Tiere, doch das Wort »gemeinsam« hat für den Menschen noch mal eine besondere Bedeutung – davon ist der Entwicklungspsychologe Tomasello fest überzeugt. Gemeinsame Aufmerksamkeit, gemeinsame Interessen und Ziele – all das ist für den Menschen ein starker Antrieb, und letztlich ist es die Grundlage für unsere arbeitsteilige und vom sozialen Miteinander geprägte Gesellschaft.

Der Mensch – ein Meister im »Nachäffen«

Und noch eine Fähigkeit haben Psychologen und Verhaltensforscher als typisch menschlich ausgemacht. Wir sind Meister im Imitieren. Kinder erschließen sich ihre Welt zumindest teilweise, indem sie nachahmen, was die Erwachsenen tun. So lernen sie, Türen zu öffnen, sich anzuziehen, mit Messer und Gabel zu essen und die ersten Worte nachzuplappern. In verschiedenen Experimenten versuchten Wissenschaftler, auch Menschenaffen zum Nachahmen zu bewegen. Während Kinder bei solchen Tests in der Regel hervorragend abschnitten, kamen Schimpanse & Co. häufig gar nicht erst auf die Idee, den menschlichen Experimentator nachzuäffen. »Menschenaffen imitieren nicht«, lautete dann das Ergebnis solcher Versuche.

Für den Verhaltensforscher Frans de Waal ist das eine unzulässige Schlussfolgerung. »Die typische Versuchsanordnung bestand darin, sie dabei zusehen zu lassen, wie ein ihnen kaum vertrauter menschlicher Versuchsleiter im weißen Kittel, der eine neutrale Haltung an den Tag legte, eine einfache Verrichtung vorführte.«[111] Warum sollten Menschenaffen unter solchen Bedingungen imitieren? Vertrauen, Identifikation und Motivation sind die wichtigsten Voraussetzungen beim Nachahmen – sowohl bei Kindern als auch bei Menschenaffen. Frans de Waal fordert gleiche Voraussetzungen, »indem wir beispielsweise Kinder mit Affen als Modelle testen, um festzustellen, ob sie dann immer noch die besseren Nachahmer sind. Oder man könnte Affen ein Modell ihrer eigenen Art präsentieren und dann ihre Leistungen mit denen von Kindern mit einem menschlichen Modell vergleichen. Schließlich könnte man auch von einem menschlichen Versuchsleiter Affen testen lassen, die mit unserer Spezies vollkommen vertraut sind.«[112]

Letzteres ist inzwischen mehrfach gelungen. Und auch in der Natur beweisen Menschenaffen immer wieder, dass sie lernen, indem sie ihre Artgenossen nachahmen. Und dennoch scheint es einen wichtigen Unterschied im »Nachäffen« von Mensch und Schimpanse zu geben. Das zeigen wiederum vergleichende Versuche zum Imitationslernen von Menschenaffen und Kindern: Ein Erwachsener betätigt einen Hebel und schaltet so eine Lampe an. Mühelos lernen Kind und Affe, das Verhalten zu imitieren. Im nächsten Schritt bewegt der Mensch den Hebel nicht mehr mit der Hand, sondern mit dem Kopf. Wie reagieren die beiden Zuschauer? Das Kind kopiert den Erwachsenen in dem Fall eins zu eins. Obwohl es den Schalter nach wie vor mit der Hand betätigen könnte, drückt es den Hebel jetzt ebenfalls mit dem Kopf. Der Affe dagegen – scheinbar clever – sieht gar nicht ein, warum er solche Verrenkungen machen sollte: Er betätigt den Hebel mit der Hand – das Licht geht ja schließlich trotzdem an.

Der Schimpanse interessiert sich nur für das Ergebnis der Handlung. Er übernimmt sozusagen die Grundidee einer neuen Technik, kopiert aber nicht exakt den vorgeführten Weg dorthin. Kinder dagegen versuchen auch bei komplizierteren Prozessen, so genau wie möglich jeden Schritt zum Ziel nachzuahmen. Das sei nicht unbedingt eine höhere oder intelligentere Lernmethode, so Tomasello, »es ist einfach eine stärker sozial orientierte Strategie, die unter bestimmten Umständen und für manche Verhaltensweisen einige Vorteile hat«[113]. Je älter Kinder werden, umso weniger ahmen sie ausschließlich nach. Schritt für Schritt bringen sie mehr eigene Impulse in den Prozess ein.

Ein weiterer Unterschied wurde in dem oben geschilderten Verhalten deutlich. Im nächsten Durchgang schaltet der Erwachsene die Lampe nämlich wieder mit seinem Kopf an. Allerdings trägt er jetzt eine Art Zwangsjacke und kann seine Arme nicht bewegen. In dem Fall kopiert das Kind nicht das Vorgeführte, sondern benutzt seine Hände, um den Schalter umzulegen. »Der kann seine Hände ja gar nicht benutzen, also muss er den Kopf nehmen«, scheint das Kind zu denken. In der ersten Versuchsanordnung ist zwar kein offensichtlicher Grund für die Kopfarbeit zu erkennen, das Kind geht jedoch davon aus, dass der Erwachsene schon weiß, was er tut: »Das wird wohl irgendeinen Sinn haben, also mache ich das mal nach.« Genauso geht es kleinen Kindern mit vielen Dingen. Sie wissen nicht genau, warum Mama oder Papa etwas tun, trotzdem fahren sie in der Regel nicht schlecht damit, wenn sie das Verhalten ihrer Eltern kopieren.

Wie perfekt Kinder nachahmen können, zeigt ein einzigartiger Versuch, der bereits in den 30er Jahren durchgeführt wurde. Damals »adoptierten« Luella und Winthrop Kellogg das sieben Monate alte Schimpansenbaby Gua und zogen es gemeinsam mit ihrem fast gleich alten Sohn Donald auf. Beide »Kinder« behandelten die Kelloggs genau gleich. Würde sich Gua so in einen kleinen Menschen verwandeln? Würde sie irgendwann anfangen zu sprechen? Winthrop Kellog, Psychologieprofessor an der Universität von Indiana, wollte einen alten Streit klären: Was ist entscheidend für die Entwicklung von Mensch und Tier – die Umwelt oder die Gene? Tatsächlich lief Gua bald auf zwei Beinen umher und aß mit Messer und Gabel. Wenn die Schimpansin musste, setzte sie sich aufs Töpfchen. In vielem war Gua ihrem menschlichen Bruder sogar ein Stück voraus. Nur sprechen lernte sie nie, denn eine Disziplin beherrschte Donald perfekt: die Nachahmung. Mit anderthalb Jahren gab der kleine Junge kehlige Laute von sich. Er kopierte Guas Rufe und bat zum Beispiel mit heftigem Keuchen um eine Orange. Das Menschenkind klang wie ein kleiner Schimpanse. An dieser Stelle wurde es Luella Kellogg endgültig zu viel. Sie setzte durch, dass das Experiment abgebrochen wurde. Offenbar rechtzeitig genug, denn der kleine Donald holte seinen Rückstand in der Sprachentwicklung schnell auf.

Obwohl Gua nie sprechen lernte, hat bereits dieser Versuch aus den 30er Jahren deutlich gezeigt, wie sehr Menschenaffen durch Imitation lernen können. Die Art und vor allem das Ausmaß unterscheiden sich jedoch enorm vom Imitationslernen ihrer menschlichen Vettern. Schimpansenkinder begreifen, wie man Nüsse knackt, indem sie beobachten und nachahmen. So wird die Tradition von Generation zu Generation weitergegeben. Anders als beim Menschen, erreicht dabei jede Generation »nur« das Niveau der Elterngeneration. Das Rad wird immer wieder neu erfunden. Der Mensch dagegen kumuliert in einzigartigem Maß Dinge, die er gelernt hat. Michael Tomasello spricht von dem »Wagenhebereffekt«. Computer, Flugzeug und Auto – all das wurde nicht durch eine einzige Erfindung geschaffen. Generationen von Entwicklern haben ihre Erfahrungen und Ideen zusammengetragen. Unterricht, Sprache und Schrift beschleunigten diese Entwicklung immer weiter. Längst hat die kulturelle Evolution die biologische überholt. »Wenn das Klima kälter wird, bauen wir uns Häuser, statt auf Mutationen der Gene zu warten, die uns ein dickes Fell bescheren«, so Svante Pääbo, Paläogenetiker und Kollege von Michael Tomasello am Leipziger MPI. Auch Frans de Waal, der zwar davon ausgeht, dass Tiere zumindest in geringem Maße Wissen akkumulieren können, sieht in dem Wagenhebereffekt »die Hefe im Teig der menschlichen Kulturen«[114].

Die ersten Stimmen

Und das Treibmittel, das diesen Teig erst richtig aufgehen lässt, ist die Sprache. Die Fähigkeit des Menschen zu kommunizieren – über Fleisch und Gemüse genauso wie über ein Bild von Picasso, die Liebe und die Relativitätstheorie – ist wohl der größte und auffälligste Unterschied zwischen Mensch und Tier.

Wenn Menschen abends am Lagerfeuer zusammensitzen, erzählen sie sich Geschichten. In der modernen Gesellschaft ersetzt die Eckkneipe das Lagerfeuer, am Prinzip hat sich jedoch nichts geändert. Nach wie vor geht es dabei überwiegend um Klatsch und Tratsch. Rund 60 Prozent der Gespräche zwischen Erwachsenen handeln von Personen, die gerade nicht anwesend sind. Der Klatsch habe völlig zu Unrecht einen schlechten Ruf bekommen, kritisieren Psychologen und Evolutionsbiologen. Wir lernen aus den Erfahrungen anderer, außerdem stärken die Gespräche Beziehungen und Freundschaften – sie wirken als sozialer Kitt. »Erst Tratsch macht die menschliche Gesellschaft, wie wir sie kennen, möglich«[115], sagt Robin Dunbar, Evolutionsbiologe an der

Universität Liverpool und einer der wenigen Klatschforscher weltweit.

Während Menschen klatschen und tratschen, nutzen Affen zu demselben Zweck ein anderes Mittel. Sie kraulen sich gegenseitig das Fell. »Grooming« nennen das die Wissenschaftler. Die Fellpflege stärkt die Bindungen zwischen den Tieren und hält die ganze Gruppe zusammen. Erst wenn sich zwei Tiere nach einem Streit wieder versöhnlich das Fell kraulen, ist der Konflikt endgültig beigelegt. Robin Dunbar ist davon überzeugt, dass irgendwann in der Evolution des Menschen der Klatsch an die Stelle des Kraulens getreten ist. Die gegenseitige Fellpflege hat nämlich einen entscheidenden Nachteil: Es können sich jeweils nur zwei Tiere gleichzeitig miteinander beschäftigen. Folglich hält das Grooming nur relativ kleine Gruppen effektiv zusammen. Sonst wären die Tiere den ganzen Tag mit nichts anderem beschäftigt als mit der sozialen Fellpflege. Bereits heute verbringen einige Affenarten rund ein Fünftel ihrer Zeit mit gegenseitigem Kraulen. Sprache kann diese Begrenzung überwinden. Sie erfüllt dieselben sozialen Funktionen. Darüber hinaus können sich aber mehrere Individuen gleichzeitig daran beteiligen.

Große Gruppen genießen viele Vorteile. In der offenen Savanne zum Beispiel schützt die Gemeinschaft besser vor Feinden, und auch die Jagd funktioniert im Team besser. Auf der anderen Seite sind die vielen Artgenossen eine echte Herausforderung für den Geist – und zwar bei Mensch und Tier. Robin Dunbar hat nämlich noch eine interessante Korrelation entdeckt. Affenarten, die in großen Gruppen zusammenleben, haben einen im Verhältnis zum Gesamthirn größeren Neocortex als diejenigen Spezies, die in kleinen Gruppen leben. Der Neocortex ist der größte und modernste Teil unseres Gehirns. Bei den meisten Arten korreliert die Größe des Necortex hervorragend mit der Gruppengröße. »Eine vergleichbare Übereinstimmung gibt es bei keinem anderen Parameter«[116], so Robin Dunbar. Zum Beispiel besteht keine Beziehung zwischen der Größe des Gehirns und der Größe des Reviers, das die Tiere durchstreifen.

Reden statt kraulen

Offenbar ist das Hirn unserer Vorfahren also nicht gewachsen, um mit einer immer komplizierteren Umwelt zurechtzukommen. Die lieben Artgenossen waren der treibende Faktor. Als »Machiavellische Intelligenzhypothese« ist diese Theorie in die Literatur eingegangen. Egoismus oder Kooperation stellen einen ständigen Zwiespalt dar, indem sich soziallebende Tiere befinden. Nur wer das Spiel der Gesellschaft beherrscht, geht in der Gruppe nicht unter. Jedes Individuum muss ein Gleichgewicht finden zwischen kleinen Tricksereien zum eigenen Vorteil und der notwendigen Kooperation mit den Artgenossen. Wo gibt es Konflikte? Wer ist mit wem verwandt? Welche Koalitionen bestehen? Mit wem könnte ich kooperieren? Wer verhilft mir zur Macht? Das Gruppenleben ist voller Herausforderungen – kein Wunder, dass die sozialen Anforderungen den Geist wachsen lassen.

Bei Affen trifft die Korrelation genau zu: Je mehr Neocortex, umso größer ist die durchschnittliche Zahl der Gruppenmitglieder. Wo steht der Mensch in dieser Reihe? Gilt die Korrelation zwischen Hirn- und Gruppengröße auch bei uns? Rein rechnerisch ergibt sich aus dem Umfang des menschlichen Neocortex eine Zahl von 150 Individuen. Angesichts der Bevölkerungszahl von Großstädten oder gar Nationen eine erstaunlich geringe Zahl, doch »Gruppengröße« im biologischen Sinn meint die »Zahl der Artgenossen, die ein Individuum gut kennt und zu denen es regelmäßige Kontakte unterhält«[117]. Bei dieser Definition taucht die 150, auch Dunbars Zahl genannt, immer wieder auf: Zum Beispiel bei ursprünglichen Kulturen, die wie die Pygmäen im Kongo noch überwiegend als Jäger und Sammler leben. Typische Dörfer von der Steinzeit bis heute haben eine durchschnittliche Einwohnerzahl von etwa 150, und auch in der modernen Gesellschaft unterhalten die meisten Menschen nur zu etwa 150 bis 200 Personen regelmäßig Kontakt. »Zumindest teilweise wird das menschliche Sozialverhalten genauso durch die relative Größe unseres Neocortex bestimmt wie bei anderen Primaten«, folgert daraus Robin Dunbar. »Unsere Gruppen sind größer und stärker strukturiert, weil unser Computer im Kopf, der Neocortex, es uns durch seine Größe erlaubt, die Rechnungen anzustellen, die notwendig sind, um in einer solchen Horde zu bestehen.«[118]

Menschliche Gemeinschaften mit 150 Individuen und mehr lassen sich nicht mehr durch gegenseitiges Kraulen zusammenhalten. Die Mitglieder wären dann fast die Hälfte ihrer Zeit allein damit beschäftigt – und würden höchstwahrscheinlich verhungern. Ganz anders sieht es aus, wenn das Gespräch, der Klatsch an die Stelle des Kraulens treten. Mit drei bis vier Mitmenschen gleichzeitig können wir uns gut unterhalten. Und in genau dem Maße ist auch die durchschnittliche Gruppengröße gewachsen: Von rund 55 Individuen in Schimpansengemeinschaften auf 150 bis 200 beim Menschen. Im Schnitt beschäftigt sich Homo sapiens 20 Prozent seiner Zeit mit dem akustischen Grooming, dem Schwatzen – so das Ergebnis einer vergleichenden Studie, die in England, Nepal und verschiedenen Regionen Afrikas durchgeführt wurde. »Wir verbringen also genauso viel Zeit mit der Pflege sozialer Kontakte, wie es Affen maximal tun«, so Robin Dunbar. »Die Sprache erlaubt uns jedoch, diese Zeit wesentlich effektiver zu nutzen.«[119] Trotz aller Unterschiede – die grundlegenden Prinzipien, nach denen Primatengesellschaften funktionieren, gelten auch immer noch für Homo sapiens. Oder, wie es Frans de Waal formuliert: »Man kann den Affen aus dem Urwald nehmen, nicht jedoch den Urwald aus dem Affen.«[120]

Am Anfang stand also der Tratsch. Beinahe nebenbei lernte der Mensch, was man mit der neuen Art der Kommunikation noch alles anfangen kann. Wie genau die Entwicklung abgelaufen ist, liegt weitgehend im Dunkeln. Da Worte und Gespräche nicht als Fossilien erhalten bleiben, blühen die Spekulationen: »Stellen wir uns ein glückliches Affenmenschenpaar vor, das mit Hilfe ausdrucksvoller Grunzlaute und einiger weniger Wörter – vielleicht im Sinne von ›hungrig‹ oder ›gefährlich‹ – eine Unterhaltung führen kann«, schreibt John McCrone in seinem Buch über die Entwicklung der Sprache. »Die Kinder dieses Paares lernen auf ganz natürliche Weise die private Sprache ihrer Eltern, die sich auf diese Weise vererbt.«[121] Von Generation zu Generation kamen immer mehr Laute dazu, darunter auch abstrakte Begriffe mit fester Bedeutung. So konnten sich unsere Vorfahren irgendwann auch über Dinge verständigen, die nicht anwesend waren. Wenn zum Beispiel einer jener Affenmenschen von einem Ausflug aus der Savanne zurückkehrte, berichtete er seiner Familie vielleicht von dem Mammut, das er gesehen hatte. Er machte das Geräusch des Mammuts nach und verstärkte das Ganze noch mit einer Geste, um die Stoßzähne anzudeuten. Wie bei vielen großen Streits in der Wissenschaft hat sich die Sprache höchstwahrscheinlich nicht entweder aus Lauten oder aus Gesten entwickelt. Beide Faktoren dürften zusammengekommen sein.

Bevor der Mensch eine vollwertige Sprache entwickeln konnte, musste er lernen, auf zwei Beinen zu gehen. Die beiden großen Veränderungen in der Menschheitsgeschichte – Sprache und aufrechter Gang – hängen eng zusammen. Bei allen nichtmenschlichen Primaten liegt der Kehlkopf oben im Hals, nur beim Menschen ist er nach unten gerutscht. Säuglinge kommen auch heute noch mit dem typischen Kehlkopf eines Schimpansen zur Welt. Der nämlich hat den großen Vorteil, dass die Babys gleichzeitig atmen und schlucken können. Im Laufe der ersten sechs Monate senkt sich der Kehlkopf allmählich ab – und schafft so im Rachen einen großen Resonanzraum für eine Vielzahl von Klängen. Schimpansen können zwar die meisten Vokale genauso hervorbringen wie der Mensch, Konsonanten bereiten ihnen jedoch Schwierigkeiten. Rein anatomisch ist kein anderer Affe in der Lage, in so schneller Folge eine solch enorme Vielfalt an Lauten zu bilden. Die Unterschiede zwischen unserem Stimmapparat und dem der übrigen Affen sind nicht besonders groß, die Konsequenzen dafür umso gewaltiger. Aus dem kleinen Schritt des Kehlkopfes wurde ein großer Schritt für die Menschheit.

Mit dem aufrechten Gang musste sich der schwere und hervorstehende Unterkiefer unserer Vorfahren zurückbilden. Der vorne überhängende Kopf wäre sonst kaum oben und im Gleichgewicht zu halten. Im Zuge dieses Umbaus veränderte sich auch der Stimmapparat, und der Kehlkopf rutschte in seine heutige Position. So entstand die Startrampe für eine komplexe Sprache: »Nach meiner Vermutung war der Verstand schon lange vorher dazu in der Lage, aber es bedurfte erst der zufälligen anatomischen Veränderungen im Zusammenhang mit dem aufrechten Gang«[122], so die Theorie der Biologin und Psychologin Sue Savage-Rumbaugh, die jahrzehntelang die Sprachfähigkeit von Bonobos studiert hat.

Wann der Mensch zu seinem sprachlichen und geistigen Höhenflug ansetzte, ist nicht ganz klar. Fest steht, dass sich das Gehirnvolumen unserer Vorfahren im Laufe der letzten vier Millionen Jahre in mehreren Sprüngen etwa vervierfacht hat. Höchstwahrscheinlich haben nicht nur soziale, sondern auch ökologische Faktoren die Entwicklung vorangetrieben. Auch das Klima dürfte eine entscheidende Rolle gespielt haben. Unsere Vorfahren verließen den Regenwald und besiedelten die Savanne – und sie lernten, aufrecht zu gehen. Im neuen Lebensraum hatte das gleich mehrere Vorteile: Auf zwei Beinen war man besser gegen die starke afrikanische Sonne geschützt, und unsere Vorfahren bekamen die Hände frei, um zum Beispiel Gegenstände zu transportieren. Die ältesten Steinwerkzeuge aus der Olduvai-Schlucht sind über zwei Millionen Jahre alt.

Macht Sprache schlau?

Über viele hunderttausend Jahre vollzog sich diese Entwicklung relativ kontinuierlich. Erst vor rund 150000 Jahren machten unsere Vorfahren dann einen gewaltigen Sprung: Fast eine Million Jahre lang hatte der Faustkeil gute Dienste geleistet, plötzlich jedoch tauchte eine Vielzahl an unterschiedlichen Werkzeugen auf. Der moderne Homo sapiens eroberte die Welt. Mehrere Indizien deuten darauf hin, dass die Sprache der entscheidende Motor für diese Entwicklung war. Auch das Hirnvolumen des Menschen machte zu dieser Zeit erneut einen Sprung. Während Paläoanthropologen versuchen, die Fossilien zum Sprechen zu bringen, ergründen Molekularbiologen die genetischen Grundlagen der Sprache. Maximal 200000 Jahre sei unser Sprachvermögen alt, so eines ihrer Ergebnisse.

Für Derek Bickerton, Sprachforscher an der Universität von Hawaii, ist klar, dass die Kultur, die vor rund 100000 Jahren entstand, ohne eine komplexe Sprache nicht möglich gewesen wäre. Damals habe der Mensch die Grammatik erfunden, glaubt Bickerton: »Wenn sie etwas planen, irgendetwas auch nur halbwegs Kompliziertes, dann brauchen sie ›Wenns‹ und ›Weils‹, sie brauchen verschachtelte Sätze. Ohne diese verharren sie im Hier und Jetzt.«[123] Sprache und Werkzeugherstellung gehören eng zusammen – davon sind heute viele Wissenschaftler fest überzeugt. Beides erfordert abstraktes Denkvermögen. Und im Gehirn liegt ein Teil des Sprachzentrums direkt neben der Region, die unsere Feinmotorik steuert. Eventuell haben diese beiden Hirnregionen einen gemeinsamen Ursprung.

Noch haben Hirnforscher, Paläonotologen und Genetiker das komplizierte Zusammenspiel zwischen Sprache, Hirnentwicklung und Genetik längst nicht vollständig entschlüsselt. Vor einigen Jahren jedoch lieferte eine britische Familie erste Hinweise auf die genetischen Grundlage unserer Sprache. Die KE's, so das Pseudonym der Betroffenen, leiden an einer seltenen Erbkrankheit. Sie können nur sehr unklar artikulieren. Sie nuscheln derart, dass sie sich auch untereinander kaum verständigen können. Mit der Sprachbehinderung geht auch ein verminderter IQ einher. Genetiker machten als Ursache eine Mutation in einem ganz bestimmten Gen aus: FoxP2 tauften sie diese Sequenz. Auch die Paläogenetiker vom Leipziger Max-Planck-Institut nahmen FoxP2 daraufhin genauer unter die Lupe. Und tatsächlich ist das Gen bei unseren Vorfahren über Jahrmillionen konstant geblieben, erst mit dem Erscheinen der menschlichen Spezies hat es zwei Mutationen durchgemacht. Schimpansen tragen noch heute das unveränderte Gen in sich. Sprache sei sicher nicht das Produkt eines einzigen Gens. Auch der Paläogenetiker Svante Pääbo warnt vor einer Überinterpretation, dennoch brauche sie eine genetische Grundlage. Seine Arbeitsgruppe wird FoxP2 auf jeden Fall weiter untersuchen.

Michael Tomasello hält die Sprache eher für ein kulturelles und soziales Phänomen. Einmal entstanden, wird sie zum Selbstläufer und zieht alles andere nach. Zusammen mit der Schrift beschleunigt sie die kulturelle Evolution wie eine Rakete. »Zwischen der Erfindung von Pfeil und Boden und der Internationalen Raumstation vergingen nur 12000 Jahre«[124], sagt auch Stanley Ambrose, Professor für Anthropologie an der Universität von Illinois. Heute können wir uns über buchstäblich alles unterhalten – auch über die Frage, ob Tiere ein Bewusstsein haben, ob sie denken und sprechen können. Die kulturelle Evolution ist noch längst nicht zum Stillstand gekommen – im Gegenteil: Sie gewinnt immer weiter an Fahrt. In rasanter Geschwindigkeit entfernt sich der Mensch von seinen tierischen Vettern – und von seinen biologischen Wurzeln. Ob seine Intelligenz ausreicht, die Grenze zu erkennen, muss sich erst noch zeigen.

Anmerkungen

1 Charles Darwin: Die Abstammung des Menschen und die geschlechtliche Zuchtwahl, 1871

2 Bertram Gerber, Thomas Hendel: Selbst Maden streben nach Gewinn, www.innovations-report.de/html/berichte/biowissenschaften_chemie/bericht-70370.html, Stand 13.09.2006

3 www.verrueckte-experimente.de, Stand: 30.04.2007

4 Hans W. Fricke: Bericht aus dem Riff, Piper Verlag, München 1976, S. 239

5 Frans de Waal: Der Affe und der Sushimeister, Carl Hanser Verlag, München 2002, S. 299

6 Donald R. Griffin: Wie Tiere denken, BLV Verlagsgesellschaft mbH, München 1985, S. 8

7 New Scientist, 30.06.2001, S. 48

8 Donald R. Griffin: Wie Tiere denken, BLV Verlagsgesellschaft mbH, München 1985, S. 134

9 Ebenda, S. 14

10 Wolfgang Wickler: Wie viel Hirn braucht Intelligenz, in: Max Planck Forschung, 4/2003, S. 17

11 Lloyd Morgan: An Introduction to Comparative Psychology, London 1894

12 Rüdiger Wehner: Blick ins Cockpit von Cataglyphis, in: Naturwissenschaftliche Rundschau, 56. Jahrgang, Heft 3, 2003, S. 135

13 Rüdiger Wehner: Der Himmelskompass der Wüstenameise, in Spektrum der Wissenschaft, 11/1998, S. 57

14 Rüdiger Wehner: Blick ins Cockpit von Cataglyphis, in: Naturwissenschaftliche Rundschau, 56. Jahrgang, Heft 3, 2003, S. 138

15 Ebenda. S. 136
16 Spuren im Sand, in: Die Zeit, 30/1999
17 Wüstenameisen der Gattung Cataglyphis nutzen einen Schrittintegrator (»Schrittzähler«) zur Messung von Wegstrecken, http://stammhirn.biologie.uni-ulm.de/SciencePresseMittlg0606.pdf, Stand: 25.04.2007
18 Unter Kakerlaken, in: Die Zeit, 25.01.2007
19 Jeremy Narby: Intelligence in Nature, Penguin Group, Toronto 2006, S. 61
20 Marc Bekoff, Colin Allen, Gordon M. Burghardt (ed.): The Cognitive Animal, MIT Press, 2002
21 Jürgen Tautz: Wer kalt aufwächst, bleibt dumm, in: Bild der Wissenschaft 07/2004
22 James Wood: Observational Learning in Cephalopods, www.thecephalopodpage.org, Stand: 25.04.2007
23 Julia Fischer, Dorothy L. Cheney, Robert M. Seyfarth: Development of infant baboons'responses to graded bark variants. Proceedings of the Royal Society of London, in: Biological Sciences 267, 2317-2321; 2000
24 Sue Savage-Rumbaugh: Kanzi – der sprechende Schimpanse, Droemer Knaur Verlag, München 1995, S. 53
25 Ebenda, S. 152
26 Ebenda, S. 158
27 Ebenda, S. 159
28 Ebenda, S. 169
29 Elizabeth Bates: Language Comprehension in Ape and Child, in: Monographs of the Society for Research in Child Development, 58, Nr. 3-4; 1993
30 Richard Dawkins: Das egoistische Gen, Rowohlt, 7. überarbeitete Neuausgabe, Reinbek Mai 1996

31 Richard W. Byrne und Andrew Whiten: Tactical deception in primates: The 1990 database, Primate Report, 27, 1-101, 1990
32 Richard W. Byrne: Social and Technical Forms of Primate Intelligence, in: Tree of Origin, Harvard University Press, 2002
33 GEO Wissen, Nr. 38; 1.10.2006
34 Grau sind die Zellen des Graupapageis, in: Frankfurter Allgemeine Sonntagszeitung, 28.04.2002, S. L52
35 www.alexfoundation.org, Stand 25.04.2007
36 Abenteuer Erde: Was Tiere denken und fühlen; WDR 31.10.2000
37 Irene Pepperberg, Jesse Gordon: Number Comprehension by a Grey Parrot, Including a Zero-Like Concept, in: Journal of Comparative Psychology, Band 119, Ausgabe 2, 2005
38 Das gefiederte Sprachwunder, in: Die Zeit, 11.11.1999, S. 38
39 Ryuji Suzuki: Information Entropy of humpback whale songs, in: Journal of the Acoustical Society of America; 03/2006; Band 119, Ausgabe 3
40 Der Spiegel, 48/2006, S. 187
41 Hans W. Fricke: Korallenmeer, Christian Belser Verlag, Stuttgart 1972
42 Guppys sind treu und mutig, in Spiegel Online, www.spiegel.de/wissenschaft/natur/0,1518,411327,00.html, Stand 15.04.2006
43 Ian D. Couzin, Jens Krause, Nigel R. Franks, Simon A. Levin: Effective leadership and decision-making in animal groups on the move, in: nature, Band 433, 3.02.2005, S. 513-516
44 Hausfüchse mit Schlappohren, in geoscienceonline.de,

www.g-o.de/index.php?cmd=focus_detail2&f_id=324&rang=6, Stand 20.10.2006
45 Anke Prothmann: Tiergestützte Kinderpsychotherapie, Peter Lang Publishing Group 2007
46 Juliane Kaminski, Josep Call, Julia Fischer: Word Learning in a Domestic Dog: Evidence for »Fast Mapping«, in: Science, Band 304, 11.06.2004
47 Warum Papageien Erde fressen, in: Spektrum der Wissenschaft 2/2000, S. 14
48 Heilkräuter im Vogelnest, in: Der Spiegel 18/2002, S. 178
49 www.fish-school.com, Stand 25.04.2007
50 Redouan Bshary, Alexandra S. Grutter: Image scoring and cooperation in a cleaner fish mutualism, in: nature, Band 441, S. 975-978; 22.06.2006
51 Ebenda.
52 Hans W. Fricke: Bericht aus dem Riff, Piper Verlag, München 1976, S. 10
53 Hans W. Fricke: Korallenmeer, Belser Verlag, Stuttgart 1972
54 Hans W. Fricke: Lösen einfacher Probleme bei einem Fisch, in: Zeitschrift für Tierpsychologie, 38, S. 18-38, 1975
55 Hans W. Fricke: Bericht aus dem Riff, Piper Verlag, München 1976, S. 213
56 Redouan Bshary, Wolfgang Wickler, Hans W. Fricke: Fish Cognition: a primate´s eye view, in: Animal Cognition 5, S. 1-13, 2002
57 Hans W. Fricke: Korallenmeer, Belser Verlag, Stuttgart 1972
58 Konrad Lorenz: Er redete mit dem Vieh, den Vögeln und den Fischen, Deutscher Taschenbuch Verlag, München 1998

59 BR-alpha, 17.01.2007
60 BR-alpha, 17.01.2007
61 Logan Grosenick, Tricia S. Clement, Russell D. Fernald: Fish can infer social rank by observation alone, in: nature, Band 445, 25.01.2007, S. 429-432
62 Berthold, Peter: Vogelzug als Modell der Evolutions- und Biodiversitätsforschung, Festvortrag zur Hauptversammlung der Max-Planck-Gesellschaft am 22. Juni 2001
63 Julia Stalleicken, Henrik Mouritsen: Der Magnetkompass der Zugvögel, in: Einblicke Nr. 42, Carl von Ossietzky Universität, Oldenburg Herbst 2005
64 Ebenda.
65 Roswitha Wiltschko, Wolfgang Wiltschko: Das Orientierungssystem der Vögel, in: Journal of Ornithology 140; S. 1-40; 1999
66 Paul R. Manger: An examination of cetacean brain structure with a novel hypothesis correlating thermogenesis to the evolution of a big brain, Biological Reviews of the Cambridge Philosophical Society; Band 81, Ausgabe 2; Mai 2006, S. 293-338
67 Onur Güntürkün, Lorenzo von Fersen: So wenig graue Zellen – ein Mythos wird angetastet, Ruhr-Uni-Bochum, Rubin Nr. 1/98
68 Ebenda.
69 Ebenda.
70 www.dolphin-institute.org/our_research/dolphin_research/understandinglanguage.htm, Stand: 25.04.2007
71 www.dolphin-institute.org/our_research/dolphin_research/pointinggestures.htm, Stand: 25.04.2007
72 www.marine-science-center.de, Stand: 25.04.2007
73 Guido Dehnhardt, Wolf Hanke, Horst Bleckmann, Björn

Mauck: Hydrodynamic trail-following in Harbour seals (Phoca vitulina), in: Science 293, S. 102-104, 2001

74 Tim Cahill: Delfine, National Geographic Society, Steiger Verlag 2000

75 Ebenda.

76 Überraschungsangriff im Rudel, in: Spiegel Online, www.spiegel.de/wissenschaft/natur/0,1518,323644,00.html, Stand: 18.10.2004

77 Gordon Gallup jr.: Selbsterkennen und Empathie bei Menschenaffen, in: Spektrum der Wissenschaft, Spezial: Intelligenz, 2003, S. 68

78 Thomas Bugnyar, Bernd Heinrich: Ravens, Corvus corax, differentiate between knowledgeable and ignorant competitors, in: Proceedings of the Royal Society B (2005) 272, S. 1641-1646

79 Thomas Bugnyar, Kurt Kotrschal: Observational learning and the raiding of food caches in ravens, Corvus corax: is it »tactical« deception?, in: Animal Behaviour, 2002, 64, S. 185-195

80 Nathan J. Emery, Nicola S. Clayton: The Mentality of Crows: Convergent Evolution of Intelligence in Corvids and Apes, in: Science, Band 306, 2004, S. 1903-1907

81 E.D. Jarvis, O. Güntürkün et al.: Avian brains and a new understanding of vertebrate brain evolution, in: Nature Reviews Neuroscience 2005, Band 6, S. 151-159

82 Alex A.S. Weir et al: Shaping of Hooks in New Caledonian Crows, in: Science, 2002; Heft 297, S. 981

83 Gavin R. Hunt, Michael C. Corballis & Russell D. Gray: Laterality in tool manufacture by crows, in: Nature, Band 414, 2001, S. 707

84 H. Prior, B. Pollok, O. Güntürkün: Sich selbst vis-à-vis:

Was Elstern wahrnehmen, Ruhr-Uni-Bochum, Rubin Nr. 2/00, S. 26-30

85 Ebenda.

86 http://www.janegoodall.de/m1link3_1.php, Stand: 25.04.2007

87 Der Schimpansen-Mann, in: Bild der Wissenschaft, Nr. 4/2002, S. 29

88 Christophe Boesch: Aspects of Transmission of Tool-Use in Wild Chimpanzees, in: Tools, Language and Cognition in Human Evolution, K.R. Gibsond, T. Ingold (ed); Cambridge University Press, 2004

89 Ebenda.

90 Frans de Waal: Der Affe und der Sushimeister, Carl Hanser Verlag, München 2002, S. 202

91 Ebenda, S. 161

92 http://www.janegoodall.de/m2link2_61.php, Stand: 25.04.2007

93 http://www.janegoodall.de/m2link2_61.php, Stand: 25.04.2007

94 Deutschlandradio: Wissenschaft im Brennpunkt, 22.02.2004

95 Sarah F. Brosnan, Frans de Waal: Monkeys reject unequal play, Nature 2003; Band 425, S. 297-299

96 Frans de Waal: Der Affe und der Sushimeister, Carl Hanser Verlag, München 2002, S. 289

97 Robert M. Yerkes: Almost Human, New York 1925, Century

98 Ebenda.

99 Eduard P. Tratz, Heinz Heck: Der afrikanische Anthropoide Bonobo – eine neue Menschenaffengattung, in: Säugetierkundliche Mitteilungen 2 (1), 1954

100 Peter Gabriel, in: Die Zeit, 17.12.2003

101 Frans de Waal: Der Affe in uns, Carl Hanser Verlag, München 2006
102 Ebenda, S. 14
103 Ebenda.
104 Ebenda, S. 197
105 Elizabeth Pennisi, Social Animals Prove Their Smarts, in: Science 2006, Band 312
106 Michael Tomasello: Why Don't Apes Point?, in: N. Enfield, S.C. Levinson (ed): Roots of human sociality: Culture, cognition and interaction, London: Berg 2006, S. 506-524
107 Michael Tomasello, Josep Call, Brian Hare: Chimpanzees understand psychological states – the question is which ones and to what extent, in: Trends in Cognitive Sciences, Band 7, Ausgabe 4, April 2003
108 Michael Tomasello: Why Don´t Apes Point?, in: N. Enfield & S.C. Levinson (ed): Roots of human sociality: Culture, cognition and interaction, London: Berg 2006, S. 506-524
109 Ebenda.
110 Ebenda.
111 Frans de Waal: Der Affe und der Sushimeister, Carl Hanser Verlag, München 2002, S. 209
112 Ebenda.
113 Michael Tomasello: Die kulturelle Entwicklung des menschlichen Denkens, Suhrkamp, Frankfurt am Main 2002
114 Frans de Waal: Der Affe und der Sushimeister, Carl Hanser Verlag, München 2002, S. 35
115 Im Anfang war der Tratsch, in: Süddeutsche Zeitung, 28.07.2004, S. 9
116 Robin I.M. Dunbar: Brains on Two Legs: Group Size

and the Evoluton of Intelligence, in: Tree of Origin, Harvard University Press, 2002

117 Ebenda.

118 Ebenda.

119 Ebenda.

120 Frans de Waal: Der Affe in uns, Carl Hanser Verlag, München 2006, S. 9

121 John McCrone: Als der Affe sprechen lernte – Die Entwicklung des menschlichen Bewusstseins, Wolfgang Krüger Verlag, Frankfurt am Main 1992, S. 169

122 Sue Savage-Rumbaugh, Roger Lewin: Kanzi, der sprechende Schimpanse; Droemer Knaur, München 1995, S. 261

123 Was ist ein Was, in: Der Spiegel, 21.10.2002, S. 224

124 Stimmen aus der Steinzeit, in: Der Spiegel, 21.10.2002, S. 218

Bildnachweis

Seite I: © Prof. Dr. Harald Wolf
Seite II oben: © Prof. Dr. Harald Wolf
Seite II unten: © Prof. Dr. Harald Wolf
Seite III oben: © Jenny Pegg
Seite III unten: © Arlene Levin-Rowe
Seite IV oben: © Ruhr-Universität Bochum
Seite IV unten: www.fish-school.com
Seite V oben: www.fish-school.com
Seite V unten: www.fish-school.com
Seite VI oben: www.fish-school.com
Seite VI unten: © MPI EVAN
Seite VII oben: © Behavioural Ecology Research Group
Seite VII unten: © Behavioural Ecology Research Group
Seite VIII oben: © Zoo Duisburg
Seite VIII unten: © Zoo Duisburg

Isa Höpken

Rosinen im Sekt und Salz im Kaffee

1000 Haushaltstipps, die wirklich helfen

Wo Meister Proper versagt, helfen diese bewährten Haushaltstricks: 1000 verblüffend einfache Tricks für Schönheitspflege, Gartenarbeit oder Küchenpannen – praxiserprobt und garantiert wirksam! Oder wussten Sie, dass:

- Mückenstiche nicht mehr jucken, wenn man sie mit Zahnpasta beschmiert?
- Käse nicht schimmelt, wenn man ihn mit einem Stück Zucker verpackt?
- Kakteen besonders gut wachsen, wenn man sie mit Zigarettenasche düngt?

Knaur Taschenbuch Verlag